O2O | 职业院校O2O新形态
立体化系列规划教材

五笔打字
立体化教程 | 微课版

邵杰 王丽丽 ◎ 主编

王静 于强 崔雪炜 ◎ 副主编

人民邮电出版社
北 京

图书在版编目（CIP）数据

五笔打字立体化教程：微课版 / 邵杰，王丽丽主编
. -- 2版. -- 北京：人民邮电出版社，2017.11（2023.1重印）
职业院校020新形态立体化系列规划教材
ISBN 978-7-115-45608-3

Ⅰ. ①五… Ⅱ. ①邵… ②王… Ⅲ. ①五笔字型输入
法－职业教育－教材 Ⅳ. ①TP391.14

中国版本图书馆CIP数据核字(2017)第093106号

内 容 提 要

　　五笔字型输入法作为最常用的以字根、部首为编码的汉字输入法，仍然被大多数计算机用户作为汉字输入的首选。本书主要以86版王码五笔字型输入法为基础进行讲解，内容包括：初识五笔字型输入法、认识键盘和练习指法、字根区位分布、单字输入、简码与词组输入、五笔字型高级应用技巧、汉字常见输入技巧以及附录等知识。

　　本书以学习五笔打字的先后顺序为线索，逐步讲解了初学者需要掌握的五笔打字的相关知识。全书结合大量实例帮助初学者理解单字拆分原则，同时总结字根分布规律和汉字输入技巧，最后进行强化实训。每章最后安排相应的练习和实践，并总结了一些五笔打字的技巧，以帮助读者达到熟能生巧的目的。本书最后还提供了五笔字型编码查询附录，以便初学者查询汉字编码。

　　本书适合作为职业院校文秘专业以及计算机应用等相关专业的教材使用，也可作为各类社会培训学校相关专业的教材，同时可供计算机初学者、办公人员自学使用。

◆ 主　　编　邵　杰　王丽丽
　　副主编　王　静　于　强　崔雪炜
　　责任编辑　刘海溧
　　责任印制　彭志环

◆ 人民邮电出版社出版发行　　北京市丰台区成寿寺路11号
　　邮编　100164　　电子邮件　315@ptpress.com.cn
　　网址　http://www.ptpress.com.cn
　　北京七彩京通数码快印有限公司印刷

◆ 开本：787×1092　1/16
　　印张：10.25　　　　　　　　　2017年11月第2版
　　字数：228千字　　　　　　　2023年1月北京第7次印刷

定价：32.00 元

读者服务热线：(010)81055256　印装质量热线：(010)81055316
反盗版热线：(010)81055315

前　言

PREFACE

　　随着计算机的发展，输入法也进行了多次革命，在计算机软件技术高速发展的今天，输入法领域可谓"百家争鸣""百花齐放"，品类十分丰富。虽然输入法众多，但是对于打字量较大，精确度要求高的用户来说，五笔字型输入法仍是他们的首选。

　　五笔字型输入法相比于拼音输入法具有低重码率的特点，可提高输入准确率；相比于语音输入法具有不受方言和汉字读音的限制的优势，且在输入时不会因为语音的特殊原因而影响他人工作。所以在输入法经过数轮变革后，曾被认为"很难"的五笔字型输入法并没有被淘汰，而是成为更多人"快打字，打好字"的不二之选。

本书的结构和特色

　　为更好地帮助读者学习五笔字型输入法，降低五笔字型输入法学习的难度，本书设计了"情景导入→知识讲解→项目实训→课后练习→技巧提升"的结构，将职业场景、软件知识、行业知识进行有机整合，环环相扣，浑然一体。

　　本书不仅结构科学，而且内容全面实用，其主要特色如下。

- **情景导入增加学习趣味**：本书以日常办公中的场景展开，以主人公米拉的实习情景模式为例引入每章内容，让读者不仅学习了知识，还了解了相关知识点在实际工作中的应用情况。

- **适用于所有五笔字型输入法**：五笔字型输入法现有多种品牌可供选择，如王码五笔、万能五笔、搜狗五笔、陈桥五笔等，本书虽以王码五笔字型输入法为例进行讲解，但也讲解了其他输入法之间的异同，只要读者读完本书，就可以游刃有余地在各种五笔字型输入法之间切换。

- **大量举例与练习**：学习五笔字型输入法的一个重要前提是多学多练，为帮助读者通过本书快速达到"学会、精通"的目的，本书在知识讲解中列举了大量的汉字拆分与编码输入实例，特别是对一些较难拆分的汉字，以及一些较易拆错的汉字都进行了解析，使读者学完本书后就可以快速上手，完成理论与实践之间的"无缝衔接"。

- **科学的字根记忆方法**：对大多数学习五笔字型输入法的用户来说，背诵字根都是一项非常耗时的任务，且不容易上手，因此很容易中途放弃，实际上五笔字根并不需要死记硬背，更多的是根据规律进行巧记。本书完整介绍了五笔字型输入法字根的分区规则，以及如何通过五笔助记词联想帮助记忆字根。

- **形象的字根拆分方法**：为了帮助读者形象地看到汉字中的典型字根，以及不同汉字的拆分过程，我们将汉字的拆分过程进行了特殊处理，这样读者即使通过

"不动"的图书，也能达到"看图演示"的目的。

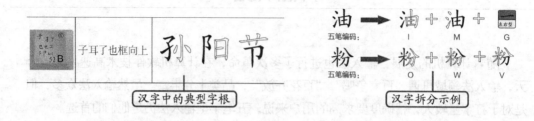

本书的内容

本书的目标是循序渐进地帮助读者掌握五笔字型输入法的操作。全书共7章、2个附录，可分为以下5个方面的内容。

● **第1章**：主要讲解五笔字型输入法的基本操作和常用打字场所等知识。

● **第2章至第5章**：这是本书的重点，主要包括认识键盘和练习指法、字根区位分布、单字输入以及简码与词组输入等知识。

● **第6章**：主要讲解五笔字型输入法的高级应用技巧，如98版五笔字型输入法、五笔字型输入法的属性设置、设置默认输入法等。

● **第7章**：主要讲解汉字的常见输入技巧，如其他五笔字型输入法的使用、输入偏旁部首、输入繁体字、输入生僻字等。

● **附录**：分别为五笔字型编码速查字典、五笔字型相关学习总图。通过附录，读者不仅可将本书当作学习型教材使用，还可将本书当作字典类工具书来使用，实现一书多用。

平台支撑

人民邮电出版社充分发挥在线教育方面的技术优势、内容优势、人才优势，潜心研究，为读者提供一种"纸质图书+在线课程"相配套，全方位学习五笔打字的解决方案。读者可根据个人需求，利用图书和"微课云课堂"平台上的在线课程进行碎片化、移动化的学习，以便快速全面地掌握五笔打字技能。

"微课云课堂"目前包含近50 000个微课视频，在资源展现上分为"微课云""云课堂"这两种形式。"微课云"是该平台中所有微课的集中展示区，用户可随需选择；"云课堂"是在现有微课云的基础上，为用户组建的推荐课程群，用户可以在"云课堂"中按推荐的课程进行系统化学习，或者将"微课云"中的内容进行自由组合，定制符合自己需求的课程。

"微课云课堂"主要特点

微课资源海量，持续不断更新："微课云课堂"充分利用了出版社在信息技术领域的优势，以人民邮电出版社60多年的发展积累为基础，将资源经过分类、整理、加工以及微课化之后提供给用户。

资源精心分类，方便自主学习："微课云课堂"相当于一个庞大的微课视频资源库，按照门类进行一级和二级分类，以及难度等级分类，不同专业、不同层次的用户均可以在平台中搜索自己需要或者感兴趣的内容资源。

多终端自适应，碎片化移动化：绝大部分微课时长不超过10分钟，可以满足读者碎片化学习的需要；平台支持多终端自适应显示，除了在个人计算机端使用外，用户还可以在移动端随心所欲地进行学习。

"微课云课堂"使用方法

扫描封面上的二维码或者直接登录"微课云课堂"（www.ryweike.com）→用手机号码注册→在用户中心输入本书激活码（f5294dac），将本书包含的微课资源添加到个人账户，获取永久在线观看本课程微课视频的权限。

此外，购买本书的读者还将获得一年期价值168元的VIP会员资格，可免费学习50 000微课视频。

多样的配套资源

本书进行立体化包装，配套资源丰富，包括以下几个方面的内容。

● **视频演示**：本书对五笔字型输入法的基础知识以及所有操作步骤均提供了视频演示，并以二维码的形式提供给读者。读者通过扫描书中的二维码，便可以观看视频，方便灵活运用碎片时间即时学习。

● **辅助教学资源**：这主要包含两个方面，一是模拟试题库，二是PPT课件和教学教案，可帮助教师教学，也可帮助在校学生顺利通过考试。

● **拓展资源**：包含教学演示动画和五笔编码速查工具等。

特别提醒：上述教学资源可访问人民邮电出版社人邮教育社区（http://www.ryjiaoyu.com）搜索书名下载，或者发电子邮件至dxbook@qq.com索取。

本书由邵杰、王丽丽主编，王静、于强、崔雪炜副主编。虽然编者在编写本书的过程中倾注了大量心血，但恐百密之中仍有疏漏，恳请广大读者不吝赐教。

编者

2017年5月

目 录

CONTENTS

目
录

3

CHAPTER 1

第1章

初识五笔字型输入法

情景导入

老洪：小米，一份文档这么久才做完，而且还有很多错别字。

米拉：老洪，实在对不起。

老洪：小米，你在公司现在主要是做文字工作，我建议你还是不要再用拼音输入法，改用"五笔"输入法吧。

米拉：老洪说的是，一直想学"五笔"，现在可真得下决心了。

老洪：是呀。五笔字型输入法不仅打字速度快，而且因为它不是以拼音作为编码，所以出现同音错别字的概率也会很小。我就是用五笔字型输入法。小米，在学习的过程中有什么不懂，可以随时来问我。

学习目标

● 了解五笔字型输入法
● 了解五笔打字场所
● 熟悉王码五笔字型输入法的版本
● 掌握安装王码五笔字型输入法的方法

技能目标

● 能够正确区分86版和98版王码五笔字型输入法的异同
● 学会安装、添加、删除和切换输入法的方法
● 能够正确使用王码五笔字型输入法状态栏

1.1　五笔字型输入法简介

五笔字型输入法是目前最常用的汉字输入法之一，发明人为王永民，后来又逐渐衍生出极点五笔、万能五笔、搜狗五笔、陈桥五笔等其他类型的五笔字型输入法。与拼音输入法相比，五笔字型输入法主要具有以下3点优势。

- **击键次数少**：使用拼音输入法输入完拼音编码后，须按空格键确认输入，增加了击键次数。而使用五笔字型输入法输入一组编码最多只需击键4次，若输入4码汉字则不需要按空格键确认，从而提高了打字速度。

- **重码少**：使用拼音输入法输入文字时，由于同音的字和词较多，经常出现重码，此时需要用户按键盘上的数字键来选择输入。若需选择的汉字未在选字框中，还需翻页选取，非常麻烦。而使用五笔字型输入法输入汉字时出现重码的现象较少，一般输入编码即可输入所需汉字，这大大提高了输入速度。

- **不受方言限制**：使用拼音输入法输入汉字，要求用户掌握输入汉字的标准读音，这对普通话不标准的用户来说十分困难。而用五笔字型输入法输入汉字时，即使用户遇到不认识的汉字，也能根据它的字型输入。

知识补充

下载五笔字型输入法

计算机中自带的是Microsoft公司出品的微软拼音输入法，要想使用五笔字型输入法，首先需要获取五笔字型输入法的安装程序，然后将其安装到计算机中方可使用。通过网络即可下载五笔字型输入法的安装程序，方法如下。

①启动IE浏览器，打开"百度"网站主页，利用拼音输入法在搜索栏中输入关键字"王码五笔字型输入法下载"，然后单击右侧的"百度一下"按钮。

②在打开的搜索结果页面中显示了所有符合条件的超链接，单击任意下载链接，进入相应的下载页面。

③了解要下载软件的相关信息，在下载地址上单击鼠标右键，在弹出的快捷菜单中选择"目标另存为"命令。打开"另存为"对话框，在其中设置安装程序的保存位置和名称，单击"保存"按钮开始下载操作。

1.2　王码五笔字型输入法的版本

王码五笔字型输入法经历了不断的更新和发展，目前最常用的是86版王码五笔字型输入法，且网络版本搜狗五笔输入法、百度五笔输入法以及QQ五笔输入法等均以86版王码五笔字型输入法为基础开发，故本书将以86版王码五笔字型输入法为例进行讲解。

1.2.1　86版王码五笔字型输入法

86版王码五笔字型输入法使用130个字根，可以处理GB2312编码中的一、二级汉字共6 763个。经过多年的推广使用，在与原来词语不重码的基础上新增词语8 140条，但随着时间的推移，86版王码五笔字型输入法逐渐显现出下面4个方面的缺点。

● 只能处理6 763个国标简体汉字，不能处理繁体汉字。

● 对于部分规范字根不能做到整字取码，如夫、末等。

● 部分汉字的末笔画和书写顺序不一致，如"伐"字在86版的王码五笔字型输入法中，规定最后一笔画为"撇"而不是"点"。

● 编码时需要对汉字进行拆分，某些汉字是不能进行随意拆分的，否则与"文字规范"相抵触。

1.2.2　98版王码五笔字型输入法

98版五笔字型输入法以86版为基础，引入了"码元"的概念，如图1-1所示，98版王码五笔字型输入法的245个码元使其在取码时更加规范。98版王码五笔字型输入法不但可以输入6 763个国标简体字，而且可以输入13 053个繁体字。除此之外，98版王码五笔字型输入法在满足原86版老用户的需要基础之上，还具有以下4个新特点。

图1-1　98版王码五笔字型输入法码元

● 既能批量造词又能动态取字造词。在编辑文章的过程中，用户可以随时从屏幕上取字造词，并按编码规则自动合并到原词库中一起使用。

● 支持重码动态调整。

● 允许用户编辑码表。用户可根据需要对五笔字型编码进行编辑和修改，同时还能创建容错码。

● 提供内码转换器，能在不同的中文操作平台之间进行内码转换。

1.2.3　98版与86版王码五笔字型输入法的区别

98版五笔字型输入法是在86版五笔字型输入法的基础上发展而来的，二者在拆分和编码规则上有相似之处，但也有一定的区别，主要表现在以下4个方面。

● **构成汉字基本单元的称谓不同**：在86版中，构成汉字基本单位的元素称为字根，而在98版中则称为码元。

● **处理汉字数量不同**：在98版中，英文键符小写时输入简体、大写时输入繁体。除此之外，98版王码五笔字型输入法除了可以处理6 763个国标简体汉字外，还可以处理BIG5码中的13 053个繁体字及大字符集中的21 003个字符。

- **码元选取更规范**：98版王码五笔字型输入法创立了一个将相容性、规律性和协调性三者相统一的理论。因此，设计出的98版的编码码元和笔顺都更加符合语言规范。
- **编码规则简单明了**：98版王码五笔字型输入法中将总体形似的笔画结构归结为同一码元，一律用码元来描述汉字笔画结构的特征。因此，在对汉字进行编码时，无需对整字进行拆分，而是直接用原码取码。

1.3 安装王码五笔字型输入法

获取王码五笔字型输入法的安装程序后，还需在计算机中进行安装，其具体操作如下。

（1）打开计算机中保存王码五笔字型输入法安装程序的文件夹，然后双击安装程序（其后缀格式为 .exe）。

（2）系统进行自动解压操作后，打开图1-2所示的对话框，其中提供了两种不同版本的王码五笔字型输入法，单击选中"86版（F:"复选框，然后单击"确定"按钮。

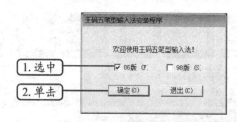

微课视频

安装王码五笔字型输入法

图1-2 选择王码五笔字型输入法的安装版本

（3）此时，系统开始自动安装86版王码五笔字型输入法，稍后便可成功安装到计算机中。

知识补充

卸载输入法

如果计算机中安装了多种不同类型的输入法，为了节约磁盘空间，可以将多余的或不常使用的输入法从计算机中卸载，方法如下。

①选择【开始】/【控制面板】菜单命令，打开"控制面板"窗口，选择其中的"程序和功能"选项。

②打开"卸载或更改程序"窗口，在中间的列表框中选择"万能五笔内置版"选项，然后单击上方的"卸载"按钮。

③在打开的提示对话框中单击选中"直接卸载"单选项，然后单击"下一步"按钮。在打开的对话框中单击"开始卸载"按钮，系统便开始进行卸载，卸载完成后单击"完成"按钮即可。

1.4 王码五笔字型输入法的基本操作

在计算机中成功安装王码五笔字型输入法后，本节将针对其基本操作进行详细介绍，主要包括选择与切换输入法、删除和添加输入法以及认识输入法状态栏等相关知识。

1.4.1 选择和切换五笔字型输入法

要想使用王码五笔字型输入法输入文字，首先需要选择该输入法。下面介绍选择和切换86版王码五笔字型输入法的方法，其具体操作如下。

（1）单击任务栏右下角的输入法图标，在弹出的列表中选择"王码五笔型输入法86版"选项，如图1-3所示。

（2）此时选择的输入法为86版王码五笔字型输入法，然后在任务栏的上方便可看到浮动的五笔字型输入法状态栏，如图1-4所示。

微课视频

选择和切换五笔字型输入法

图1-3 选择五笔字型输入法

图1-4 显示输入法状态栏

操作提示

按快捷键切换输入法

在选择计算机中已添加的输入法时，除了可以通过输入法图标来选择外，还可以直接按【Ctrl+Shift】组合键进行切换选择，每按一次该组合键便可选择一种输入法。

1.4.2 添加和删除五笔字型输入法

输入法列表中所提供的输入法并不是一成不变的，用户可以根据实际需要添加或删除输入法。下面将删除输入法列表中的86版王码五笔字型输入法，然后重新添加搜狗五笔输入法，其具体操作如下。

微课视频

添加和删除五笔字型输入法

（1）在输入法图标上单击鼠标右键，在弹出的快捷菜单中选择"设置"命令，打开"文本服务和输入语言"对话框。

（2）在"已安装的服务"列表框中选择"王码五笔型输入法86版"选项，然后单击"删除"按钮，如图1-5所示，即可将此输入法删除。

（3）保持"文字服务和输入语音"对话框的打开状态，单击"添加"按钮。

图1-5 删除86版王码五笔字型输入法

（4）打开"添加输入语言"对话框，如图1-6所示，在中间的列表框中单击选中"中文（简体）-搜狗五笔输入法"复选框，单击"确定"按钮。

（5）返回"文本服务和输入语言"对话框，单击"确定"按钮，关闭对话框使设置生效。此时，重新打开输入法列表，可发现王码五笔输入法86版已删除，而搜狗五笔输入法已添加，如图1-7所示。

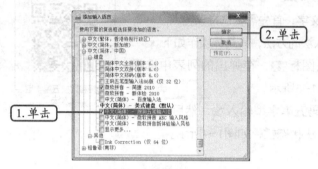

图1-6　添加输入法

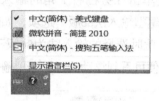

图1-7　设置后的输入法列表

1.4.3　认识王码五笔字型输入法状态栏

微课视频

认识王码五笔字型
输入法状态栏

选择输入法后，输入法对应的状态栏将显示在桌面上。通过该状态栏上显示的图标可进行中英文切换、全半角切换、标点符号切换等操作。需要注意的是，不同输入法状态栏的含义不同，下面以王码五笔字型输入法为例，介绍状态栏中各图标的含义。

● **"中文/英文"切换图标**：状态栏中的🈶图标表示中文输入状态，单击该图标可切换到大写英文输入状态，此时图标变为 A，如图1-8所示。

● **"全角/半角"切换图标**：状态栏中🌙图标表示半角输入状态。该状态下输入的字母、字符和数字均占半个汉字位置。单击该图标，图标变为🌕，表示切换到全角输入状态，输入的字母、字符和数字占一个汉字位置，如图1-9所示。

图1-8　中/英文输入状态切换图标　　　　图1-9　半/全角切换图标

● **"中/英文标点符号"切换图标**：状态栏中的图标表示中文标点符号输入状态。单击该图标，图标变为，表示切换到英文标点符号，此时可输入所需的英文标点符号，如图1-10所示。

图1-10　中/英文标点符号切换图标

● **软键盘图标**：状态栏中的 图标表示软键盘，单击它可打开或关闭软键盘。在该图标上单击鼠标右键，在弹出的快捷菜单中选择某一命令，打开对应的软键盘。这里打开"数学序号"软键盘，如图1-11所示，利用鼠标单击按键即可输入对应的字符。

图1-11 打开"数字序号"软键盘

切换快捷键

在王码五笔字型输入法中，按【Ctrl+空格】组合键可快速在中英文输入法之间进行切换；按【Shift+空格】组合键可快速在全角和半角之间进行切换。

1.4.4 五笔字型输入法的学习流程

对于从未使用过拼音输入法的用户而言，五笔字型输入法学习起来会更加得心应手。不过，在学习一项新技能之前，了解其学习流程是十分重要的。图1-12所示为五笔字型输入法的学习流程。

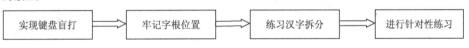

图1-12 五笔字型输入法的学习流程

打字员的基本能力

要想成为一名专业的打字员，需要具备以下4点基本能力。
①汉字录入速度90字/分钟以上，并且要求最好使用五笔字型输入法。
②具备一定的文字表达能力。
③熟悉常用的计算机办公软件，如Word、Excel、PowerPoint等。
④工作要认真、仔细，能适应较长时间的文字录入工作。

1.5 准备五笔打字场所

在开始学习五笔字型输入法之前，还需选择能够录入汉字的打字场所，如常见的记事本、写字板、Word软件等。除此之外，还有很多适合练习打字的软件，如金山打字通，它是一款专业打字练习软件，针对性强，非常适合初学者。下面将对一些常用的五笔打字场所进行简单的介绍。

1.5.1　认识记事本和写字板

　　记事本和写字板是Windows系统自带的文本编辑软件，通过它们可以轻松实现文字录入操作，下面将分别介绍其使用方法。

　　1．记事本

　　记事本是用于创建简单文档的文本编辑软件，在其中可以输入文字、符号等。用户可以使用五笔字型输入法在记事本程序中练习打字，完成练习后再保存数据，便于下次继续进行练习。选择【开始】/【所有程序】/【附件】/【记事本】菜单命令，启动记事本软件，此时可在记事本的空白区输入文字，如图1-13所示。

　　2．写字板

　　写字板也是Windows系统自带的文字处理软件，但其编辑功能比记事本更强大。在其中除了可输入一般字符外，还可以对字符格式进行设置，如更改字体和字号、设置段落格式等。选择【开始】/【所有程序】/【附件】/【写字板】菜单命令，即可启动写字板软件，此时可在写字板的编辑区输入文字并设置格式，如图1-14所示。

图1-13　记事本

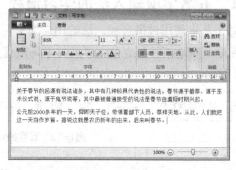

图1-14　写字板

1.5.2　认识Word文字处理软件

　　Word是Microsoft公司推出的Office组件之一，它因操作界面美观、功能强大、实用性强而深受用户青睐。通过Word软件，用户可以轻松设置各种字符效果，如底纹、阴影、动态效果等。选择【开始】/【所有程序】/【Microsoft Office】/【Microsoft Word 2010】菜单命令，即可启动Word 2010，并打开图1-15所示的工作界面。

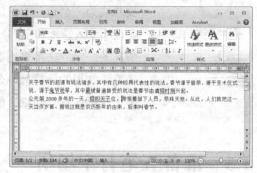

图1-15　Word 2010工作界面

1.5.3　安装和运行金山打字通2013

　　金山打字通2013是一款专门用于学习打字的软件，其中包括英文打字、拼音打字和五笔打字3种类型，用户可根据需要选择学习。由于该软件不是系统自带的，因此，在使用之前需要先进行安装。下面简单介绍金山打字通2013的安装和使用方法，其具体操作如下。

微课视频

安装和运行金山打字通2013

（1）通过网络或从零售商处获取金山打字通2013的安装程序，双击安装程序的图标，打开"金山打字通 2013 SP2安装"对话框，如图1-16所示。根据安装向导的提示内容依次单击"下一步"按钮，将金山打字通安装至计算机中的指定位置。

（2）选择【开始】/【所有程序】/【金山打字通】/【金山打字通】菜单命令或双击桌面快捷图标█，启动金山打字通2013，并打开图1-17所示的主界面。

图1-16 金山打字通安装向导　　　　　　图1-17 "金山打字通2013"主界面

（3）单击工作界面右上角的"登录"按钮，创建一个账户后，便可从"新手入门"开始学习如何在计算机中打字了。

1.6 项目实训——安装并体验五笔字型输入法

【实训要求】

将王码五笔字型输入法安装到默认路径所在盘符中，然后在打字场所Word 2010中，利用王码五笔字型86版输入法尝试输入汉字"伐"，对应五笔编码为"wat"。

【实训思路】

本实训首先要获取王码五笔字型输入法的安装程序，然后运用前面所学知识安装该输入法，最后启动Word软件，并选择王码五笔字型输入法进行汉字输入操作。

微课视频

安装并体验五笔字型
输入法

【步骤提示】

（1）在IE浏览器中，通过天空软件站搜索王码五笔字型输入法的下载链接，然后利用"另存为"对话框保存王码五笔字型输入法的安装程序。

（2）打开保存安装程序的文件夹，然后双击🌐图标，打开"王码五笔型输入法安装程序"对话框，单击选中"86版（F:"复选框，单击"确定"按钮，如图1-18所示，进行输入法安装。

（3）启动Word 2010后，单击任务栏右下角的输入法图标█，在弹出的列表中选择"王码五笔型输入法86版"选项。

（4）输入汉字"伐"对应的五笔编码"wat"，如图1-19所示。此时，汉字选择框的首个汉字便是"伐"，直接按空格键便可将该汉字成功输入到Word文档。

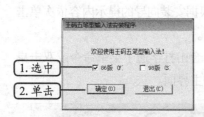

图1-18 安装王码五笔字型输入法

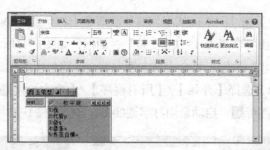

图1-19 输入汉字"伐"

1.7 课后练习

（1）打开"文字服务和输入语言"对话框，删除输入法列表中的"微软拼音—新体验2010"输入法，然后向其中添加"王码五笔型输入法86版"输入法。

（2）在搜狗输入法的官方网站下载搜狗五笔输入法，将其安装到计算机中。安装完成后，切换到搜狗五笔输入法，认识该五笔输入法的状态栏。

（3）在记事本程序中，利用王码五笔字型输入法输入汉字"新"，对应的五笔编码为"usrh"。五笔字型输入法的输入原理是：首先将汉字拆分成几个基本字根，然后将字根按一定的规律分布在键盘的键位上（具体规律将在第3章中进行讲解）。在输入汉字时，只需按照汉字的书写顺序，依次按下字根所在的键位即可。

1.8 技巧提升

1. 再次添加五笔字型输入法

删除输入法后，若想重新使用该输入法，只需按照本章中所介绍的添加输入法的方法，将被删除的输入法重新添加到输入法列表中即可。如果输入法被卸载了，则需要重新安装该输入法，然后再将其添加到输入法快捷菜单中。

2. 输入省略号

将输入法切换到中文输入状态，在状态栏的软键盘图标▦上单击鼠标右键，在弹出的快捷菜单中选择"标点符号"命令，打开"标点符号"软键盘，利用鼠标在软键盘中单击省略号对应的按键即可输入省略号。另外，在五笔字型输入法状态下，按【Shift+6】组合键也可输入省略号。

3. 鼠标的基本操作

在输入文字的过程中，熟练掌握鼠标的操作可以快速进行光标定位，以便提高输入和编辑文字的速度。鼠标的基本操作包括以下4点。

● **移动**：不按鼠标上的任何键在平面上移动鼠标。

● **单击**：将鼠标指针指向某个对象后用食指快速按下鼠标左键后立即松开。

● **双击**：双击是指快速且连续地按下鼠标左键两次。

● **右击**：按一下鼠标右键后立即松开，将弹出相应的快捷菜单。

CHAPTER 2

第2章
认识键盘和练习指法

情景导入

老洪：小米，五笔字型输入法开始学习了吗?

米拉：老洪，我准备再学习一下键盘和指法的知识，我想这对后面提高打字速度应该会有帮助吧。

老洪：是的。键盘键位的熟悉程度和正确的指法，是提高打字速度以及提高打字正确率非常关键的因素。这对于初学者是非常重要的，你有一些基础，能多复习、多巩固当然是更好了。

米拉：能得到老洪的肯定，让我知道了学习方向。

老洪：学习键盘和指法，应结合学、练两部分，你可以先通过书本学习，然后再通过"金山打字通"进行练习。双管齐下，得到的效果相信会更好的。

学习目标

- 了解键盘的功能
- 熟悉键盘的结构
- 掌握键位和指法的对应关系
- 掌握正确的打字姿势和击键方法

技能目标

- 将键盘的结构熟记于心
- 在准确敲击键位的同时提高击键频率
- 能够在盲打的前提下录入英文文章

2.1　初识键盘

键盘是最常见的计算机输入设备之一，为了应对各种不同的使用环境，各式各样的键盘已经被设计并生产出来，如台式计算机键盘、笔记本电脑键盘、超薄键盘等。键盘种类有很多，可以按外形、工作原理、应用范围以及文字输入方式等进行分类，如图2-1所示。这里，我们介绍最常用的两种键盘，即台式计算机键盘和笔记本电脑键盘。

按外形分	按工作原理分	按应用范围分	按文字输入方式分
• 标准键盘 • 人体工程键盘 • 夜光键盘 • 薄膜键盘	• 机械键盘 • 塑料薄膜键盘 • 导电橡胶键盘 • 无接点静电电容键盘	• 台式计算机键盘 • 笔记本电脑键盘 • 双控键盘 • 超薄键盘 • 手机键盘等	• 单键输入键盘 • 双键输入键盘 • 多键输入键盘

图2-1　键盘的分类

- **台式计算机键盘**：主要有101键、104键和107键的键盘，其中，104键和107键的键盘使用最为广泛。107键键盘在104键键盘的基础上增加了一些快捷键或多媒体调节装置，使计算机操作进一步得到简化。
- **笔记本电脑键盘**：与台式计算机键盘基本相似，但一般无数字键区。笔记本电脑拥有一个专用的组合键，即【Fn】键，它需要和其他功能键组合起来使用。以联想笔记本电脑为例，按【Fn+F8】组合键可以增加屏幕亮度。但需要注意的是，不同品牌、不同型号的笔记本电脑，针对【Fn】键的使用方法有所不同。

知识补充

键盘选购原则

键盘是打字的主要工具，究竟该如何选购一款性价比较高的键盘呢？在选购键盘时，可以遵循以下4点原则进行挑选。

①观察键盘的外观，包括颜色、形状、做工等。

②查看键盘中键位的布局是否合理。

③感受键盘的触感，从按键弹力是否适中、按键受力是否均匀、键帽是否松动或摇晃等方面进行判断。

④认真倾听击打键盘时的噪声。一款好的键盘必须保证在高速敲击时也只产生较小的噪声，不影响他人工作或休息。

2.2　键盘分区

键盘是计算机打字的主要工具。以台式机键盘为例，现在使用的键盘多为107键的标准键盘，按照各键的功能可以将键盘分成6个区，即主键盘区、功能键区、编辑键区、小键盘键区、电源管理区和状态指示灯区，如图2-2所示。

— 高清大图 —

键盘分区

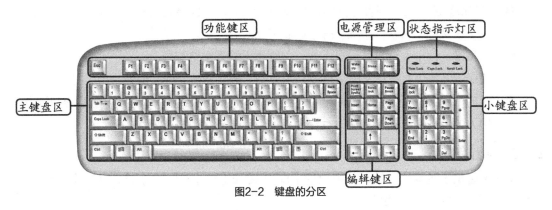

图2-2 键盘的分区

2.2.1 主键盘区

主键盘区又称打字键区，是键盘中键数最多、使用最频繁的一个区域，主要用于输入中英文、数字、符号、空格键等，如图2-3所示。

图2-3 主键盘区

● **字母键**：共26个，每个键位上都标有一个大写的英文字母。默认状态下，敲击按键便输入对应的小写英文字母，如按【Q】键便可输入小写英文字母"q"。

● **数字符号键**：又称双档字符键，每个键位由上下两种字符组成，这些键位分布于字母键的上方和右侧。直接按数字符号键将输入下档字符；按住【Shift】键的同时再按数字符号键位则将输入上档字符符号键，如加号、冒号、大括号等。

● **【Ctrl】键**：在主键盘区左下角和右下角各有一个，是常用的控制键，通常与其他键组合使用。例如，在Word程序中，按【Ctrl+S】组合键可保存当前文档中的所有内容。

● **【Shift】键**：分别位于两个【Ctrl】键的上方，除了前面介绍的用于输入上档字符外，还可以与字母键配合使用，在按【Shift】键的同时按字母键，可输入大写英文字母。当按下【Caps Lock】键之后，在按【Shift】键的同时按字母键，则输入小写英文字母。

● **【Alt】键**：分别位于空格键两侧，通常与其他键结合使用，如按【Alt+F4】组合键可关闭当前程序，具体使用方法视软件的不同而不同。

● **【Caps Lock】键**：又称大写字母锁定键，按一次该键，状态指示灯区的"Caps Lock"灯亮，再按字母键，将输入大写字母。再按一次【Caps Lock】键，可取消大写字母锁定，此时按字母键，将输入小写字母。

13

- **【Tab】键**：又称制表定位键，每按一次该键，光标将向右移动一个制表位，主要用于在文档编辑软件中插入一个制表符以对齐文本。
- **空格键**：位于主键盘区的最下方，主要用于输入空格符号。
- **【Backspace】键**：又称退格键，主要用于删除当前光标左侧的一个字符。
- **【Enter】键**：又称回车键，它是使用频率最高的按键之一。其作用主要是执行已输入的命令；在编辑文档的过程中，按下该键可实现换行操作。

2.2.2 功能键区

功能键区位于键盘的顶端，其中包括【Esc】键和【F1】~【F12】键，共13个键位，如图2-4所示，各键位的作用如下。

![功能键区：Esc | F1 F2 F3 F4 | F5 F6 F7 F8 | F9 F10 F11 F12]

图2-4 功能键区

- **【Esc】键**：敲击该键一般表示放弃某项操作。
- **【F1】~【F12】键**：这12个键在不同的软件中有不同的意义，如【F1】键常用于启动帮助窗口。另外，当它们与其他控制键组合使用时，也有特殊的作用，如在Word程序中，按【Ctrl+F2】组合键可快速执行"打印预览"功能。

2.2.3 编辑键区

编辑键区位于主键盘区右侧，主要用于在文档编辑过程中对光标插入点进行各种控制，如图2-5所示。

- **【Print Screen SysRq】键**：用于将当前屏幕中的内容以图片方式复制到剪贴板中。
- **【Scroll lock】键**：常用于DOS操作环境，按该键可使屏幕停止滚动，再次按该键则可重新滚动屏幕。
- **【Pause Break】键**：又称暂停键，在启动计算机系统自检的过程中，按该键可使屏幕显示的信息暂时处于停止状态，以便浏览，按【Enter】键系统将继续启动。

图2-5 编辑键区

- **【Insert】键**：又称插入键，在Word软件中，按该键可以在插入和改写字符状态之间进行切换。
- **【Home】键**：又称行首键，可将光标移动至当前行的开头。
- **【Page Up】键**：按该键可显示当前页的上一页信息。
- **【Page Down】键**：按该键可显示当前页的下一页信息。
- **【Delete】键**：按该键可删除光标右侧的一个字符。
- **【End】键**：又称行尾键，按该键可将光标移到当前行的结尾。
- **【↑】【←】【↓】【→】键**：这4个键称为光标移动键，主要用于将光标往4个不同的方向移动，而不影响其中的文字位置。

2.2.4　小键盘区

小键盘区又称数字键区，位于键盘的右下角，主要用于快速输入数字和运算符号，如图2-6所示。

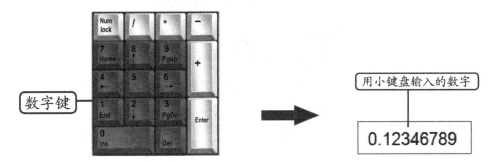

图2-6　小键盘区

- 【Num Lock】键：也称数字锁定键，该键与状态指示灯区的"Num Lock"灯相关联，按【Num Lock】键，"Num Lock"灯熄灭，再次按【Num Lock】键，"Num Lock"灯亮，通过灯的亮、灭，来提示用户此时按双字符键是输入数字，还是实现对应的下档功能。
- 数字键：大多为双字符键，默认情况下（"Num Lock"灯亮），按这些键将输入数字和小数点"."，即执行键位的上档功能。按【Num Lock】键后，"Num Lock"灯熄灭，按对应键后将执行该键位的下档功能，如光标移动键、翻页键、【Del】键等，功能和编辑键区的同名键相同。
- 【+】【-】【*】【/】键：也称运算符号键，用于输入数学公式中的加、减、乘、除符号。
- 【Enter】键：与主键盘区的回车键功能相同，用于"确认"操作或者换行。

操作提示

小键盘手指分工

用小键盘输入数字时，正确的手指分工为：右手大拇指负责0键的输入，食指负责1、4、7键的输入，中指负责2、5、8键的输入，无名指负责3、6、9键的输入。

2.2.5　电源管理区

电源管理区位于功能区的右侧，其中包含【Power】键、【Sleep】键和【Wake Up】键3个键位，各键的含义如下。

- 【Power】键：按该键可关闭计算机电源。
- 【Sleep】键：按该键可使计算机进入睡眠状态。
- 【Wake Up】键：按该键可使计算机从睡眠状态恢复到初始状态。

2.2.6　状态指示灯区

状态指示灯区位于数字键区上方，该区域包括3盏状态指示灯，如图2-7所示。其中"Num Lock"灯点亮时，表示可使用小键盘区输入数字；"Caps Lock"灯点亮时，表示按字母键时输入的为大写字母；"Scroll Lock"灯为滚动锁屏键。

图2-7　状态指示灯区

2.3　键位指法

掌握正确的键盘操作方法是学会快速且准确打字的前提，尤其是在学习打字的初级阶段，养成正确的键位指法习惯是十分重要的。下面我们就一起来学习利用手指准确且快速敲击键盘中各键位的方法。

2.3.1　基准键位

基准键位包括【A】、【S】、【D】、【F】、【J】、【K】、【L】和【;】8个键，其中【F】键和【J】键上都有一个突起的小横杠，便于盲打时进行手指定位。使用键盘指法击键之前，双手需要按指定规则分别放在基准键位上，当击键完成后，手指应快速回到基准键位，以便快速进行下一次击键操作。图2-8所示为基准键位的手指分布图。

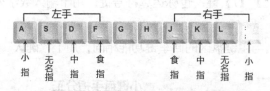

图2-8　基准键位手指分布图

盲打

知识补充　　盲打是指打字员在计算机上打字时，眼睛不看键盘，结合基准键位和后面将要介绍的指法分区知识便能进行打字的一种方式。盲打是作为打字员的基本要求，要想具有一定的打字速度，就必须学会盲打。同时，盲打还要求打字人员对键盘有很好的定位能力。练习盲打的最基本方法就是记住键盘指法。

2.3.2　指法分区

指法分区是指每个手指负责一定的键位区域，在使用键盘的过程中，10个手指有各自的击键范围，除基准键位外，根据键盘的指法分区原则把和基准键处于一个列的字母键或数字键都分配给相应基准键上对应的手指。图2-9所示为整个主键盘区的指法分区示意图。

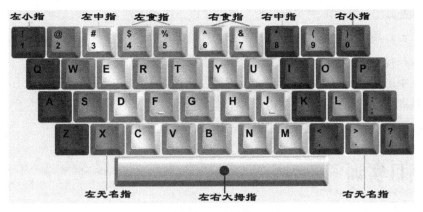

图2-9 主键盘区的指法分区示意图

控制键的手指分工

　　主键盘区两侧的各控制键没有严格的手指分工，一般指法分区左侧的键位最好用左手小指进行击键、右侧的键位则用右手小指进行击键。具体使用哪个手指可根据个人操作习惯来确定，但确定后就不要轻易更改，否则会影响打字速度。

2.4　打字姿势及击键方法

　　在操作键盘的过程中，除了需要掌握正确的键盘指法外，还要保证正确的打字姿势和击键要领，这样才能达到提高打字速度的目的。

2.4.1　正确的打字姿势

　　正确的打字姿势对打字速度、视力和身体健康都有直接的影响，所以应养成使用正确打字姿势的习惯。图2-10所示为正确打字姿势。

正确的打字姿势

　　正确的打字姿势包括以下5点。

- 椅子高度适当，眼睛稍向下倾视显示器，距显示器的距离为30cm左右，以免损伤眼睛。
- 身体端正，两脚自然平放于地面，身体与键盘的距离大约为20cm。
- 两臂自然下垂，两肘贴于腋边，手腕平直，不可弯曲，以免影响击键速度。
- 录入文字时，文稿置于计算机屏幕的左侧，以便查看。
- 打字时眼观文稿，身体不要倾斜。

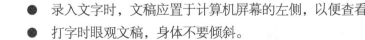

图2-10　正确的打字姿势

2.4.2　正确的击键方法

　　要想准确、快速地输入文字，掌握击键要领并养成良好的击键习惯也十分重要。这里根据五笔操作人员和五笔教师的实际经验，总结了以下击键方法。

- 击键时用指尖垂直向键位使用冲力，并立即反弹，用力不可太大，敲击一下即可。
- 击键时不要长时间按住一个键不放，击键要迅速。
- 左手击键时，右手手指应放在基准键位上保持不动；右手击键时，左手手指应放在基准键位上保持不动。击键后，手指要迅速返回到相应的基准键位。
- 要严格按照手指的键位分工进行击键，不能随意击键。

2.5 项目实训

2.5.1 指法训练

【实训要求】

在金山打字通2013软件中进行指法训练，要求正确率达到98%，击键速度为60字/分钟。

微课视频

指法训练

【实训思路】

本实训将在"新手入门"中依次进行字母键位练习、数字键位练习和符号键位练习。每完成一次练习后，就进行对应的过关测试训练，过关条件为：速度60字/分钟，正确率98%。

【步骤提示】

（1）启动金山打字通2013，在打开的提示对话框中输入昵称，然后单击"登录"按钮，进入金山打字通的主界面。

（2）单击"新手入门"按钮 ，在打开的"新手入门"界面中单击"字母键位"按钮 ，进入"字母键位"练习环境。首先进行基准键位练习，根据上方显示的蓝色键位进行正确击键，如图2-11所示。

图2-11 基准键位指法练习

（3）反复练习直至界面底部的"进度"显示为100%时，将自动进行下一课练习。

（4）练习完"中排键位"后，再进行上排键位、下排键位、分指练习和综合练习的训练。

（5）完成所有课程的练习后，系统将打开是否愿意进入测试的提示对话框，单击"是"按钮。进入过关测试界面，根据显示的字母进行快速输入即可，如图2-12所示。

图2-12 进行过关测试训练

（6）成功通过"字母键位"的测试训练后，返回"新手入门"界面，单击"数字键位"按钮，进入"数字键位"的练习课程，如图2-13所示。

图2-13 进行"数字键位"练习

（7）然后依次进行"符号键位"练习以及键位纠错练习，如图2-14所示。

图2-14 进行"符号键位"练习

2.5.2 文章练习

【实训要求】

微课视频

文章练习

在记事本程序中输入图2-15所示的英文文章。在打字过程中，要严格按照正确的键位指法和击键方法进行输入。为了保证打字速度，在整个击键过程中一定要保持正确的打字姿势，并且要求输入速度为60字/分钟。

Last week,Mrs Bertha went to London.

She didn't know London very well,and she lost her way.

Suddenly she saw a man near a bus stop,She went up to the man and said:"Excuse me!Can you tell me the way to the hospital,please?"

The man smiled,He didn't know English!He came from France.But then he put his hand into his pocket,and took out an English dictionary.He looked up some words,Then he said slowly,"I'm sorry,I can't understand you."

图2-15　练习输入英文文章

【实训思路】

本实训将进行大小写字母和符号的综合录入。在进行大写字母的录入操作时，除了可以使用控制键【Shift】外，还可以按【Caps Lock】键进行录入。

【步骤提示】

（1）启动记事本程序，将双手放置于主键盘区中的基准键位上，按住【Shift】键不放，同时按下【L】键，在文本插入点处输入第一个大写字母"L"，如图2-16所示。

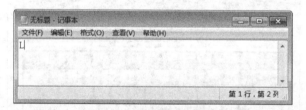

图2-16　输入大写英文字母

（2）释放【Shift】键，按【A】键输入小写字母"a"，使用相同的方法输入第一段文本后，按【Enter】键换行，如图2-17所示。继续输入第二段文本内容。

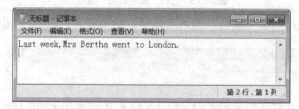

图2-17　执行换行操作

（3）按照相同的操作方法，继续输入其他文本内容，最后按【Ctrl+S】组合键保存输入的所有内容。

2.6　课后练习

（1）在记事本中输入图2-18所示的字符，在练习时尽量不要看键盘，做到盲打。当需要输入少数大写字母时，若需左手敲击键位，最好用右手小指按住右侧的【Shift】键；若需右手敲击键位，最好用左手小指按住左侧的【Shift】键，这样可以提高输入速度。

```
Aaaa     ssss     dddd     ffff     gggg     hhhh     jjjj     Kkkk     llll     ;;;;
ssss     ffff     aaaa     dddd     Gggg     kkkk     ;;;;     hhhh     llll     jjjj     ffff
Adsl     sksj     jskj     dgal     dfjs     ghsk     geah     Asdk     gdks     s;hk     sgfd
s;lh     kjdg     hksd     Bbbb     nnnn     mmmm     ,,,,     ....     ////     uuuu
Iiii     oooo     pppp     zzzz     xxxx     cccc     vvvv     Ayie     teiu     aeiw     iyui
iuyc     viyc     xiub     BIAU     NZOA     AFOI     WQIA     IUWA     PICD     Jian     KUwq
iuOI     Euom     wxcP     oiuM     5555     4444     6666     7711     8822     9933
+_+_     ++||     | @|   ~ ####     $$$$     %%%%     abcdefg  hijklmn  opqrst   uvwxyz
^^^^     &&&&     ****     (( ))     !!!!     %_+@     :"?>?    _+|{}    1029384756
```

图2-18　练习要输入的字符

（2）启动金山打字通2013，在其主界面上单击"英文打字"按钮📷，进入"英文打字"界面，然后单击"单词练习"按钮📷练习输入英语单词。练习要求：80字/分钟，正确率95%以上。

（3）成功通过单词练习测试后，继续进入下一关"语句练习"。在右上角的"课程选择"下拉列表框中还可以选择要练习的课程。练习要求：速度达到90字/分钟以上，正确率为98%以上。

（4）成功通过语句练习测试后，继续进入下一关"文章练习"。练习要求：速度达到100字/分钟以上，正确率为95%以上。

2.7　技巧提升

1．主键盘区中【Win】键和快捷菜单键的作用

键盘中显示📷图标的键为【Win】键，也称"开始菜单"键。在Windows 7操作系统中按该键后，将弹出"开始"菜单，其功能类似于单击桌面左下角的📷按钮。键盘中显示📷图标的键为"快捷菜单"键，在Windows 7操作系统中按该键后将弹出相应的快捷菜单，其功能类似于单击鼠标右键。

2．其他打字练习软件

除了金山打字通以外，还有其他的打字练习软件，比如五笔打字员软件 V9.1、五笔打字通等。

3．盲打练习方法

盲打要求对键盘非常熟练，一定要牢记键盘上每个字母、数字和字符的分布位置。然后按照正确的键位指法进行指法练习。练习过程中手指应遵循"平行"移动规律，即将手指放置于基准键位后，每个手的4个手指就要列对齐并且"同上同下"。如左手中指的移动范围是【3】、【E】、【D】、【C】一条线，右手中指的移动范围则是【8】、【I】、

【K】、【，】一条线。除此之外，键盘上使用频率较高的键钮还包括空格键（用大拇指敲击）、【Enter】键（用右手小指敲击）和【Back Space】键（用右手小指敲击）等。

职业素养

如何提高打字速度

　　进行打字练习时必须集中精力，充分做到手、脑、眼协调一致，其训练要领为：正确指法、全神贯注、刻苦训练。初级阶段的练习即使速度很慢，也一定要保证指法与输入的正确率，其中字母练习所需时间约两天（每天6小时），一定要保证达到即见即打的水平。

CHAPTER 3

第3章
字根区位分布

情景导入

老洪：小米，五笔字型输入法是一种典型的形码输入法，你要好好掌握。

米拉：老洪，我如何才能掌握好这个输入法呢？

老洪：在学习五笔字型输入法前，应该掌握汉字字型的基础知识。在五笔字型输入法中，字根是构成汉字的基本单位，所以，还需要熟记五笔字根在键盘中对应键位上的分布。

米拉：好的，我一定好好记忆。

学习目标

- 熟悉五笔字根的基础知识
- 掌握横区字根在键盘上的分布情况
- 掌握竖区字根在键盘上的分布情况
- 掌握撇区字根在键盘上的分布情况
- 掌握捺区字根在键盘上的分布情况
- 掌握折区字根在键盘上的分布情况

技能目标

- 能够正确区分成字字根和键名字根
- 学会联想记忆变形字根
- 将整个字根在键盘上的分布情况铭记于心

3.1 五笔字根基础知识

五笔字型输入法的实质是根据汉字的组成，先将汉字拆分成字根，然后再按字根所属的编码，即可实现输入汉字的目的。所以在学习五笔字根之前要先了解汉字的基本组成。

3.1.1 汉字的组成

汉字的基本组成包括：3个层次、5种笔画和3种字型，下面将分别介绍其含义。

1. 汉字的3个层次

笔画是构成汉字的最小结构单位。五笔字型输入法将基本笔画编排、调整后构成字根，再将笔画、字根组成单字。所以从结构上看，汉字可以分为笔画、字根和单字3个层次，各层次的含义如下。

● **笔画**：是指书写单字时不间断地一次连续写成的一个线段。

如单字"们"，可以看作由"亻"和"门"两个字根组成，而"亻"和"门"又是由丿、丨、丶、丨、乙等笔画组成的，如图3-1所示。

图3-1 汉字的3个层次

● **字根**：是由2个以上单笔画以散、连、交方式构成的笔画结构或单字，它是五笔字型输入法编码的依据。

● **单字**：将字根按一定的位置组合起来就组成了单字。

2. 汉字的5种笔画

每个汉字都是由笔画组合而成的。为了使汉字的输入操作更加便捷，在使用五笔字型输入法时，只考虑笔画的运笔方向，而不计其轻重长短，所以将汉字的诸多笔画归结为横（一）、竖（丨）、撇（丿）、捺（丶）以及折（乙）5种，每一种笔画分别以1、2、3、4、5作为代码，如表3-1所示。

表3-1 汉字的5种笔画

笔画名称	代码	运笔方向	笔画及其变形
横	1	从左到右	一、／
竖	2	从上到下	丨、亅
撇	3	从右上到左下	丿
捺	4	从左上到右下	丶、乀
折	5	带转折	乙、乛、乚、𠃌、乁、㇂

● **横（一）**："横"是指运笔方向从左到右且呈水平的笔画，如汉字"于"的第一笔、第二笔都输入"横"笔画。除此之外，还把提笔画（／）也归为"横"笔画，如"拒"

字偏旁部首"扌"的最后一笔就属于"横"笔画,如图3-2所示。

图3-2　横笔画

● 竖（丨）："竖"是指运笔方向从上到下的笔画,如"木"字中的竖直线段即属于"竖"笔画。除此之外,还把竖左钩（亅）也归为"竖"笔画内,如"划"字中的最后一笔就属于"竖"笔画,如图3-3所示。

图3-3　竖笔画

● 撇（丿）："撇"是指运笔方向从右上到左下的笔画。五笔输入法将不同角度、不同长度的这种笔画都归为"撇"笔画,如汉字"杉"和"天"中的"丿"笔画都属于"撇"笔画,如图3-4所示。

图3-4　撇笔画

● 捺（乀）："捺"是指从左上到右下的笔画,如汉字"入"的最后一笔就属于"捺"笔画。除此之外,还把"点（丶）"也归为"捺"笔画,如汉字"太"中的"丶"笔画就属于"捺"笔画,如图3-5所示。

图3-5　捺笔画

● 折（乙）：除竖钩"亅"以外的所有带转折的笔画都属于"折"笔画,如汉字"丸"和"丑"中都带有"折"笔画,如图3-6所示。

图3-6　折笔画

注意分辨运笔方向

　　在分析汉字笔画时,认识笔画的运笔方向非常重要。其中应特别注意"捺"笔画与"撇"笔画的区别,这两个笔画的运笔方向是恰好相反的,需灵活运用。

3．汉字的3种字型

　　根据构成汉字各字根之间的位置关系,可将汉字分为左右型、上下型和杂合型3种,分别用代码1、2、3表示,如表3-2所示。其中,左右型和上下型汉字统称为合体字,而杂合型汉字又称为独体字。

25

表3-2 汉字的3种字型

字型	代码	图示	汉字举例
左右型	1	▯▮ ▯▮ ▮▯ ▮▯	仆、做、借、邵
上下型	2	▤ ▤ ▤ ▤	志、墨、茄、怒
杂合型	3	▣ ▙ ▟ ⊥ 十	回、凶、边、句、非、电

- **左右型**：是指能够将汉字明显地分为左、右两部分或左、中、右3部分，并且之间有一定的距离，其中还包括左侧部分或右侧部分结构为上下两部分的汉字，如"她""傲""都"和"经"等字。

- **上下型**：是指能够将汉字明显地分隔为上、下两部分或上、中、下3部分，并且之间有一定的距离，其中还包括上面部分或下面部分结构为左右两部分的汉字，如"音""京""森"和"愁"等字。

- **杂合型**：主要包括全包围、半包围、独体字等汉字结构，这种字型的汉字各部分没有明显距离，无法从外观上将其明确地划分为上、下两部分或左、右两部分，如"因""丈""连""承""凹"和"甩"等字。

3.1.2 字根的概念

字根是指由若干笔画交叉连接而形成的相对不变的结构，它是构成汉字的基本单位，也是学习五笔输入法的基础。在五笔字型输入法中，把组字能力很强，而且在日常生活中出现频率较高的字根，称为基本字根，如"丁、十、口、厂、日"等都是基本字根。五笔字型输入法归纳了130多个基本字根，加上一些基本字根的变形字根，共有200个左右的字根。

3.1.3 五笔字型字根键盘分布图

五笔字型输入法将构成汉字的130多个基本字根合理地分布在键盘上的25个键位上，每个键位上的字根都是有一定的规律。其分布规则是：根据字根的首笔画代码属于哪一区为依据，如"禾"字根的首笔画是"丿"，就归为撇区，即第3区；"城"的首笔画是"一"，就归为横区，即第1区。图3-7所示为86版王码五笔字根的键盘分布图。

高清大图

五笔字型字根键盘分布图

图3-7 86版王码五笔字根的键盘分布图

<table>
<tr><td rowspan="2">知识补充</td><td style="text-align:center">记忆五笔字根的方法</td></tr>
<tr><td>由字根键盘分布图可以看出，每个字母键位上都分布了多个字根，并且这些字根包括单个汉字、汉字的偏旁部首和变形笔画等不同类型。所以，在记忆五笔字根时千万不要死记硬背，要注意观察字根的外型和笔画，做到理解和观察相结合，然后再根据字根的分布规则进行灵活记忆。</td></tr>
</table>

3.1.4 认识字根总表

字根是五笔字型输入法的灵魂，正确且熟练地将汉字拆分成字根是掌握五笔字型汉字输入法的关键。这里将86版的所有五笔字根整理成一张总表，如图3-8所示。通过该表，可以清楚地了解字根的分布规则和每一句助记词的含义，从而大大降低记忆五笔字根的难度。

86版五笔字型字根总表

分区	起笔画	区位	键位	识别码	标识字根	键名	字根	助记词	一级简码
一区	横起笔	11	G	⊖	一	王	王主戋五一	王旁青头（兼）五一	一
		12	F	⊜	二	土	土士干千十寸雨二	土士二干十寸雨	地
		13	D	⊜	三	大	大犬ナナナ手羊古石厂三	大犬三（羊）古石厂	在
		14	S			木	木丁西	木丁西	要
		15	A			工	工戈卅廿七弋廾匚	工戈草头右框七	工
二区	竖起笔	21	H	①	｜丨	目	目且卜上止广广广	目具上止卜虎皮	上
		22	J	⑪	刂刂刂刂	日	日日早四刂刂川虫	日早两竖与虫依	是
		23	K	⑪	川川	口	口川川	口与川 字根稀	中
		24	L	⑪	川	田	田甲口四皿皿皿车力	田甲方框四车力	国
		25	M			山	山由贝几严几	山由贝下框贵头几	同
三区	撇起笔	31	T	②	ノ亻	禾	禾禾彳ノ夂夊彳	禾竹一撇双人立	和
		32	R	③	彡	白	白手ナ扌ノナ斤	反文条头共三一	的
		33	E	③	彡 丬	月	月用用乃豸彡衣以外及	白手看头三二斤	有
		34	W			人	人亻癶八	金勾缺点无尾鱼	我
		35	Q			金	金钅鱼ク儿ルノクタ夕タ	大斜留又儿一点夕氏无七（晕）	
四区	捺起笔	41	Y	⊙	、丶	言	言文方方亠广广主	言文方广在四一	主
		42	U	③	冫	立	立立辛广丬立六门广	高头一捺谁人去	产
		43	I	③	氵	水	水氺氺灬氺小业业小	立辛两点六门广	不
		44	O			火	火业灬灬灬米	水旁兴头小倒立	为
		45	P			之	之辶廴宀一宀	火业头 四点米	这
								之宝盖	
								摘礻（示）衤（衣）	
五区	折起笔	51	N	⊘	乙 乛	已	巳巳己己尸尸心忄羽	已半巳满不出己	民
		52	B	⑧⑧	乙乛	子	子孑了阝也耳卩凵口	左框折尸心和羽	了
		53	V	⑧⑧	巛	女	女刀九臼巛白刃	子耳了也框向上	发
		54	C			又	又巴厶マ巴马	女刀九臼山朝西	以
		55	X			纟	纟纟幺弓匕匕ヒ	又巴马 丢矢矣	经
								慈母无弓和匕	
								幼无力	

图3-8 86版五笔字根总表

从图3-8中可以看出，其中引入了一个新概念——区位，它是为了更好地定位和区分"A"～"Y"25个键位上的字根而产生的。下面介绍区位的作用。

- **5个区**：字根的5个区是指将键盘上除【Z】键外的25个字母键，分为横、竖、撇、捺、折5个区，并依次用代码1、2、3、4、5表示区号。

- **5个位**："位"是5个区中各键的代号，用代码1、2、3、4、5表示位号，如【G】键对应第1区的第1位，则其位号为1；【R】键对应第3区的第2位，则其位号便为2，其余键的位号依此类推。

- **区位号**：区位号是指将每个键的区号作为第1个数字，位号作为第2个数字，组合起来表示一个键位，如【N】键的区位号是51。

3.1.5　认识键名字根

键名字根是当前键位上的所有字根中最具有代表性的字根，除【X】键上的"纟"字根外，其余键位上的键名字根本身也是一个单独的汉字，其组字频度也很高，如图3-9所示。

高清大图

认识键名字根

图3-9　键名字根分布图

3.1.6　认识成字字根

在字根总表中，除键名字根以外，若字根本身就是汉字，如"丁、西、干、雨"等，这些汉字就称为"成字字根"。图3-10所示各键位上框住的部分字根即为成字字根。

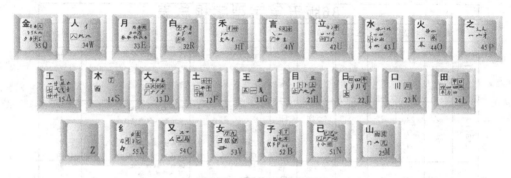

图3-10　成字字根分布图

3.1.7　字根的分布规律

掌握字根的分布规律，是快速记忆字根的基础。下面以图3-11所示的2区5位的【M】键为例，介绍每个键位上字根分布的规律。

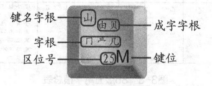

图3-11　【M】键的字根

1. 首笔代号与区号一致

每个键位的区号与该键上所有字根的首笔代号一致。如【M】键的区号为2，则其上的所有字根的首笔均为竖（竖的代号为2），如图3-12所示。

图3-12　首笔代号与区号一致

2．位号与第二笔代号一致

第二笔的代码决定字根分布的位号。如【M】键的位号为5，则其上的所有字根的第二笔均为折（折的代号为5），如图3-13所示。

图3-13　位号与第二笔代号一致

3．基本笔画个数与位号一致

对于一、丨、丿、丶、乙这5个单笔画，它们在键盘上的分布具有如下规律。

● **单笔画**：位于每个区的第一位，如一、丨、丿、丶、乙，分别位于区位号为11、21、31、41、51的【G】、【H】、【T】、【Y】和【N】键上，如图3-14所示。

● **双笔画**：位于每个区的第二位，如二、刂、冫、巛，分别位于区位号为12、22、42、52的【F】、【J】、【U】和【B】键上，如图3-15所示。

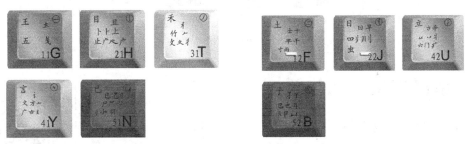

图3-14　单笔画位于每个区的第一位　　　　图3-15　双笔画位于每个区的第二位

● **3个单笔画连在一起的字根**：由3个单笔画连在一起的字根位于每个区的第三位，如三、川、氵、巛，分别位于区位号为13、23、33、43、53的【D】、【K】、【E】、【I】和【V】键上，如图3-16所示。

● **4个单笔画连在一起的字根**：由4个单笔画连在一起的字根位于每个区的第四位，如灬位于区位号为44的【O】键上，如图3-17所示。

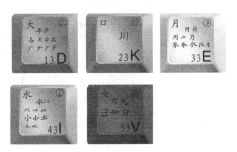　　　　　　　　　　　

图3-16　3个单笔画字根位于每个区的第三位　　　图3-17　4个单笔画字根位于每个区的第四位

4．部分字根形态相近

每个键的键名汉字在所有字根中最具有代表性，该键上的其他字根都与该键名汉字形态相近，图3-18为部分示例。

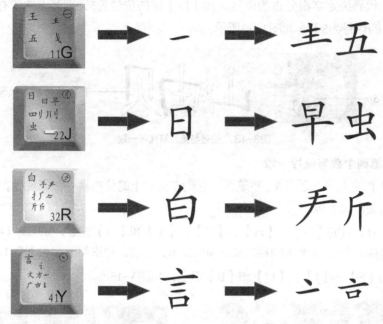

图3-18　部分字根形态相近

3.2　横区字根记忆与解析

第1区为横区，包括【G】、【F】、【D】、【S】和【A】5个键位。每个键位上的字根助记词及其含义如表3-3所示。该区应着重记忆【D】键上的"厂"字根及变形字根，以及【A】键上的字根"艹"及变形字根。

表3-3　横区字根助记词

键位	字根助记词	助记词分析	例字
王 主 五 戋 11G	王旁青头戋(兼)五一	"王旁"指偏旁部首"王"（王字旁）；"青头"指"青"字的上半部分"龶"；"兼"为"戋"（同音）；"五一"是指字根"五"和"一"	玉 浅 表
土士二干十寸雨 12F	土士二干十寸雨	分别指字根"土、士、二、干、十、寸、雨"，另外需特别记忆"革"字的下半部分"卑"字根	鞋 付 霜
大犬三羊古石厂 13D	大犬三羊古石厂	"大、犬、三、古、石、厂"为6个成字字根，记住"大"，就可联想记忆"ナ ナ 丁"；"羊"为"手"（羊字底）	善 肆 存

键位	字根助记词	口诀分析	例字
木 丁 西 14S	木丁西	该键位直接记忆"木、丁、西"3个字根即可	极 洒 打
工 匚 一 廿 艹 七 戈 弋 卄 廾 15A	工戈草头右框七	"工戈"是指"工、戈"两个字根;"草头"指"艹"字根;"右框"为开口向右的方框"匚"。记忆时应注意与"艹"相似的字根"卄、廿、廾"	甘 切 东

3.3 竖区字根记忆与解析

第2区即竖区,其中包括【H】、【J】、【K】、【L】和【M】这5个键位上的字根分布。每个键位上的助记词和解析文字如表3-4所示。

高清大图

竖区字根记忆与解析

表3-4 竖区字根助记词

键位	字根助记词	助记词分析	例字
目 且 ① 卜 上 止 广 厂 21H	目具上止卜虎皮	"目"指"目"字根;"具上"指"具"字上半部分"且";"止卜"是指"止、卜"两个字根;"虎皮"可理解为变形字根"广"和"广"	虚 颇 直
日 早 ① 四 川 刂 虫 22J	日早两竖与虫依	"日早"指"日、早"两个字根;"两竖"指字根"刂",同时要记住变形字根"丬"和"刂";"与虫依"指"虫"字根;记忆"日"字根时,联想记忆变形字根"曰、罒"	刽 归 罢
口 ⑩ 川 23K	口与川,字根稀	只需记住"口"和"川"字根,以及"川"的变形字根"巛"即可	带 吃 顺
田 甲 四 皿 囲 车 力 口 24L	田甲方框四车力	"田甲"指"田、甲"两个字根;"方框"是指"口"字根,应注意它与【K】键上"口"字根的区别;"四车力"均为单个字根,要注意记忆变形字根"皿、罒、四"	舞 固 轩
山 由 贝 冂 几 25M	山由贝,下框骨头几	"山由贝"指"山、由、贝"3个字根;"下框"指开口向下的"冂"字根,同时联想记忆"几"和"贝";"骨头"指"骨"字的上半部分"冎"字根	冈 丹 婴

3.4 撇区字根记忆与解析

第3区即撇区，其中包括【T】、【R】、【E】、【W】和【Q】这5个键位上的字根分布。每个键位上的助记词和解析文字如表3-5所示。

高清大图
撇区字根记忆与解析

表3-5 撇区字根助记词

键位	字根助记词	助记词分析	例字
禾 彳 竹 丿 攵夂丰 31T	禾竹一撇双人立，反文条头共三一	"禾竹"指"禾、竹"两个字根；"一撇"指字根"丿"；"双人立"指偏旁部首"彳"；"反文"指偏旁"攵"；"条头"指"条"字上部分"夂"，"共三一"指这些字根都位于区位号为31的【T】键上	往 改 秋
白 手扌 打斤 斤 32R	白手看头三二斤	"白手"指"白、手"两个字根；"看头"指"看"字的上部分"手"；"三二"指这些字根位于区位号为32的【R】键上，记忆字根"斤"时要联想记住变形字根"斥"和"厂"	丘 朱 欣
月 用丹 用皿乃 豕豸似彡 33E	月彡（衫）乃用家衣底	"月"指"月"字根；"衫"指"彡"字根；"乃用"指"乃、用"两个字根；"家衣底"分别指"家"和"衣"字的下部分"豕"和"𧝞"。另外，还需联想记忆"豕、豸、似"3个字根	缘 貌 哀
人 亻 八 癶八 34W	人和八，三四里	"人和八"指"人、八"两个字根，"三四里"指这些字根都位于区位号为34的【W】键上。另外，还需单独记忆"亻、夕、癶"3个字根	蔡 葵 芬
金 钅儿 勹夕χ灬 夕夕乞 35Q	金勹缺点无尾鱼，犬旁留义儿一点夕，氏无七（妻）	"金"指字根"金"；"勹缺点"指"勹"字去掉中间一点后的字根"勹"；"无尾鱼"指字根"鱼"；"犬旁留义"指字根"χ、乂"；"一点夕"指字根"夕"和变形字根"夕"；"氏无七"指"氏"字去掉中间的"七"后剩下的字根"𠄌"	鲜 刹 犯

3.5 捺区字根记忆与解析

第4区即捺区，其中包括【Y】、【U】、【I】、【O】和【P】这5个键位上的字根分布。每个键位上的助记词和解析文字如表3-6所示。

高清大图
捺区字根记忆与解析

表3-6 捺区字根助记词

键位	字根助记词	助记词分析	例字
言 文方一 广古业 41Y	言文方广在四一, 高头一捺谁人去	"言文方广"分别指"言、文、方、广"4个字根;"高头"指"高"字上半部分"亠"和"高";"一捺"指笔画"乀",也包括"丶"字根;"谁人去"指去掉"谁"字左侧的偏旁部首"讠"和"亻"后的"隹"字根	庞唯妨
立 辛六 两点六门广 42U	立辛两点六门广	"立辛"指"立、辛"两个字根;"两点"指"丷"和"冫"字根,注意记忆变形字根"冫"和"亠";另外,"立"和"立"字根可看作"六"字根的变形字根;"广"指"病"字的偏旁部首	痛音装
水 氺小业 小小灬 43I	水旁兴头小倒立	"水旁"指字根"氵"和变形字根"><";"兴头"指"兴"字的上半部分"⺍"和"⺌",以及变形字根"业";"小倒立"指"⺌"字根	兴光砂
火 业灬 灬氺 44O	火业头,四点米	"火"指"火"字根;"业头"指"业"字的上半部分"业"字根及其变形字根"⺌";"四点"指"灬"字根;"米"指"米"字根	黑变粒
之 之礻 一讠衤 45P	之字宝盖建道底, 摘礻(示)衤(衣)	"之"指"之"字根及其变形字根"廴"和"辶";"宝盖"指偏旁"宀"和"冖";"摘礻(示)衤(衣)"指将"礻"和"衤"的末笔画去掉后的字根"衤"	空延初

记忆五笔字根的方法

知识补充

　　在利用助记词记忆五笔字根时,初学者要充分发挥自己的理解能力和想象能力,才能达到事半功倍的效果。所谓理解能力主要是指对字根的理解,因为绝大部分字根都来源于汉字的偏旁部首,如"对"字就由字根"又"和"寸"组成。只要能区分各汉字的偏旁部首,就能快速记忆字根。

　　想象能力是指对某些不规则的(相似或变形)字根进行联想记忆。如字根"七",可联想记忆相似字根"匕";字根"小",可联想记忆变形字根"⺌"。

3.6 折区字根记忆与解析

高清大图

折区字根记忆与解析

第5区即折区，其中包括【N】、【B】、【V】、【C】和【X】这5个键位上的字根分布。每个键位上的助记词和解析文字如表3-7所示。

表3-7 折区字根助记词

键位	字根助记词	助记词分析	例字
51N	已半巳满不出己，左框折尸心和羽	"已半巳满不出己"指字根"已、巳、己"；"左框"指开口向左的方框"彐"；"折"指字根"乙"；"尸"指字根"尸"；"心和羽"指"心、羽"两个字根；另外，单独记忆变形字根"忄""小"	屑慕巨
52B	子耳了也框向上	"子耳了也"分别指"子、耳、了、也"4个字根；"框向上"指开口向上的框"凵"；另外，单独记忆变形字根"阝、巳、孑、卩"	孙阳节
53V	女刀九臼山朝西	"女刀九臼"分别指"女、刀、九、臼"4个字根；"山朝西"指"山"字开口向西，即字根"彐"；特殊记忆"彐"字根的变形字根"彐"	旭舅隶
54C	又巴马，丢矢矣	"又巴马"分别指"又、巴、马"3个字根；"丢矢矣"指"矣"字去掉下半部分后剩下的字根"厶"；单独记忆变形字根"マ"和"ス"	劲骄能
55X	慈母无心弓和匕，幼无力	"慈母无心"指去掉"母"字中间部分后剩下的字根"口"；"弓和匕"指字根"弓、匕"，记忆时应注意"匕"的变形字根"匕"；"幼无力"指去掉"幼"字右侧偏旁部首后的字根"幺"	丝互纱

3.7 项目实训

微课视频

按区进行字根识别练习

3.7.1 按区进行字根识别练习

【实训要求】

记忆字根是学习五笔输入法的基本要求。要想熟练掌握字根在键盘上的分布情况，除了熟记前面介绍的助记词外，还可以通过金山打字通2013进行系统演练，用手指记忆的方法达到快速记忆字根的效果。

【实训思路】

本实训可在金山打字通软件的"五笔打字"模块中进行实战演练，并通过"课程选择"下拉列表框，依次选择横、竖、撇、捺和折5区的字根进行分区练习。

【步骤提示】

（1）启动金山快快打字通2013，进入其主界面后单击"五笔打字"按钮 。

（2）进入"五笔打字"模块。首先单击"五笔输入法"按钮 ，了解有关五笔输入法的基础知识，然后通过简单测试后进入下一关"字根分区及讲解"课程。这里单击 **跳过讲解 ▶** 按钮，如图3-19所示。

（3）进入"字根分区及讲解练习"界面，在右上角的"课程选择"下拉列表框中选择"横区字根"选项，如图3-20所示。

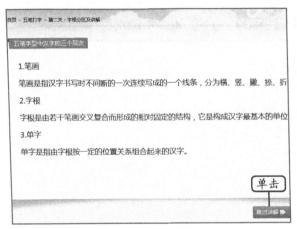

图3-19 跳过"字根分区与讲解"课程

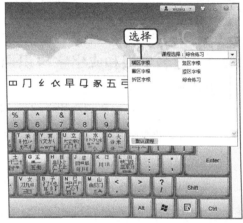

图3-20 选择要练习的字根

（4）此时，练习窗口上方将显示一行横区字根。根据前面介绍的字根区位号和字根口诀表的相关知识，依次判断显示的字根所在键位，然后依次敲击当前字根对应的键位即可，如图3-21所示。

图3-21 练习输入横区字根

（5）当输完一行后，系统会自动翻页，继续练习输入下一页内□□□
显示输入字根的时间、速度、正确率等信息。

（6）完成横区字根的练习后，软件将自动打开提示对话框，询问用户是否进行□
的字根练习。单击 星 按钮，继续进行竖区字根的输入练习。

（7）若某个字根所在键位判断错误，则不会在文本框中显示对应的字根。此时，用户可
在下方的提示区中查看正确的键位后再重新输入。

（8）熟记横区和竖区字根后，使用相同的操作方法继续在金山打字通2013中进行撇区、
捺区和折区的字根输入练习。

使用金山打字通测试过关

在金山打字通中，练习完5个区中的所有字根后，如果用户觉得自己
已将五笔字根的键位分布情况熟记于心，那么可单击练习界面右下角的
"测试模式"按钮 █，进入过关测试界面，在规定时间内完成所有显示
字根的输入操作。过关条件是：80字/分钟，正确率100%。

3.7.2 键名字根和成字字根识别练习

【实训要求】

快速识别出图3-22所列举的字根中，哪些属于键名字根，哪些属于成字字根，并将识别
结果写在对应括号中。

方（ ） 手（ ） 立（ ） 辛（ ） 门（ ） 水（ ） 米（ ） 禾（ ） 竹（ ） 用（ ） 八（ ）

儿（ ） 五（ ） 士（ ） 十（ ） 戈（ ） 七（ ） 雨（ ） 寸（ ） 三（ ） 弓（ ） 甲（ ）

七（ ） 已（ ） 巳（ ） 九（ ） 羽（ ） 西（ ） 了（ ） 也（ ） 力（ ） 贝（ ） 几（ ）

金（ ） 人（ ） 夕（ ） 月（ ） 白（ ） 斤（ ） 止（ ） 言（ ） 火（ ） 之（ ） 工（ ）

厂（ ） 大（ ） 王（ ） 目（ ） 心（ ） 日（ ） 口（ ） 虫（ ） 田（ ） 车（ ） 又（ ）

女（ ） 子（ ） 匕（ ） 丁（ ） 古（ ） 犬（ ） 八（ ） 巴（ ） 四（ ） 上（ ） 干（ ）

图3-22　要识别的键名字根和成字字根

【实训思路】

本实训将利用键名字根和成字字根的概念，以及五笔字根口诀等相关知识点进行字根识
别操作。

【步骤提示】

（1）掌握键名字根和成字字根的含义后，利用五笔字根助记词来判断属于键名字根的
汉字。例如，【A】键对应的五笔字根口诀为"王旁青头戈（兼）五一"，由此可以判断出
图3-22中所示的"王"字便是键名字根。

（2）按照相同的思路，继续识别属于键名字根的汉字，剩余的汉字便属于成字字根。

3.7.3 字根综合练习

【实训要求】

为了进一步巩固和加深对五笔字根的记忆，下面在金山打字通2013中进行五笔字根的综合练习，要求速度达到90字/分钟，正确率达到100%。

【实训思路】

本实训将在"五笔打字"模块的第2关中进行练习，并在"课程选择"下拉列表框选择"综合练习"课程。

【步骤提示】

（1）启动金山打字通2013软件，并进入"五笔打字"模块的第2关练习界面，在右上角的"课程选择"下拉列表框中选择"综合练习"选项。

（2）打开窗口进行所有字根综合练习，最终达到90字/分钟，正确率为100%的输入要求。

（3）反复练习，直至能够成功记忆全部字根后，单击当前窗口右下角的"测试模式"按钮進入测试状态，以此来检验自己的记忆成果。

3.8 课后练习

（1）根据本章所讲知识，写出下列汉字所属的字型结构。

程（　）	髓（　）	边（　）	生（　）	起（　）
形（　）	图（　）	咱（　）	川（　）	色（　）
繁（　）	糯（　）	学（　）	快（　）	链（　）
式（　）	中（　）	德（　）	职（　）	数（　）
成（　）	长（　）	册（　）	凸（　）	婴（　）
舞（　）	签（　）	样（　）	书（　）	尾（　）
业（　）	语（　）	省（　）	门（　）	岫（　）
军（　）	花（　）	建（　）	闯（　）	刀（　）

（2）根据字根5区和5位的划分以及键名汉字的定义，练习写出下面成字字根所在的键位和区位号。

例如，古 D　13。

丁	干	了	心	用	甲	乃	门	川	已	小	虫
厂	米	链	羽	九	四	儿	广	文	耳	六	早
五	雨	七	车	八	贝	竹	方	弓	马	辛	夕

（3）在下面各个键后面的括号中写出该键的助记词和所属字根。

例如，【S】键（助记词：木丁西　字根：木、丁、西）。

【F】键（助记词：　　　　　　　　　字根：　　　　　　　　　）

【D】键（助记词：　　　　　　　　　字根：　　　　　　　　　）

【S】键（助记词：   字根：
【H】键（助记词：   字根：
【J】键（助记词：   字根：   ）
【L】键（助记词：   字根：   ）
【M】键（助记词：   字根：   ）
【R】键（助记词：   字根：   ）
【E】键（助记词：   字根：   ）
【Q】键（助记词：   字根：   ）
【I】键（助记词：   字根：   ）
【O】键（助记词：   字根：   ）
【N】键（助记词：   字根：   ）
【V】键（助记词：   字根：   ）
【X】键（助记词：   字根：   ）

（4）从1区到5区，依次默写出每个键位上的键名汉字

3.9　技巧提升

1．准确判断汉字的字型结构

准确判断汉字的字型结构，首先要观察汉字的总体，即该汉字主要由哪几部分组成，然后再分析这几部分之间的位置关系。例如，"怒"字，从总体上讲，该汉字可分为"奴"和"心"两部分，虽然"奴"又能分为左右两部分，但该汉字的字型仍属于上下结构。

2．五笔字根分布原则

仔细观察86版五笔字根的键盘分布图，就会发现每一个键位上的字根分布其实是有章可循的。掌握这些字根分布原则后，再记忆字根就可事半功倍。字根在键盘上的分布遵循以下原则：首笔代号与区号基本一致；次笔代号与位号基本一致；单笔画数与位号基本一致；部分字根形态相近。

3．基本字根的定义及记忆方法

五笔字根键盘的每个键位上除包含键名字根和成字字根外，还有一些类似于汉字偏旁部首的字根，这些字根称为基本字根。针对基本字根进行练习时，可采用拆分汉字的方法进行快速记忆。如"她"字左侧的偏旁部首为"女"，同时也是五笔字根，便可联想记忆其所在键位。

38

CHAPTER 4

第4章
单字输入

情景导入

米拉：老洪，字根助记词背熟了是不是就可以开始使用五笔字型输入法输入汉字了？

老洪：记忆字根是五笔字型输入法最重要的一步，打好了这个基础，后面就是熟能生巧的过程了。

米拉：五笔字型输入法就是输入汉字的一个个字根吗？

老洪：简单看来可以这么说。其实用五笔字型输入法实际经历了3个步骤，第一是将汉字拆分为一个个字根，第二是找到这些字根对应的编码，第三是输入编码（即按键）。虽然说步骤有3个，但熟练之后，这3个步骤就是一瞬间的事，再到后面打字就像条件反射一样，但前提是多练。

学习目标

- 掌握汉字拆分原则
- 熟悉添加末笔识别码的方法
- 掌握键面汉字的输入方法
- 掌握键外字的输入方法
- 了解易拆错汉字编码示例

技能目标

- 熟记单字输入的取码规则
- 提升单个汉字的拆分速度
- 减少单个汉字的拆分错误率

4.1　汉字拆分原则

在五笔字型输入法中，所有汉字都可以看作由基本字根组成，要输□□□□拆分成一个个基本字根。在进行汉字拆分操作时，首先需要了解各字根之间□□□根拆分原则。

4.1.1　字根间的几种结构关系

应用五笔字型输入法，在拆分汉字时要把所有非基本字根一律拆分成彼此交叉相连的几个基本字根，这种交叉相连的字根关系可以分为单、连、散、交4种情况。

1．"单"字根结构汉字

汉字本身就是一个基本的五笔字根，无需再对其进行拆分，这种汉字的字根关系便称为"单"。例如，"水、月、门、人、木、日、目"等汉字都是"单"字根结构。

2．"连"字根结构汉字

"连"字根结构是指由一个基本字根和单笔画相连而组成的汉字。"连"字根结构包括以下两种情况。

- 单笔画连一个基本字根：单笔画可连前连后，也可连上连下。如图4-1所示，单笔画"一"下连"十"构成汉字"于"；单笔画"丿"下连"丰"构成汉字"生"等。
- 带点结构：是指汉字是由一个孤立的点笔画和一个基本字根构成，并且不需要考虑该点与基本字根的位置关系。图4-2所示的"太"字可以拆分成"大"和"、"两个字根，与其类似的还有"犬、术、义"等。

图4-1　单笔画连一个基本字根

图4-2　带"点"结构的连字根

3．"散"字根结构汉字

如果汉字由多个基本字根构成，并且各字根之间保持一定的距离，这种汉字的字根关系便称为"散"。例如，常见的左右型和上下型汉字均属于"散"字根结构，如图4-3所示。

图4-3　"散"字根结构的汉字

4．"交"字根结构汉字

"交"结构的汉字由几个基本字根交叉相叠而成，而且各字根之间没有明显的间隔距离。如图4-4所示，"末"由"一、木"交叉构成，类似的汉字还有"夫、本、里、中"

等。另外，交叉结构的汉字也属于杂合型。

图4-4 "交"字根结构的汉字

4.1.2 字根拆分原则

在掌握汉字字根间的各种关系后，就可以拆分一部分比较简单的汉字了。但要准确地拆分出所有汉字，还需要掌握几个字根拆分原则，即"书写顺序""取大优先""能连不交""能散不连""兼顾直观"五大原则。需要特别注意的是，键名字根和成字字根汉字除外。

微课视频

字根拆分原则

1. 书写顺序原则

在进行字根拆分操作时，首先要以"书写顺序"为拆字的主原则，然后再遵循其他拆分原则。"书写顺序"原则是指按书写汉字的顺序，将汉字拆分为键面上已有的基本字根。汉字书写顺序通常为：从左到右、从上到下和从外到内，拆分字根时也应按照该顺序来进行，如图4-5所示。需要注意的是，带"廴、辶"字根的汉字应先拆分其内部包含的字根汉字。

图4-5 按"书写顺序"原则拆分字根

2. 取大优先原则

"取大优先"原则是指拆分字根时，拆分出来的字根的笔画数量应尽量多，而拆分的字根则应尽量少，但必须保证拆分出来的字根是键面上已有的基本字根，如图4-6所示。

则 ➡ 则 + 则 （正确的拆分）

则 ➡ 则 + 则 + 则 （错误的拆分）

图4-6 按"取大优先"原则拆分字根

其中汉字"则"的第一个字根"冂"，完全可以与第二个字根"人"合并，形成一个

"更大"的字根"贝"。

3. 能连不交原则

"能连不交"原则是指拆分字根时，能拆分成互相连接的字根（"连"结构的汉字）就不拆分成互相交叉的字根（"交"结构的汉字），如图4-7所示。

图4-7 按"能连不交"原则拆分字根

其中第一种拆分方法的字根关系为"连"，而第二种拆分方法的字根关系则为"交"，此时，第一种拆分方法才是正确的。

4. 能散不连原则

"能散不连"原则是指拆分字根时，能拆分成"散"结构字根的汉字就不拆分成"连"结构字根的汉字，如图4-8所示。

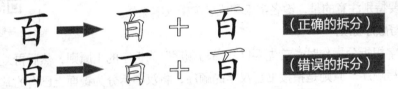

图4-8 按"能散不连"原则拆分字根

5. 兼顾直观原则

"兼顾直观"原则，是指拆分字根时，为了使拆分出来的字根更易于辨认，有时就要暂时牺牲"书写顺序"和"取大优先"原则，将汉字拆分成更容易辨认的字根，如图4-9所示。

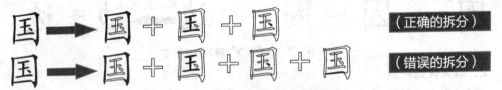

图4-9 按"兼顾直观"原则拆分字根

按"书写顺序"原则，"国"字应拆分为字根"冂、王、丶、一"，但这样不能使字根"囗"直观易辨，所以将其拆分为"囗、王、丶"，这就叫作"兼顾直观"原则。

拆分字根的总体原则

拆分字根时应遵循一个总体原则：书写顺序最优先，无论如何也不能连的字就以"取大优先"为准则，只要是能连起来的字就以"兼顾直观"为准则。需要注意的是，上述几项原则相辅相成，并非相互独立。

4.2 添加末笔识别码

在学习汉字的取码方法之前，首先要学习末笔字型识别码，因为对于拆分不足4个字根的汉字有时需要补敲其对应的识别码进行输入，若添加识别码后仍不足4码，则补敲一个空格。下面将详细介绍末笔识别码的判定方法。

4.2.1 末笔识别码的概念

所谓末笔识别码，是指由书写汉字时最后一笔笔画的代码作为末笔识别码的区号，而汉字笔画又包括横、竖、撇、捺和折5种，其对应区号分别为"1、2、3、4、5"；同时将该汉字的字型结构作为末笔识别码的位号，其中左右型代码为"1"，上下型代码为"2"，杂合型代码为"3"。由此，组成一个末笔识别码表，如表4-1所示。

表4-1 末笔识别码表

汉字末笔画	左右型代码"1"	上下型代码"2"	杂合型代码"3"
横1	G（11）	F（12）	D（13）
竖2	H（21）	J（22）	K（23）
撇3	T（31）	R（32）	E（33）
捺4	Y（41）	U（42）	I（43）
折5	N（51）	B（52）	V（53）

例如，输入"尔"字，首先将其拆分为字根"勹"和"小"，然后输入对应编码【Q】、【I】，但是，文字选择框中并没有出现"尔"字，此时就需要添加末笔识别码。由于"尔"字为上下结构，而且最后一笔笔画为捺，根据表4-1可知该字的末笔识别码为42，即对应键盘中的【U】键，如图4-10所示。

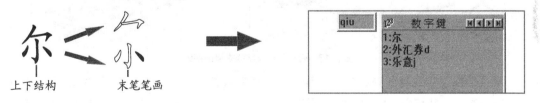

图4-10 添加五笔字型末笔识别码

4.2.2 末笔识别码的判定

在判定汉字的末笔识别码时，末笔笔画的确定非常重要。除了按书写顺序选取汉字的末笔笔画外，对于全包围、半包围等特殊结构的汉字以及与书写顺序不一致的汉字，还有以下4种特殊判别方法。

● **全包围、半包围结构汉字末笔码判别**：对于全包围与半包围结构的汉字，如"团、医、凶、边"等，其末笔画规定为被包围部分的最后一笔。例如，"句"是半包围结构的汉字，所以末笔笔画是被包围部分"口"的最后一笔，即"一"，属于"横"，其区位为"1"。由于它是杂合型，对应位号为"3"，因此得到末笔字型识别码为13，即对应键盘中的【D】键，如图4-11所示。

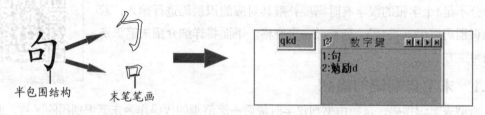

图4-11　半包围结构汉字的末笔识别码

● **与书写顺序不一致的汉字末笔判别**：对于末笔画的选择与书写顺序不一致的汉字，如最后一个字根是由"九、刀、七、力、匕"等构成的汉字，一律以其"伸"得最长的"折"笔画作为末笔。例如，"仓"字的末笔为"乙"，其字型为上下型，因此得到末笔字型识别码为52，即对应键盘中的【B】键，如图4-12所示。

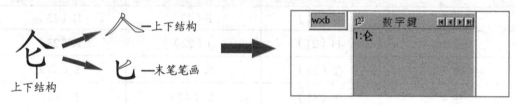

图4-12　书写顺序不一致汉字的末笔识别码

● **带单独点的汉字末笔判别**：对于"义、太、勺"等汉字，均把"、"当作末笔画，即"捺"作为末笔。例如，"义"字的末笔为"、"，字型为杂合型，因此得到末笔字型识别码43，即对应键盘中的【I】键，如图4-13所示。

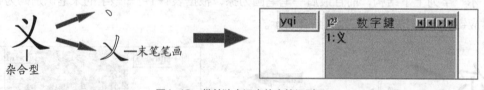

图4-13　带单独点汉字的末笔识别码

● **特殊汉字末笔判别**：对于"我、贱、成"等汉字，其末笔应遵循"从上到下"原则，一律规定为撇"丿"。例如，"伐"字的末笔为"丿"，字型为左右型，因此得到末笔字型识别码31，即对应键盘中的【T】键，如图4-14所示。

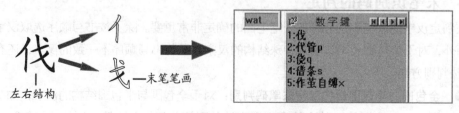

图4-14　特殊汉字的末笔识别码

"更大"的字根"贝"。

3. 能连不交原则

"能连不交"原则是指拆分字根时，能拆分成互相连接的字根（"连"结构的汉字）就不拆分成互相交叉的字根（"交"结构的汉字），如图4-7所示。

图4-7 按"能连不交"原则拆分字根

其中第一种拆分方法的字根关系为"连"，而第二种拆分方法的字根关系则为"交"，此时，第一种拆分方法才是正确的。

4. 能散不连原则

"能散不连"原则是指拆分字根时，能拆分成"散"结构字根的汉字就不拆分成"连"结构字根的汉字，如图4-8所示。

图4-8 按"能散不连"原则拆分字根

5. 兼顾直观原则

"兼顾直观"原则，是指拆分字根时，为了使拆分出来的字根更易于辨认，有时就要暂时牺牲"书写顺序"和"取大优先"原则，将汉字拆分成更容易辨认的字根，如图4-9所示。

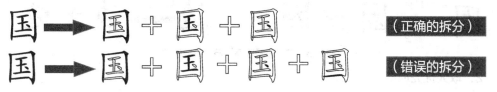

图4-9 按"兼顾直观"原则拆分字根

按"书写顺序"原则，"国"字应拆分为字根"冂、王、丶、一"，但这样不能使字根"囗"直观易辨，所以将其拆分为"囗、王、丶"，这就叫作"兼顾直观"原则。

操作提示

拆分字根的总体原则

拆分字根时应遵循一个总体原则：书写顺序最优先，无论如何也不能连的字就以"取大优先"为准则，只要是能连起来的字就以"兼顾直观"为准则。需要注意的是，上述几项原则相辅相成，并非相互独立。

等。另外，交叉结构的汉字也属于杂合型。

图4-4 "交"字根结构的汉字

对汉字结构进行判断的依据

操作提示

在对字根间的4种结构进行判断时，对于"散"和"单"结构的汉字，可以按照一定的标准进行准确判断，如"散"字根结构的汉字可以进行拆分，而"单"字根结构的汉字其本身不能再进行拆分。

4.1.2 字根拆分原则

在掌握汉字字根间的各种关系后，就可以拆分一部分比较简单的汉字了。但要准确地拆分出所有汉字，还需要掌握几个字根拆分原则，即"书写顺序""取大优先""能连不交""能散不连""兼顾直观"五大原则。需要特别注意的是，键名字根和成字字根汉字除外。

微课视频

字根拆分原则

1．书写顺序原则

在进行字根拆分操作时，首先要以"书写顺序"为拆字的主原则，然后再遵循其他拆分原则。"书写顺序"原则是指按书写汉字的顺序，将汉字拆分为键面上已有的基本字根。汉字书写顺序通常为：从左到右、从上到下和从外到内，拆分字根时也应按照该顺序来进行，如图4-5所示。需要注意的是，带"廴、辶"字根的汉字应先拆分其内部包含的字根汉字。

图4-5 按"书写顺序"原则拆分字根

2．取大优先原则

"取大优先"原则是指拆分字根时，拆分出来的字根的笔画数量应尽量多，而拆分的字根则应尽量少，但必须保证拆分出来的字根是键面上已有的基本字根，如图4-6所示。

图4-6 按"取大优先"原则拆分字根

其中汉字"则"的第一个字根"门"，完全可以与第二个字根"人"合并，形成一个

4.1 汉字拆分原则

在五笔字型输入法中，所有汉字都可以看作由基本字根组成，要输入汉字就需要将汉字拆分成一个个基本字根。在进行汉字拆分操作时，首先需要了解各字根之间的结构关系和字根拆分原则。

4.1.1 字根间的几种结构关系

应用五笔字型输入法，在拆分汉字时要把所有非基本字根一律拆分成彼此交叉相连的几个基本字根，这种交叉相连的字根关系可以分为单、连、散、交4种情况。

1．"单"字根结构汉字

汉字本身就是一个基本的五笔字根，无需再对其进行拆分，这种汉字的字根关系便称为"单"。例如，"水、月、门、人、木、日、目"等汉字都是"单"字根结构。

2．"连"字根结构汉字

"连"字根结构是指由一个基本字根和单笔画相连而组成的汉字。"连"字根结构包括以下两种情况。

- **单笔画连一个基本字根**：单笔画可连前连后，也可连上连下。如图4-1所示，单笔画"一"下连"十"构成汉字"于"；单笔画"丿"下连"圭"构成汉字"生"等。
- **带点结构**：是指汉字是由一个孤立的点笔画和一个基本字根构成，并且不需要考虑该点与基本字根的位置关系。图4-2所示的"太"字可以拆分成"大"和"、"两个字根，与其类似的还有"犬、术、义"等。

图4-1　单笔画连一个基本字根

图4-2　带"点"结构的连字根

3．"散"字根结构汉字

如果汉字由多个基本字根构成，并且各字根之间保持一定的距离，这种汉字的字根关系便称为"散"。例如，常见的左右型和上下型汉字均属于"散"字根结构，如图4-3所示。

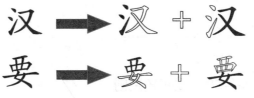
图4-3　"散"字根结构的汉字

4．"交"字根结构汉字

"交"结构的汉字由几个基本字根交叉相叠而成，而且各字根之间没有明显的间隔距离。如图4-4所示，"末"由"一、木"交叉构成，类似的汉字还有"夫、本、里、中"

CHAPTER 4

第4章
单字输入

情景导入

米拉：老洪，字根助记词背熟了是不是就可以开始使用五笔字型输入法输入汉字了？

老洪：记忆字根是五笔字型输入法最重要的一步，打好了这个基础，后面就是熟能生巧的过程了。

米拉：五笔字型输入法就是输入汉字的一个个字根吗？

老洪：简单看来可以这么说。其实用五笔字型输入法实际经历了3个步骤，第一是将汉字拆分为一个个字根，第二是找到这些字根对应的编码，第三是输入编码（即按键）。虽然说步骤有3个，但熟练之后，这3个步骤就是一瞬间的事，再到后面打字就像条件反射一样，但前提是多练。

学习目标

- 掌握汉字拆分原则
- 熟悉添加末笔识别码的方法
- 掌握键面汉字的输入方法
- 掌握键外字的输入方法
- 了解易拆错汉字编码示例

技能目标

- 熟记单字输入的取码规则
- 提升单个汉字的拆分速度
- 减少单个汉字的拆分错误率

（5）当输完一行后，系统会自动翻页，继续练习输入下一页内容。同时，在窗口下方将显示输入字根的时间、速度、正确率等信息。

（6）完成横区字根的练习后，软件将自动打开提示对话框，询问用户是否进行其他区域的字根练习。单击 是 按钮，继续进行竖区字根的输入练习。

（7）若某个字根所在键位判断错误，则不会在文本框中显示对应的字根。此时，用户可在下方的提示区中查看正确的键位后再重新输入。

（8）熟记横区和竖区字根后，使用相同的操作方法继续在金山打字通2013中进行撇区、捺区和折区的字根输入练习。

使用金山打字通测试过关

在金山打字通中，练习完5个区中的所有字根后，如果用户觉得自己已将五笔字根的键位分布情况熟记于心，那么可单击练习界面右下角的"测试模式"按钮，进入过关测试界面，在规定时间内完成所有显示字根的输入操作。过关条件是：80字/分钟，正确率100%。

3.7.2　键名字根和成字字根识别练习

【实训要求】

快速识别出图3-22所列举的字根中，哪些属于键名字根，哪些属于成字字根，并将识别结果写在对应括号中。

方（　）手（　）立（　）辛（　）门（　）水（　）米（　）禾（　）竹（　）用（　）八（　）

儿（　）五（　）士（　）十（　）戈（　）七（　）雨（　）寸（　）三（　）弓（　）甲（　）

七（　）已（　）巳（　）九（　）羽（　）西（　）了（　）也（　）力（　）贝（　）几（　）

金（　）人（　）夕（　）月（　）白（　）斤（　）止（　）言（　）火（　）之（　）工（　）

厂（　）大（　）王（　）目（　）心（　）日（　）口（　）虫（　）田（　）车（　）又（　）

女（　）子（　）匕（　）丁（　）古（　）犬（　）八（　）巴（　）四（　）上（　）干（　）

图3-22　要识别的键名字根和成字字根

【实训思路】

本实训将利用键名字根和成字字根的概念，以及五笔字根口诀等相关知识点进行字根识别操作。

【步骤提示】

（1）掌握键名字根和成字字根的含义后，利用五笔字根助记词来判断属于键名字根的汉字。例如，【A】键对应的五笔字根口诀为"王旁青头戈（兼）五一"，由此可以判断出图3-22中所示的"王"字便是键名字根。

（2）按照相同的思路，继续识别属于键名字根的汉字，剩余的汉字便属于成字字根。

上的分布情况，除了熟记前面介绍的助记词外，还可以通过金山打字通2013进行系统演练，用手指记忆的方法达到快速记忆字根的效果。

【实训思路】

本实训可在金山打字通软件的"五笔打字"模块中进行实战演练，并通过"课程选择"下拉列表框，依次选择横、竖、撇、捺和折5区的字根进行分区练习。

【步骤提示】

（1）启动金山快快打字通2013，进入其主界面后单击"五笔打字"按钮。

（2）进入"五笔打字"模块。首先单击"五笔输入法"按钮，了解有关五笔输入法的基础知识，然后通过简单测试后进入下一关"字根分区及讲解"课程。这里单击 **跳过讲解** 按钮，如图3-19所示。

（3）进入"字根分区及讲解练习"界面，在右上角的"课程选择"下拉列表框中选择"横区字根"选项，如图3-20所示。

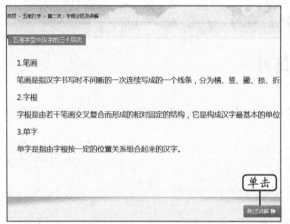
图3-19 跳过"字根分区与讲解"课程

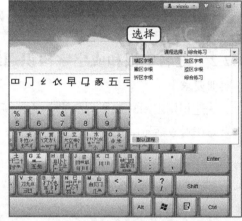
图3-20 选择要练习的字根

（4）此时，练习窗口上方将显示一行横区字根。根据前面介绍的字根区位号和字根口诀表的相关知识，依次判断显示的字根所在键位，然后依次敲击当前字根对应的键位即可，如图3-21所示。

图3-21 练习输入横区字根

4.3 键面汉字的输入

键面汉字是指在五笔字型字根表里存在的字根，其本身就是一个简单的汉字。键面汉字主要包括键名汉字、成字字根汉字和单笔画3种，下面分别介绍其输入方法。

4.3.1 输入键名汉字

在五笔字根的键盘分布图中，每一个键位（【X】键除外）的左上角都有一个简单的汉字，它也是键位上所有字根中最具有代表性的字根，称为键名汉字。键名汉字的分布如图4-15所示。

图4-15 键名汉字的分布

输入键名汉字的方法是：连续敲击该字根所在键位4次即可。例如，"水"字的编码为"IIII"，"女"字的编码为"VVVV"，"已"字的编码为"NNNN"。

4.3.2 输入成字字根汉字

在五笔字型字根表中，除了键名汉字以外，还有一些完整的汉字字根，如【Q】键上的"夕"字、【T】键上的"竹"字、【E】键上的"用"字等，这些字根本身就是一个汉字，因此称为成字字根汉字。

- **成字字根汉字在键盘上的分布**：在五笔字型字根中，除【P】和【Z】键外，其余24个字母键上均有成字字根汉字，成字字根汉字在一个键盘上最多可以达到6个。各键位上分布的成字字根汉字如图4-16所示。

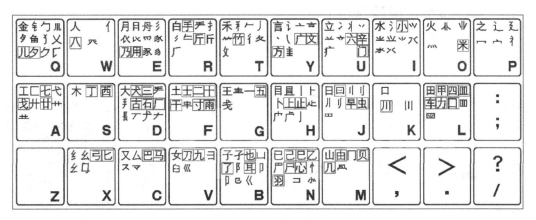

图4-16 成字字根汉字的分布

- **成字字根汉字的取码规则**：先按一下成字字根所在的键，即称为"报户口"，然后按它的书写顺序依次敲击它的第一笔、第二笔以及最后一笔所在键位，若不足4码补敲空格键。例如，输入成字字根"耳"字，其取码顺序如图4-17所示。

五笔编码：　　　　　B　　　　G　　　　H　　　　G

图4-17　输入成字字根汉字

4.3.3　输入5种单笔画

在五笔字型字根表中，有横（一）、竖（丨）、撇（丿）、点（丶）、折（乙）5种基本笔画，也称单笔画。

高清大图

输入5种单笔画

5种单笔画的输入方法为：首先按2次该单笔画所在的键位，再按2次【L】键。例如，要输入单笔画"一"，由于"一"所在的字母键为G，所以首先按2次【G】键，再按2次【L】键，即可得出单笔画"一"的编码为"GGLL"。

其他4种单笔画的编码如下。

丨（HHLL）　　　丿（TTLL）　　　丶（YYLL）　　　乙（NNLL）

4.4　键外字的输入

键外汉字是指没有包含在五笔字型字根表中，并且需要通过字根的组合才能输入的汉字。其取码规则为：根据字根拆分原则，将汉字拆分成基本字根后，依次输入对应的4个编码即可。

第一码取汉字的第一个字根，第二码取汉字的第二个字根，第三码取汉字第三个字根，第四码则取该汉字的最后一个字根。若拆分后不足4码，需要添加末笔识别码。

4.4.1　输入4个字根的汉字

汉字"吨、重、被、第、离、顾、该"都是4个字根的汉字，下面将对"离""重"进行拆分操作，如图4-18所示。

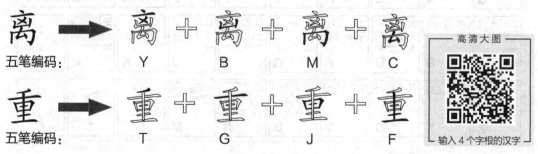

五笔编码：　　　Y　　　　B　　　　M　　　　C

五笔编码：　　　T　　　　G　　　　J　　　　F

高清大图

输入4个字根的汉字

图4-18　拆分4个字根的汉字

● **汉字"离"**：拆分"离"字的难点是第一个字根的确认，根据"取大优先"原则，

"离"字的首个字根应该是"文",而不应该将其分为2个字根"亠"和"乂"。

- **汉字"重"**:根据"能散不连"原则,"重"字的第2个字根应该是"一",而不是"十";第3个字根则应该是"日"。

4.4.2 输入超过4个字根的汉字

汉字"褪、该、整、貌、舞"都是多于4个字根的汉字,下面将对"褪""该"进行拆分操作,只取其第1、2、3和最后一个字根,如图4-19所示。

图4-19 拆分超过4个字根的汉字

- **汉字"褪"**:拆分时要注意偏旁"衤"不是一个基本字根,所以应将其拆分为"衤"和"丫"字根,类似的还有带"衤"偏旁的汉字,如礼、神、祖等。
- **汉字"该"**:拆分"该"字的难点在于对最后一个字根的确认,应该是字根"丶"还是"人",从汉字的书写笔画可以看出,最后两笔"丿、丶"应视为一个整体,根据"兼顾直观"的原则应将其视为"人",而不应该拆开。

4.4.3 输入不足4个字根的汉字

汉字"油、粉、尖、家、且"都是少于4个字根的汉字,下面将对"油""粉"进行拆分操作,如图4-20所示。

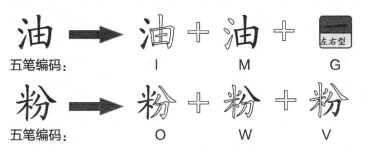

图4-20 拆分不足4个字根的汉字

4.5 易拆错汉字编码示例

在刚开始练习拆分汉字时,应从简单且常用的汉字开始拆分。表4-2中列出了一些易拆错的汉字,对于个别汉字的拆分方法,需要记住其变形字根,并多加练习,以后遇到类似的汉字就知道如何拆分了。

47

表4-2　易拆错汉字编码示例表

汉字	第一码	第二码	第三码	最后一码	五笔编码
魂	二（F）	厶（C）	白（R）	厶（C）	FCRC
尴	尣（D）	乙（N）	刂（J）	皿（L）	DNJL
舞	亠（R）	灬（L）	一（G）	丨（H）	RLGH
卞	亠（Y）	卜（H）	识别码（U）		YHU+空格键
曳	日（J）	匕（X）	识别码（E）		JXE+空格键
峨	山（M）	丿（T）	扌（R）	丿（T）	MTRT
翟	羽（N）	亻（W）	主（Y）	识别码（F）	NWYF
练	纟（X）	乙（A）	冂（N）	八（W）	XANW
函	了（B）	冫（I）	凵（B）	识别码（K）	BIBK
凸	丨（H）	一（G）	几（M）	一（G）	HGMG
凹	几（M）	几（M）	一（G）	识别码（D）	MMGD
身	丿（T）	冂（M）	三（D）	丿（T）	TMDT
书	乙（N）	乙（N）	丨（H）	丶（Y）	NNHY
鼠	臼（V）	乙（N）	冫（U）	乙（N）	VNUN
廉	广（Y）	丷（U）	彐（V）	业（O）	YUVO
年	亠（R）	丨（H）	十（F）	识别码（K）	RHFK
革	廿（A）	串（F）	识别码（J）		AFJ+空格键
浅	氵（I）	戋（G）	识别码（T）		IGT+空格键
面	一（D）	冂（M）	川（J）	三（D）	DMJD
既	彐（V）	厶（C）	匚（A）	儿（Q）	VCAQ
袂	衤（P）	冫（U）	㇈（N）	人（W）	PUNW
肆	镸（D）	彐（V）	二（F）	丨（H）	DVFH
巷	共（A）	八（W）	巳（N）	识别码（B）	AWNB
赛	宀（P）	二（F）	川（J）	贝（M）	PFJM
途	人（W）	禾（T）	辶（P）	识别码（I）	WTPI
弗	弓（X）	刂（J）	识别码（K）		XJK+空格键
野	日（J）	土（F）	乛（C）	阝（B）	JFCB
饮	勹（Q）	乙（N）	勹（Q）	人（W）	QNQW
像	亻（W）	勹（Q）	日（J）	豕（E）	WQJE
刀	乛（N）	丿（T）			NT+空格键

汉字	第一码	第二码	第三码	最后一码	五笔编码
貌	⺈（E）	⺈（E）	白（R）	儿（Q）	EERQ
缘	纟（X）	ⴲ（X）	豕（E）	识别码（Y）	XXEY
夏	一（D）	目（H）	夊（T）	识别码（U）	DHTU
盛	厂（D）	乙（N）	乙（N）	皿（L）	DNNL
姬	女（V）	匚（A）	｜（H）	｜（H）	VAHH
励	厂（D）	一（D）	乙（N）	力（L）	DDNL
鲁	鱼（Q）	一（G）	日（J）	识别码（F）	QGJF
蔡	艹（A）	⺚（W）	二（F）	小（I）	AWFI
曲	冂（M）	丰（A）	识别码（D）		MAD+空格键
所	厂（R）	𠃌（N）	斤（R）	识别码（H）	RNRH
夯	大（D）	力（L）	识别码（B）		DLB+空格键
闺	门（U）	土（F）	土（F）	识别码（D）	UFFD
揩	扌（R）	⻖（X）	匕（X）	白（R）	RXXR
戒	戈（A）	廾（A）	识别码（K）		AAK+空格键
特	丿（T）	扌（R）	土（F）	寸（F）	TRFF
剩	禾（T）	⺕（U）	匕（X）	刂（J）	TUXJ
片	丿（T）	｜（H）	一（G）	乙（N）	THGN
序	广（Y）	⺕（C）	卩（B）	识别码（K）	YCBK
走	土（F）	龰（H）	识别码（U）		FHU+空格键
骨	⺾（M）	月（E）	识别码（F）		MEF+空格键
眉	尸（N）	目（H）	识别码（D）		NHD+空格键
段	亻（W）	三（D）	几（M）	又（C）	WDMC
捕	扌（R）	一（G）	月（E）	丶（Y）	RGEY
犹	犭（Q）	丿（T）	尢（D）	乙（N）	QTDN
成	厂（D）	乙（N）	乙（N）	丿（T）	DNNT
遇	日（J）	冂（M）	｜（H）	辶（P）	JMHP
喂	口（K）	田（L）	一（G）	⺆（E）	KLGE
留	⺈（Q）	丶（Y）	刀（V）	田（L）	QYVL
辣	辛（U）	一（G）	口（K）	小（I）	UGKI
追	亻（W）	𠃌（N）	𠃌（N）	辶（P）	WNNP
承	了（B）	三（D）	八（I）	识别码（I）	BDII
呀	口（K）	匚（A）	｜（H）	丿（T）	KAHT
慈	丷（U）	幺（X）	幺（X）	心（N）	UXXN

4.6 项目实训

4.6.1 键名汉字输入练习

微课视频

键名字输入练习

【实训要求】

在写字板程序中，用五笔字型输入法练习输入下列键名汉字，在输入过程中要保证正确率，对于输入错误的键名汉字可反复练习，以便达到熟记于心的目的。

王	土	大	木	工	目	日	口	田	山
禾	白	月	人	金	言	立	水	火	之
子	女	又	已						

【实训思路】

首先启动写字板程序，然后将当前输入法切换为王码五笔86版输入法，最后根据键名汉字的输入规则（连续敲击该字根所在键位4次）便可完成输入操作。

【步骤提示】

（1）启动写字板程序后，切换到86版王码五笔字型输入法。

（2）首先输入键名汉字"王"，由于该字位于一区的【G】键上，此时只需连续按4次【G】键即可输入。

（3）按照相同的操作方法，输入其他的键名汉字。

4.6.2 成字字根汉字输入练习

微课视频

成字字根汉字输入练习

【实训要求】

使用五笔字型输入法练习输入下列成字字根汉字，成字字根常被用作某些汉字的偏旁部首，熟记这些字根可以快速进行字根拆分操作。

夕	乃	用	手	斤	方	广	辛	竹	子
川	口	皿	车	力	四	米	小	门	由
早	虫	止	上	王	士	雨	古	羽	贝
石	西	戈	七	匕	马	巴	九	刀	也

【实训思路】

首先启动自己熟悉的打字软件，然后切换至86版王码五笔字型输入法，根据成字字根汉字的输入规则（先敲一下成字字根所在的键，即称为"报户口"，然后按它的书写顺序依次敲击它的第一笔、第二笔以及最后一笔所在键位，若不足4码补敲空格键）便可完成输入操作。

【步骤提示】

（1）启动打字软件后，切换到86版王码五笔字型输入法。

（2）输入成字字根汉字"夕"，由于该字位于撇区中的【Q】键上，因此，首先"报户口"按【Q】键。由于"夕"字首笔画为撇，所以按【T】键；第二笔画为折，所以按【N】键；最后一笔为捺，所以再按【Y】键即可输入。

（3）按照相同的操作方法，继续输入其他的成字字根汉字。

4.6.3 全码汉字输入练习

【实训要求】

练习输入下列全码汉字，其中包括4码汉字和超过4码的汉字2种类型。通过此次实训可以进一步加强汉字拆分原则的记忆。

慰　被　融　隧　瓣　预　感　激　器　械
鲥　喇　瞬　遏　能　斯　购　误　蔽　蒙
期　望　煤　球　鞋　薪　倾　寨　寒　暖
埔　段　碟　捱　筹　鲍　蕾　垂　澳　豹
僚　湛　幕　撇　傲　瞩　鸳　鸯　腻　朦
键　朗　照　解　输　碍　骤　操　型　穗

【实训思路】

本实训需要综合运用字根拆分原则（书写顺序、取大优先、能连不交、能散不连、兼顾直观）和键外字输入规则（第一码取汉字的第一个字根，第二码取汉字的第二个字根，第三码取汉字的第三个字根，第四码则取该汉字的最后一个字根）等知识点，在输入汉字时要牢记相关操作。

【步骤提示】

（1）切换到86版王码五笔字型输入法，输入"慰"字，由于该字超过4码，所以只能取其前3个和最后1个字根，即"尸""二""小""心"，分别位于【N】、【F】、【I】和【N】键上，然后依次按这4个键位即可输入该汉字。

（2）按照相同的操作方法，继续输入其他全码汉字。

4.6.4 末笔识别汉字输入练习

【实训要求】

练习输入下列末笔识别汉字，在练习过程中要准确判断汉字的末笔画和字型结构。

位　根　字　你　伞　法　步　后　按　完
忙　迷　纸　活　家　农　夫　雪　各　原
乱　钮　项　引　息　打　好　学　件　击

【实训思路】

由于要练习输入的汉字都是不足4码的汉字，所以在输入过程中要正确判断是否需要添加识别码。若添加识别码后仍不足4码，则需添加空格键。

【步骤提示】

（1）切换到86版王码五笔字型输入法，首先输入"位"字，由于该字不足4码汉字，所以只能将其拆分为2个字根"亻"和"立"。

（2）由于"位"字是左右型，且最后一个笔画为"一"，所以对应识别码为"G"，依次按2个字根和识别码对应键位【W】、【U】、【G】和空格键即可输入该汉字。

（3）按照相同的操作方法，继续输入其他末笔识别汉字。

4.6.5 单字输入综合练习

【实训要求】

微课视频

单字输入综合练习

严格按照前面学习的单个汉字拆分原则和输入方法，在金山打字通中进行单字输入综合练习，通过练习使其输入速度达到100字/分钟，错误率小于5%。打字时尽量不要看编码提示，坚持自我拆分和输入。若遇到实在无法拆分的情况时，再查看编码提示信息。

【实训思路】

首先启动金山打字通软件，进入"五笔打字"模块后，单击"单字练习"选项卡；然后再选择打字课程；最后开始单字输入练习。

【步骤提示】

（1）启动金山打字通2013并登录相应账户后，在主界面中单击"五笔打字"按钮 五 。

（2）进入"五笔打字"界面后单击 按钮，然后在"课程选择"下拉列表框中选择要练习的单字课程。这里选择"常用字2"课程。

（3）切换至86版王码五笔字型输入法后，此时在"单字练习"输入界面上方自动显示要练习的汉字，根据前面所学的拆分原则及取码规则先拆字再输入。当输完一行后，系统自动翻页，并在界面底部显示打字时间、速度和正确率。

4.7 课后练习

（1）指出下列字汉字中各字根之间的关系。

例如，枯（"散"字根结构汉字）。

务（　）	尖（　）	颂（　）	受（　）	自（　）
习（　）	备（　）	看（　）	英（　）	且（　）
才（　）	荡（　）	凶（　）	众（　）	夫（　）
老（　）	量（　）	尤（　）	观（　）	重（　）
师（　）	汉（　）	年（　）	体（　）	咪（　）

（2）在记事本中，练习输入下列键名汉字、成字字根、偏旁部首及单笔画。

匕	十	日	上	八	火	七	小	尸	之
人	雨	目	言	耳	川	竹	金	心	车
古	乙	丁	米	马	门	贝	羽	石	弓
丿	大	皿	丨	巴	田	由	也	卜	幺
丶	王	石	巴	刀	几	山	用	竹	子
白	火	士	犬	西	夂	氵	一	彡	早

五笔打字立体化教程（微课版）

（3）指出下列汉字的末笔识别码，并将其对应键位填写在后面的括号中。

例如，报（、）（Y）。

杆（ ）（ ）　告（ ）（ ）　组（ ）（ ）　艾（ ）（ ）　达（ ）（ ）

茵（ ）（ ）　急（ ）（ ）　血（ ）（ ）　直（ ）（ ）　生（ ）（ ）

左（ ）（ ）　性（ ）（ ）　卡（ ）（ ）　邑（ ）（ ）　快（ ）（ ）

所（ ）（ ）　长（ ）（ ）　司（ ）（ ）　机（ ）（ ）　申（ ）（ ）

（4）练习输入下列键外单个汉字。

裤	孔	鹏	画	高	像	复	兵	冷	右
出	婚	输	销	称	衡	警	宵	装	果
结	疆	春	翻	黎	稀	葵	藤	鲜	活
肥	球	雅	牌	停	增	截	数	途	疼
瞬	赛	典	量	醒	奥	补	符	伤	晚
承	建	电	跑	新	调	喜	舞	美	臣
奶	函	幻	脚	练	事	书	单	连	数

（5）打开 Word 2010，在其中输入如下短文，通过练习，可以进一步巩固前面所学的单字拆分方法。如遇到不能拆分和输入的汉字，可通过附录的字典进行查询，然后特别记忆这些汉字的拆分方法以及编码。

荷塘月色（节选）

作者：朱自清

这几天心里颇不宁静。今晚在院子里坐着乘凉，忽然想起日日走过的荷塘，在这满月的光里，总该另有一番样子吧。月亮渐渐地升高了，墙外马路上孩子们的欢笑，已经听不见了；妻在屋里拍着闰儿，迷迷糊糊地哼着眠歌。我悄悄地披了大衫，带上门出去。

沿着荷塘，是一条曲折的小煤屑路。这是一条幽僻的路；白天也少人走，夜晚更加寂寞。荷塘四面，长着许多树，蓊蓊郁郁的。路的一旁，是些杨柳，和一些不知道名字的树。没有月光的晚上，这路上阴森森的，有些怕人。今晚却很好，虽然月光也还是淡淡的。

路上只我一个人，背着手踱着。这一片天地好像是我的；我也像超出了平常的自己，到了另一世界里。我爱热闹，也爱冷静；爱群居，也爱独处。像今晚上，一个人在这苍茫的月下，什么都可以想，什么都可以不想，便觉是个自由的人。白天里一定要做的事，一定要说的话，现在都可不理。这是独处的妙处，我且受用这无边的荷香月色好了。

曲曲折折的荷塘上面，弥望的是田田的叶子。叶子出水很高，像亭亭的舞女的裙。层层的叶子中间，零星地点缀着些白花，有袅娜地开着的，有羞涩地打着朵儿的；正如一粒粒的明珠，又如碧天里的星星，又如刚出浴的美人。微风过处，送来缕缕清香，仿佛远处高楼上渺茫的歌声似的。这时候叶子与花也有一丝的颤动，像闪电般，霎时传过荷塘的那边去了。叶子本是肩并肩密密地挨着，这便宛然有了一道凝碧的波痕。叶子底下是脉脉的流水，遮住了，不能见一些颜色；而叶子却更见风致了。

月光如流水一般，静静地泻在这一片叶子和花上。薄薄的青雾浮起在荷塘里。叶子和花仿佛在牛乳中洗过一样；又像笼着轻纱的梦。虽然是满月，天上却有一层淡淡的云，所以不能朗照；但我以为这恰是到了好处——酣眠固不可少，小睡也别有风味的。月光是隔了树照过来的，高处丛生的灌木，落下参差的斑驳的黑影，峭楞楞如鬼一般；弯弯的杨柳的稀疏的倩影，却又像是画在荷叶上。塘中的月色并不均匀；但光与影有着和谐的旋律，如梵婀玲上奏着的名曲。

4.8 技巧提升

1．汉字输入编码流程

为了使读者尽快掌握不同类型的汉字的输入规则，下面以图示的形式将所有汉字的输入规则归纳如下，如图4-21所示。

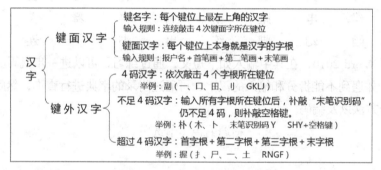

图4-21 汉字输入编辑流程图

2．单字输入编码歌

刚开始进行拆分汉字练习时，很容易被各种各样的拆分原则所难倒。为了帮助初学者快速记住所有汉字的取码规则，根据五笔打字经验编写了以下口诀。熟记并理解该口诀含义后，便可在以后的五笔打字过程中更加得心应手。

五笔字型均直观，依照笔顺把码编；

键名汉字击四下，基本字根请照搬。

一二三末码四码，顺序拆分大优选；

不足四码要注意，末笔识别补后边。

CHAPTER 5

第5章
简码与词组输入

情景导入

米拉：老洪，我练习五笔字型输入法有一段时间了，输入一般汉字已经没有问题了。可是，我发现五笔输入并没有你说的那么神。

老洪：怎么回事?

米拉：输入速度并不快呀。每个字都要敲4次键盘。

老洪：可以使用简码和词组输入呀！这可是提高输入速度的两大法宝。简码是指一个汉字可以只输入汉字的部分编码，达到减少击键次数的目的。词组是指两个或多个汉字只需敲击4次键盘就完成输入。

米拉：原来如此。五笔字型输入法的窍门在这儿呀！

学习目标

- 掌握简码的输入方法
- 掌握词组的输入方法
- 熟悉特殊词组的输入方法

技能目标

- 牢记一级简码
- 记忆常用的二级简码汉字
- 能够准确输入常用的简码和词组

5.1　简码输入

在五笔字型输入法中，将编码为4码的汉字称为全码汉字，但在实际打字时，有些汉字只需输入第一码或前两码后，再按空格键就可以将它输入计算机，这种汉字称为简码，它们都是使用频率较高的汉字。简码减少了击键次数，而且更加容易判断汉字的字根编码和识别码。在五笔输入法中，简码可分为一级简码、二级简码和三级简码3大类。

5.1.1　一级简码输入

在五笔字型字根的25个键位上（【Z】键除外），每个键位均对应一个使用频率较高的汉字，称为"一级简码"，如图5-1所示。输入一级简码的方法是：按一下简码所在键位，再按空格键即可。例如，输入"我"字，只需按【Q】键后再按空格键即可。

图5-1　一级简码分布图

一级简码助记词

为了方便记忆，可按横、竖、撇、捺和折5个区将一级简码编成口诀："一地在要工，上是中国同，和的有人我，主产不为这，民了发以经"。记忆时，一边依次敲击相应的键位，一边念口诀，反复练习。

5.1.2　二级简码输入

二级简码是指输入前两位编码的汉字，减少其余编码或识别码的击键次数。二级简码的取码规则是：输入汉字前两个字根所在的编码，然后补敲空格键即可，如图5-2所示。

五笔编码：　　　Y　　　　C

图5-2　输入二级简码汉字

二级简码共有625个，表5-1中列出了每个键位上对应的二级简码，其中若出现空行则表示该键位上没有对应的二级简码。

表5-1　二级简码表

	GFDSA（11~15）	HJKLM（21~25）	TREWQ（31~35）	YUIOP（41~45）	NBVCX（11~15）
G11	五于天末开	下理事画现	玫珠表珍列	玉平不来	与屯妻到互

	GFDSA (11~15)	HJKLM (21~25)	TREWQ (31~35)	YUIOP (41~45)	NBVCX (11~15)
F12	二寺城霜载	直进吉协南	才垢圾夫无	坟增示赤过	志地雪支
D13	三夺大厅左	丰百右历面	帮原胡春克	太磁砂灰达	成顾肆友龙
S14	本村枯林械	相查可楞机	格析极检构	术样档杰棕	杨李要权楷
A15	七革基苛式	牙划或功贡	攻匠菜共区	芳燕东 芝	世节切芭药
H21	睛睦睚盯虎	止旧占卤贞	睡睥肯具餐	眩瞳步眯瞎	卢 眼皮此
J22	量时晨果虹	早昌蝇曙遇	昨蝗明蛤晚	景暗晃显晕	电最归紧昆
K23	呈叶顺呆呀	中虽吕另员	呼听吸只史	嘛啼吵噗喧	叫啊哪吧哟
L24	车轩因困轼	四辊加男轴	力斩胃办罗	罚较 辚边	思团轨轻累
M25	同财央朵曲	由则 崭册	几贩骨内风	凡赠峭赕迪	岂邮 凤嶷
T31	生行知条长	处得各务向	笔物秀答称	入科秒秋管	秘季委么第
R32	后持拓打找	年提扣押抽	手折扔失换	扩拉朱搂近	所报扫反批
E33	且肝须采肛	胖胆肿肋肌	用遥朋脸胸	及胶膛臻爱	甩服妥肥脂
W34	全会估休代	个介保佃仙	作伯仍人您	信们偿伙	亿他分公化
Q35	钱针然钉氏	外旬名甸负	儿铁角欠多	久匀乐炙锭	包凶争色
Y41	主计庆订度	让刘训为高	放诉衣认义	方说就变这	记离良充率
U42	闰半关亲并	站间部曾商	产瓣前闪交	六立冰普帝	决闻妆冯北
I43	汪法尖洒江	小浊澡渐没	少泊肖兴光	注洋水淡学	沁池当汉涨
O44	业灶类灯煤	粘烛炽烟灿	烽煌粗粉炮	米料炒炎迷	断籽娄烃糨
P45	定守害宁宽	寂审宫军宙	客宾家空宛	社实宵灾之	官字安 它
N51	怀导居 民	收馒避惭届	必怕 愉懈	心习悄屡忱	忆敢恨怪尼
B52	卫际承阿陈	耻阳职阵出	降孤阴队隐	防联孙联辽	也子限取陛
V53	姨寻姑杂毁	叟旭如舅妯	九 奶 婚	妨嫌录灵巡	刀好妇妈姆
C54	骊对参骠戏	骤台劝观	矣牟能难允	驻骈 驼	马邓艰双
X55	线结顷 红	引旨强细纲	张绵级给约	纺弱纱继综	纪弛绿经比

操作提示

二级简码表的使用方法

　　如果要输入二级简码表中的某个汉字，可以先按该字所在行的字母键，然后再按它所在列的字母键。例如，输入"驻"字，应先按它所在行的【C】键，然后按它所在列的【Y】键。

5.1.3 三级简码输入

　　三级简码是由全码汉字的前三码组成的。在五笔字型中共有4 000多个三级简码，不需要专门记忆，只要掌握其输入方法后在练习过程中加以记忆即可。三级简码的输入方法是：

57

敲击汉字的前3个字根所在键位，然后补敲空格键，如图5-3所示。

高清大图

三级简码输入

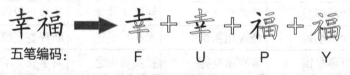

五笔编码：　X　E　F

图5-3　输入三级简码汉字

操作提示

提高打字速度的方法

在使用五笔字型输入法输入汉字的过程中，为了提高输入速度，可以首先考虑使用一级简码的输入，其次是二级简码的输入和三级简码的输入，最后才是全部编码的输入。

5.2　词组输入

词组由两个或两个以上的汉字组合而成，在五笔输入法中，除了可以输入简码汉字外，还可以进行词组输入。词组分为二字词组、三字词组、四字词组和多字词组。下面将详细介绍各种词组的输入方法。

5.2.1　二字词组输入

二字词组即指包含两个汉字的词组，这类词组最常见，如"教师""电脑""幸福"等。二字词组的取码规则为：分别取第1个字和第2个字的前2码，如图5-4所示。

微课视频

二字词组输入

五笔编码：　F　U　P　Y

图5-4　输入二字词组

5.2.2　三字词组输入

三字词组即包含3个汉字的词组，如"体温表""信用卡""青春期"等。其取码规则为：第1个字的第1个字根+第2个字的第1个字根+最后一个字的第1个字根+最后一个字的第2个字根，如图5-5所示。

高清大图

三字词组输入

五笔编码：　W　I　G　E

图5-5　输入三字词组

操作提示

不能进行词组输入时的操作方法

不是所有的双字或三字词组都能使用五笔字型输入法输入，如三字词组"白茫茫"就不能使用五笔字型输入法输入，因为该词组没有被包含在五笔字型输入法的词库中。此时，按照单字拆分方法进行输入即可。

5.2.3　四字词组输入

　　日常工作或生活中常见的成语属于四字词组，一些由4个汉字组成但不是成语的词组也属于四字词组，如"不可否认""其貌不扬""和平共处"等。其取码规则为：第1个字的第1个字根+第2个字的第1个字根+第3个字的第1个字根+第4个字的第1个字根，如图5-6所示。

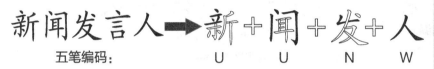

图5-6　输入四字词组

5.2.4　多字词组输入

　　超过4个汉字的词组都属于多字词组，如"中华人民共和国""新闻发言人""有志者事竟成"等。这种词组虽然字数较多，但在输入时也只取4码。其取码规则为：第1个字的第1个字根+第2个字的第1个字根+第3个字的第1个字根+最后一个字的第1个字根，如图5-7所示。

新闻发言人 ➡ 新+闻+发+人

五笔编码：　　U　U　N　W

图5-7　输入多字词组

多字词组输入注意

　　虽然五笔字型提供了多字词组的输入功能，但通常在输入长篇文档时，除了较常用的语句外，很少使用多字词组输入功能，因为五笔字型中被添加到词库中的多字词组较少。

5.3　特殊词组的输入

　　在输入词组时，有些词组中的某个汉字本身就是一级简码、键名汉字或成字字根汉字，这时其取码方式将与前面有所不同。

5.3.1　词组中有一级简码汉字

　　若词组中的某个汉字本身就是一级简码，那么在取其编码时，就按单个汉字的拆分原则对一级简码汉字进行拆分，如图5-8所示。

图5-8　输入含一级简码的词组

5.3.2 词组中有键名汉字

若词组中的某个汉字本身就是键名汉字，那么在取其编码时，该汉字的第1码和第2码均是键名字根所在键位，如图5-9所示。

月薪 ➡ 月 + 月 + 薪 + 薪
五笔编码：　　　E　　E　　A　　U

日新月异 ➡ 日 + 新 + 月 + 异
五笔编码：　　　J　　U　　E　　N

图5-9　输入含键名汉字的词组

5.3.3 词组中有成字字根汉字

若词组中的某个汉字本身就是成字字根汉字，那么在取其编码时，该汉字的第一个字根便是成字字根所在键位，第二个字根则是按书写顺序的第一笔所在键位，如图5-10所示。

耳朵 　耳 + 耳 + 朵 + 朵
五笔编码：　B　G　M　S

图5-10　输入含成字字根汉字的词组

5.4 项目实训

5.4.1 简码练习

【实训要求】

利用金山打字通2013对一级简码和二级简码进行练习，以达到熟记一级简码和快速拆分二级简码汉字的目的。

【实训思路】

本实训将在"五笔打字"模块的"单字练习"界面中进行输入练习，在练习时可依次按一级简码分区、一级简码综合、二级简码的顺序进行。

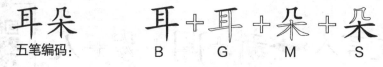

微课视频

简码练习

【步骤提示】

（1）启动金山打字通2013，然后在其主界面中单击"五笔打字"按钮🖳。

（2）进入"五笔打字"界面后，单击"单字练习"按钮⌨进入"单字练习"窗口。

（3）按【Ctrl+Shift】组合键切换到五笔输入法，输入"单字练习"窗口上方显示的一级简码，如图5-11所示。当输完一行后，系统会自动翻页，同时，在界面底部显示相应的打字时间、速度、进度和正确率。

（4）练习完"一级简码一区"课程后，在打开的提示对话框中单击"否"按钮。然后在"课程选择"下拉列表框中选择"一级简码二区"选项，继续进行练习。

图5-11　简码练习

5.4.2　词组练习

【实训要求】

在金山打字通2013软件中，练习输入二字词组、三字词组、四字词组和多字词组。通过练习快速掌握不同词组的取码规则，尤其对于包含一级简码、键名汉字或成字字根汉字的词组的输入方法要特别注意。

【实训思路】

本实训将在"五笔打字"模块中的"词组练习"界面中进行输入练习。在练习时可根据自己的打字习惯选择相应的练习课程，这里首先从二字词组开始练习。

【步骤提示】

（1）进入金山打字通2013主界面后，单击"五笔打字"按钮 五 。

（2）在打开的"五笔打字"界面中单击"词组练习"按钮 ，然后按【Ctrl+Shift】组合键切换到五笔输入法。

（3）在"课程选择"下拉列表框中选择"二字词组1"选项，然后输入界面上方显示的词组，如图5-12所示。

图5-12　词组练习

（4）练习完当前课程后，可继续选择三字词组、四字词组和多字词组等进行练习。

5.4.3　文章综合输入练习

【实训要求】

　　在金山打字通2013中进行文章练习，在练习的过程中要善于应用简码和词组的输入方法，这样更能提高汉字的输入速度。

【实训思路】

　　本实训将在"五笔打字"模块中的"文章练习"界面中进行输入练习。当遇到需要输入主键盘区中的上挡字符时，尽量做到按标准的键位指法进行击键，然后快速将手指回归至基准键位，以便确保下一次的击键操作。

【步骤提示】

　　（1）在金山打字通2013的主面中单击"五笔打字"按钮 。

　　（2）进入"五笔打字"界面后，单击其中的"文章练习"按钮 。然后在"课程选择"下拉列表框中选择练习的文章，这里选择"青春"选项。

　　（3）按【Ctrl+Shift】组合键切换到五笔字型输入法，输入界面中显示的文章内容，如图5-13所示。练习完该课程后，还可以继续练习金山打字通软件提供的其他小说文章。

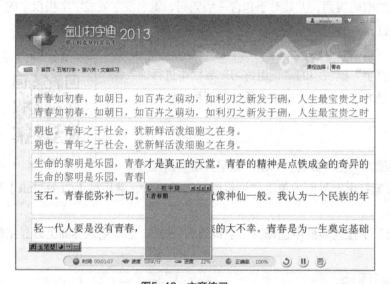

微课视频

文章综合输入练习

图5-13　文章练习

5.5　课后练习

　　（1）在下面的每个键位的括号后，写出该键位对应的一级简码。

G（　　　）　　　F（　　）　　　D（　　）　　　S（　　）　　　A（　　　）

H（　　　）　　　J（　　）　　　K（　　）　　　L（　　）　　　M（　　）

T（　　　）　　　R（　　）　　　E（　　）　　　W（　　）　　　Q（　　）

Y（　　）　　　　U（　　）　　　I（　　）　　　O（　　）　　　P（　　）

N（　　）　　　　B（　　）　　　V（　　）　　　C（　　）　　　X（　　）

（2）写出下列二字词组的字根拆分，以及对应的编码。

例如，自由（丿目由丨）（THMH）。

电报（　　）（　　）	汲取（　　）（　　）	民警（　　）（　　）
民警（　　）（　　）	蔬菜（　　）（　　）	调侃（　　）（　　）
调侃（　　）（　　）	读者（　　）（　　）	月薪（　　）（　　）
朦胧（　　）（　　）	工期（　　）（　　）	书籍（　　）（　　）
练习（　　）（　　）	仿佛（　　）（　　）	马虎（　　）（　　）
笑容（　　）（　　）	悲哀（　　）（　　）	询问（　　）（　　）
干部（　　）（　　）	变成（　　）（　　）	欠款（　　）（　　）
炊具（　　）（　　）	程序（　　）（　　）	技术（　　）（　　）
改革（　　）（　　）	欠妥（　　）（　　）	马匹（　　）（　　）
低调（　　）（　　）	粉碎（　　）（　　）	花朵（　　）（　　）
惭愧（　　）（　　）	骨气（　　）（　　）	改造（　　）（　　）
淡薄（　　）（　　）	世界（　　）（　　）	地球（　　）（　　）
电视（　　）（　　）	高傲（　　）（　　）	花瓶（　　）（　　）
电脑（　　）（　　）	跑步（　　）（　　）	爱情（　　）（　　）
输入（　　）（　　）	胆量（　　）（　　）	吸引（　　）（　　）
消息（　　）（　　）	应该（　　）（　　）	用户（　　）（　　）
通过（　　）（　　）	表示（　　）（　　）	股票（　　）（　　）
灰尘（　　）（　　）	查询（　　）（　　）	频繁（　　）（　　）
国家（　　）（　　）	吵架（　　）（　　）	函数（　　）（　　）
及其（　　）（　　）	释放（　　）（　　）	英语（　　）（　　）
相信（　　）（　　）	非常（　　）（　　）	明显（　　）（　　）
未来（　　）（　　）	预计（　　）（　　）	孩子（　　）（　　）
桌子（　　）（　　）	我们（　　）（　　）	销售（　　）（　　）
反映（　　）（　　）	较高（　　）（　　）	有关（　　）（　　）
跳舞（　　）（　　）	打架（　　）（　　）	走路（　　）（　　）
香味（　　）（　　）	车子（　　）（　　）	电缆（　　）（　　）

（3）写出下列三字词组的字根拆分编码。

劳动者（　　　　）	服务台（　　　　）	通讯录（　　　　）
形容词（　　　　）	医学院（　　　　）	多功能（　　　　）
董事长（　　　　）	观察员（　　　　）	人民币（　　　　）
信用卡（　　　　）	助学金（　　　　）	参考书（　　　　）
辅导员（　　　　）	计算机（　　　　）	伤脑筋（　　　　）
小数点（　　　　）	世界观（　　　　）	游乐场（　　　　）
领导者（　　　　）	助听器（　　　　）	水平面（　　　　）

编辑部（ ）	电源线（ ）	能不能（ ）
要注意（ ）	又一次（ ）	综合性（ ）
消费者（ ）	火车站（ ）	数据库（ ）
差不多（ ）	为什么（ ）	这件事（ ）
我们的（ ）	特别是（ ）	所有的（ ）
服务器（ ）	爱好者（ ）	什么样（ ）
不知道（ ）	在一起（ ）	上半年（ ）
对话框（ ）	经销商（ ）	同学们（ ）

（4）写出下列四字词组及四字以上词组的字根拆分编码。

轻描淡写（ ）	支离破碎（ ）	能工巧匠（ ）
不知所措（ ）	行政机关（ ）	天涯海角（ ）
励精图治（ ）	守口如瓶（ ）	光彩夺目（ ）
争分夺秒（ ）	飞黄腾达（ ）	炎黄子孙（ ）
急流勇退（ ）	独断专行（ ）	斩草除根（ ）
停滞不前（ ）	津津有味（ ）	通情达理（ ）
水落石出（ ）	精耕细作（ ）	爱莫能助（ ）
兵荒马乱（ ）	自欺欺人（ ）	计划生育（ ）
旁若无人（ ）	安家落户（ ）	实际情况（ ）
毕恭毕敬（ ）	艰苦奋斗（ ）	出其不意（ ）
眼花缭乱（ ）	口若悬河（ ）	因陋就简（ ）
歌功颂德（ ）	百花齐放（ ）	如获至宝（ ）
声东击西（ ）	不甘落后（ ）	玩世不恭（ ）
歇斯底里（ ）	叶落归根（ ）	将功赎罪（ ）
公共场所（ ）	锋芒毕露（ ）	孤陋寡闻（ ）
快刀斩乱麻（ ）	百闻不如一见（ ）	喜马拉雅山（ ）
当一天和尚撞一天钟（ ）	理论联系实际（ ）	
可望而不可及（ ）	风马牛不相及（ ）	更上一层楼（ ）
有志者事竟成（ ）	中国科学院（ ）	中国人民银行（ ）

（5）启动记事本程序，在记事本中输入以下文章，在输入时综合使用前面学习的五笔输入知识，能用简码及词组输入的，尽量采用简码和词组输入，以提高打字速度。

故乡的秋（节选）

郁达夫

秋天，无论在什么地方的秋天，总是好的；可是啊，北国的秋，却特别地来得清，来得静，来得悲凉。我的不远千里，要从杭州赶上青岛，更要从青岛赶上北平来的理由，也不过想饱尝一尝这"秋"，这故都的秋味。

江南，秋当然也是有的；但草木雕得慢，空气来得润，天的颜色显得淡，并且又时常多雨而少风；一个人夹在苏州上海杭州，或厦门香港广州的市民中间，浑浑沌沌地过去，只能感到一点点清凉，秋的味，秋的色，秋的意境与姿态，总看不饱，尝不透，赏玩不到十足。秋并不是名花，也并不是美酒，那一种半开，半醉的状态，在领略秋的过程上，是不合适的。

不逢北国之秋，已将近十余年了。在南方每年到了秋天，总要想起陶然亭的芦花，钓鱼台的柳影，西山的虫唱，玉泉的夜月，潭柘寺的钟声。在北平即使不出门去罢，就是在皇城人海之中，租人家一椽破屋来住着，早晨起来，泡一碗浓茶、向院子一坐，你也能看得到很高很高的碧绿的天色，听得到青天下驯鸽的飞声。从槐树叶底，朝东细数着一丝一丝漏下来的日光，或在破壁腰中，静对着像喇叭似的牵牛花（朝荣）的蓝朵，自然而然地也能够感觉到十分的秋意。说到了牵牛花，我以为以蓝色或白色者为佳，紫黑色次之，淡红色最下。最好，还要在牵牛花底，教长着几根疏疏落落的尖细且长的秋草，使作陪衬。

北国的槐树，也是一种能使人联想起秋来的点缀。像花而又不是花的那一种落蕊，早晨起来，会铺得满地。脚踏上去，声音也没有，气味也没有，只能感出一点点极微细极柔软的触觉。扫街的在树影下一阵扫后，灰土上留下来的一条条扫帚的丝纹，看起来既觉得细腻，又觉得清闲，潜意识下并且还觉得有点儿落寞，古人所说的梧桐一叶而天下知秋的遥想，大约也就在这些深沈的地方。

秋蝉的衰弱的残声，更是北国的特产；因为北平处处全长着树，屋子又低，所以无论在什么地方，都听得见它们的啼唱。在南方是非要上郊外或山上去才听得到的。这秋蝉的嘶叫，在北平可和蟋蟀耗子一样，简直像家家户户都养在家里的家虫。

还有秋雨哩，北方的秋雨，也似乎比南方的下得奇，下得有味，下得更像样。

在灰沈沈的天底下，忽而来一阵凉风，便息列索落地下起雨来了。一层雨过，云渐渐地卷向了西去，天又晴了，太阳又露出脸来了；著着很厚的青布单衣或夹袄曲都市闲人，咬着烟管，在雨后的斜桥影里，上桥头树底下去一立，遇见熟人，便会用了缓慢悠闲的声调，微叹着互答着的说：

"唉，天可真凉了——"（这了字念得很高，拖得很长。）

"可不是么？一层秋雨一层凉了！"

北方人念阵字，总老像是层字，平平仄仄起来，这念错的歧韵，倒来得正好。

北方的果树，到秋来，也是一种奇景。第一是枣子树；屋角，墙头，茅房边上，灶房门口，它都会一株株地长大起来。像橄榄又像鸽蛋似的这枣子颗儿，在小椭圆形的细叶中间，显出淡绿微黄的颜色的时候，正是秋的全盛时期；等枣树叶落，枣子红完，西北风就要起来了，北方便是尘沙灰土的世界，只有这枣子、柿子、葡萄，成熟到八九分的七八月之交，是北国的清秋的佳日，是一年之中最好也没有的Golden Days。

……

（6）在金山打字通 2013中进行文章输入练习，具体的练习时间及强度可以视个人情况进行控制，建议每天练习2个小时，并保证正确率达到98%以上。在练习过程中要善于进行简码和词组输入，以提高打字速度。

5.6 技巧提升

1. 简码和词组的输入流程

通过前面的学习，对于各种类型的简码和词组的输入流程有了一个大致了解。下面将以图表的形式对简码和词组的输入流程进行总结，以加深印象，如图5-14所示。

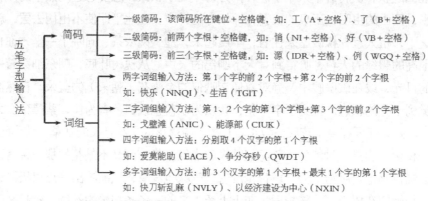

五笔字型输入法

简码
- 一级简码：该简码所在键位+空格键，如：工（A+空格）、了（B+空格）
- 二级简码：前两个字根+空格键，如：悄（NI+空格）、好（VB+空格）
- 三级简码：前三个字根+空格键，如：源（IDR+空格）、例（WGQ+空格）

词组
- 两字词组输入方法：第1个字的前2个字根+第2个字的前2个字根
  如：快乐（NNQI）、生活（TGIT）
- 三字词组输入方法：第1、2个字的第1个字根+第3个字的前2个字根
  如：戈壁滩（ANIC）、能源部（CIUK）
- 四字词组输入方法：分别取4个汉字的第1个字根
  如：爱莫能助（EACE）、争分夺秒（QWDT）
- 多字词组输入方法：前3个汉字的第1个字根+最末1个字的第1个字根
  如：快刀斩乱麻（NVLY）、以经济建设为中心（NXIN）

图5-14 简码和词组输入流程

2. 提高打字速度的方法

不断实现自我突破，提高打字速度是每一位学习五笔打字人员的最终目标。下面总结了4点提高打字速度的方法跟大家一起分享。

● **提高击键准确率**：对于大多数人来说，达到每分钟200次的击键速度不是高不可攀，但要将差错率控制在3‰就会淘汰很多人，所以提高速度应建立在准确的击键基础上。

● **对常用字进行反复练习**：在学习和娱乐过程中加强打字练习，只有多练习才能熟能生巧。

● **多打词组**：在打字过程中最好、最快的方法是进行词组输入，这样不仅减少了击键次数，而且还能保证正确率。

● **使用专业打字软件**：打字软件可以科学、系统地跟踪训练，并自动检查错误的输入信息。此外，用户还可以专门针对错字进行练习，以达到巩固记忆的目的。

CHAPTER 6

第6章
五笔字型高级应用技巧

情景导入

老洪：小米，看来五笔字型输入法掌握得不错了，现在文档提交的速度比以前大幅提高，错别字也少了好多。不错！不错！

米拉：我会继续努力做得更好。

老洪：其实输入法还有一些高级设置，它可以提高输入法的切换速度，还可以设置是否显示编码提示等，这对于后期更加方便地使用五笔有一定帮助。

米拉：老洪果然不一般，五笔大神级人物呀。多谢提醒。

学习目标

- 掌握重码的选择方法
- 了解学习键【Z】键的使用方法
- 熟悉98版五笔字型输入法
- 掌握五笔字型输入法的设置方法
- 掌握五笔编码反查功能技巧
- 掌握五笔的手工造词功能

技能目标

- 学会使用98版五笔字型输入法
- 遇到不会拆分的汉字时会使用编辑反查功能
- 设置符合自己输入习惯的五笔字型属性
- 熟练使用手工造词功能

6.1　选择重码

重码是指在五笔字型输入法中拆分编码完全相同的汉字，如输入编码FCU或NIE后，五笔字型输入法候选框中将出现图6-1所示的字或词组。第1个候选框中的"去、支、云"和第2个候选框中的"悄、屑"均属于重码字。

若要输入候选框中第1位汉字，则可继续输入下文或按空格键；若要输入的汉字位于候选框的第二位或其他位置上，则输入该汉字前面所对应的编号即可。

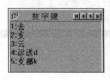

图6-1　重码汉字

6.2　使用学习键【Z】键

在五笔字型输入法中，【Z】键称为万能学习键，即帮助键。当记不住字根所在键位或对某一汉字的拆分不确定时，【Z】键将会是一个很好的帮手。例如，在输入"佩"字时，记不清第2个和第3个字根所在的键位，就可以用Z键来代替第2码和第3码，即输入五笔编码"WZZH"，此时将显示图6-2所示的候选框。

图6-2　使用【Z】键输入汉字

从图中可以知道"佩"字的第2个和第3个字根分别位于【M】和【G】键上，此时，只需按【3】键即可在文本插入点处输入"佩"字。

操作提示

显示汉字候选框的其他内容

使用五笔字型输入法输入汉字时，由于候选框中一次只能显示10个字或词组，因此，可能会导致需要的内容不能显示出来，此时按主键盘区+的【+】键向后翻页进行查询，按【-】键向前翻页查询。

6.3　从86版过渡到98版五笔字型输入法

98版五笔字型输入法是在86版基础上改进的一种五笔字型输入法，学会使用86版五笔字型输入法后，若想向98版过渡，只需记住98版的码元分布即可。因为98版五笔字型输入法的输入规则与86版相似，不同之处在于码元（即86版中的字根）稍有变化。在6.4节中将详细介绍98版五笔字型输入法的使用方法。

6.4 学习98版五笔字型输入法

在98版五笔字型输入法中，汉字的3个层次、5种笔画和3种字型等编码基础知识与86版相同。因此，98版五笔字型输入法与86版五笔字型输入法的使用方法相似，主要包括键名码元、成字码元、键外汉字、词组等。不过，在使用该输入法输入汉字之前，首先应该熟悉98版五笔字型的码元。下面便分别介绍相关知识。

6.4.1 98版码元的分布

在98版五笔字型输入法中，把笔画结构特征相似、笔画形态和数量大致相同的笔画结构作为编码，简称为"码元"，其分布如图6-3所示。码元也分为"横""竖""撇""捺""折"5个区，并且区位号均与86版五笔字型输入法相同，只是码元在键盘上的分布情况有所不同。

高清大图

98 版码元的分布

图6-3 98版码元分布图

与86版五笔字型输入法相同，学习98版五笔字型输入法之前，也需要熟记200多个码元、一级简码和键名汉字的分布，其中一级简码和键名汉字的分布与86版完全一样，但是86版的助记词已不再适用，98版五笔码元助记词如表6-1所示。

表6-1 98 版五笔字型码元助记词

键位	码元	助记词
G	王、丰、㇀、夫、耂、丰、五、一	王旁青头五夫一
F	土、士、干、二、㠯、十、寸、雨、甘、未	土干十寸未甘雨
D	大、犬、ナ、丁、三、镸、古、石、厂、戊、其	大犬戊其古石厂
S	丁、西、木、甫、覀	木丁西甫一四里
A	工、戈、艹、廾、艹、廿、匸、七、共、弋	工戈草头右框七
H	目、虍、且、上、止、丨、卜、少、止、⻊、卜	目上卜止虎头具
J	日、曰、早、虫、刂、刂、刂、八、曰	日早两竖与虫依

键位	码元	助记词
K	口、儿、川、Ⅲ	口中两川三个竖
L	田、囗、车、皿、罒、甲、四	田甲方框四车里
M	山、由、贝、冂、门、刀	山由贝骨下框集
T	禾、⺮、彳、丿、攵、夂、⺊	禾竹反文双人立
R	白、手、扌、⺈、才、斤、气、厂、丘、乂	白斤气丘叉手提
E	月、⻆、⺼、彡、豕、豸、力、毛、用、臼	月用力豸毛衣臼
W	人、亻、几、⺺、夊	人八登头单人几
Q	金、钅、鱼、夕、ㄅ、⺈、勹、鸟、⺈、儿、彡	金夕鸟儿犭边鱼
Y	言、文、讠、丶、亠、方、丬	言文方点谁人去
U	立、六、丷、⺌、⺀、⺊、舟、羊、疒、辛、门、冫、⺡、丬	立辛六羊病门里
I	水、⺍、氵、氺、小、⺌、⺍	水族三点鳖头小
O	火、广、灬、米、业、⺍、小	火业广鹿四点米
P	之、宀、冖、廴、辶、礻	之字宝盖补礻衤
N	已、己、尸、乙、心、忄、羽、⺄、⺕、コ、小	已类左框心尸羽
B	子、了、巳、巛、耳、阝、卩、也、凵、乃、皮	子耳了也乃框皮
V	女、刀、九、巛、艮、彐、ヨ	女刀九艮山西倒
C	又、厶、巴、⺜、マ、⺓、马	又巴牛厶马失蹄
X	幺、弓、纟、母、⺜、彑、⺒、匕	幺母贯头弓和匕

记忆98版码元的方法

　　记忆98版五笔字型输入法中的码元时，可以通过码元助记词进行快速记忆。此外，大部分码元与86版的字根分布相同，因此也可在86版基础上记忆98版中新增的码元分布。

6.4.2 键名码元的输入

　　在98版五笔码元键盘中可以看到，每个键位上的第一个码元都是一个简单的汉字，称为键名码元（即键名汉字）。98版五笔字型输入法中共有25个键名码元，其中【X】键位的键名码元为"幺"，其余与86版的键名汉字相同，如图6-4所示。

　　键名码元的取码规则为：连续敲击键名码元所在键位4次即可。例如，连续按4次【A】键，便可输入汉字"工"。

微课视频

键名码元的输入

Q 金	W 人	E 月	R 白	T 禾	Y 言	U 立	I 水	O 火	P 之
A 工	S 木	D 大	F 土	G 王	H 目	J 日	K 口	L 田	
	X 幺	C 又	V 女	B 子	N 已	M 山			

图6-4 键名码元分布图

成字码元的输入方法

知识补充

98版五笔字型输入法中的成字码元与86版五笔字型输入法中的成字字根含义相同，既是键名汉字，也是一个简单的汉字码元。

其取码规则为：按该码元所在键位，即"报户口"，然后再按书写顺序依次按它第一笔、第二笔和最后一笔所在键位，如果不足4码，补敲空格键。例如，输入"刀"字，其取码顺序如图6-5所示。

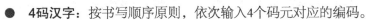
五笔编码：　　V　　N　　T

图6-5 成字码元取码顺序

6.4.3 键外汉字的输入

98版五笔字型输入法输入键外汉字的方法与86版类似，也是根据"书写顺序""取大优先""兼顾直观""能散不连""能连不交"这5项原则来进行取码。下面分别介绍各类汉字的取码规则。

高清大图

键外汉字的输入

- **4码汉字**：按书写顺序原则，依次输入4个码元对应的编码。
- **不足4码的汉字**：依次输完汉字所有码元对应的编码后，再添加识别码；如果仍不足4码，可添加空格键补位，如图6-6所示。
- **超过4码的汉字**：依次取汉字的前3个码元和最后1个码元对应的编码，如图6-7所示。

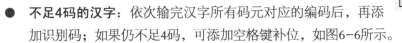
五笔编码：　T　　N　　P　　V

图6-6 输入不足4码的汉字

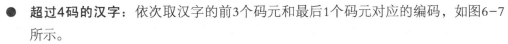

五笔编码：　Y　　M　　K　　C

图6-7 输入超过4码的汉字

6.4.4　词组的输入

高清大图

词组的输入

98版五笔字型输入法的词组输入方法与86版完全相同，只是在进行拆分操作时，应注意98版中部分码元与86版中字根的差异。图6-8所示为二字词组、三字词组、四字词组以及多字词组的取码规则。

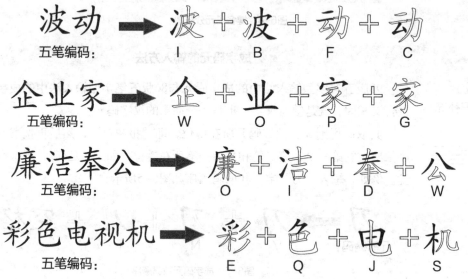

波动 ➡ 波 ＋ 波 ＋ 动 ＋ 动
五笔编码：　I　　B　　F　　C

企业家 ➡ 企 ＋ 业 ＋ 家 ＋ 家
五笔编码：　W　　O　　P　　G

廉洁奉公 ➡ 廉 ＋ 洁 ＋ 奉 ＋ 公
五笔编码：　O　　I　　D　　W

彩色电视机 ➡ 彩 ＋ 色 ＋ 电 ＋ 机
五笔编码：　E　　Q　　J　　S

图6-8　词组的输入

操作提示　**特殊词组的输入方法**
　　若词组中的某个汉字是一个键名码元，其首笔笔画和第二笔笔画对应的编码便是该码元所在的键位；若词组中某个汉字是一个成字码元，其第一码是该码元所在的键位，第二码是该码元首笔画对应的编码。

6.5　设置五笔字型输入法

为了更快、更准地在指定文档中输入所需文本内容，除了要熟练掌握五笔打字的相关知识外，还可以对输入法的属性进行相应设置，如词语联想、逐渐提示、光标跟随等功能。设置后的五笔字型输入法使用时将更加得心应手。

6.5.1　设置五笔字型输入法为默认输入法

在实际工作中，有时需要在不同的输入法之间进行切换，特别是在计算机中添加不同类型的输入法后，输入法切换将会更频繁。此时，可以将常用的五笔字型输入法设置为默认输入法。下面将86版王码五笔字型输入法设置为默认输入法，其具体操作如下。

（1）在输入法图标 ▭ 上单击鼠标右键，在弹出的快捷菜单中选择"设置"命令，打开"文本服务和输入语言"对话框。

（2）在"默认输入语言"下拉列表中选择要设置为默认语言的输入法，这里选择"王码五笔型输入法86版"选项。然后单击 ▭确定▭ 按钮应用设置，如图6-9所示。

设置五笔字型输入法
为默认输入法

图6-9 选择默认输入语言

（3）重新启动计算机后，"王码五笔型输入法86版"即可变为默认输入法。

知识补充

设置切换输入法的快捷键

如果经常需要在不同的输入法间切换，可以为常用输入法设置不同的快捷键，通过按相应快捷键即可切换输入法。打开"文字服务和输入语言"对话框，单击"高级键设置"选项卡，在"输入语言的热键"栏中选择一种输入法，单击 ▭更改按键顺序(C)...▭ 按钮。在打开的对话框中单击选中 ☑启用按键顺序(E) 复选框，然后在下方选择快捷键，单击 ▭确定▭ 按钮，使设置生效，如图6-10所示。

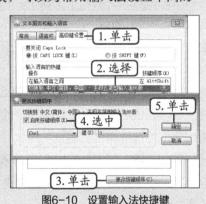

图6-10 设置输入法快捷键

6.5.2 设置中/英文切换快捷键

使用输入法输入文字时，掌握中/英文输入法的灵活切换方法，有助于提高文字录入速度。切换中/英文输入法的方法有很多，其中，最简洁且常用的方法便是使用快捷键，按下键盘上的【Ctrl+空格】组合键就可以在中/英文输入法之间进行快速切换。

6.5.3 设置五笔字型输入法属性

在用五笔字型输入法输入文字的过程中，为了使五笔字型输入法使用起来更加灵活，还可以根据自己的输入习惯对输入法的词语联想、词语输入、外码提示、逐渐提示等属性进行设置，其具体操作如下。

（1）在五笔字型输入法状态栏的任意位置上（除软键盘图标▭外）单

设置五笔字型输入法
属性

击鼠标右键，在弹出的快捷菜单中选择"设置"命令，如图6-11所示。

（2）打开图6-12所示的"输入法设置"对话框，在其中可以进行词语联想、词语输入、外码提示、逐渐提示、光标跟随等设置。

图6-11　选择"设置"命令

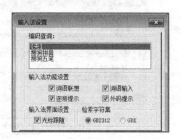

图6-12　"输入法设置"对话框

1．词语联想

词语联想功能建立在词库中词组的基础上，在"输入法设置"对话框中单击选中☑词语联想复选框，即可开启此功能。此时，在文档中输入某个字或词组时，系统会在文字候选框中自动显示以该字或词组开头的相关词组。

2．词语输入

词语输入是指在输入汉字的过程中，当输入某些词组的编码时，可以直接输入词库中的词组，否则只能输入单个汉字。例如，在"输入法设置"对话框中单击选中☑词语输入复选框，输入词组"生活"，只需按编码"TGIT"即可。若撤销选中☑词语输入复选框，则要分别输入"生"和"活"2个字对应的五笔编码。

3．外码提示

外码提示是指在输入单字或词组时，五笔输入法将自动在文字候选框中显示对应汉字的剩余编码，该功能对于忘记某些字的编码时非常有用。在"输入法设置"对话框中单击选中☑外码提示复选框即可启用该功能。

例如，输入"形"字，首先输入"一"字根对应的编码"G"，此时，文字候选框中将自动显示该字后面的编码。若撤销选中☑外码提示复选框，则文字候选框中就不会显示该汉字的剩余编码。

4．逐渐提示

逐渐提示是指输入单字或词组时，文字候选框中将自动出现与之相关的字或词组，此时便可根据提示逐步完成输入操作。在"输入法设置"对话框中单击选中☑逐渐提示复选框即可启用该功能。

例如，输入"戏"字，首先按"又"字根对应的编码"C"，此时文字候选框中将提示所有编码以"又"开头的字或词组，并在每个汉字或词组后面显示剩余编码。若撤销选中☑逐渐提示复选框，则不会出现与输入文字相关的文字或词语，也不会出现编码提示。

5．光标跟随

在用五笔字型输入汉字的过程中，会出现外码输入框和文字候选框，通过"光标跟随"功能可设置这两个选框是否跟随光标移动。在"输入法设置"对话框中单击选中☑光标跟随复选框后，在输入汉字时，外码输入框和文字候选框会始终跟随在光标周围。若关闭该功能，则选框将始终出现在五笔输入法状态栏的右边，呈"一"字形排列，并且不会随鼠标光标而移动。

6.6 使用五笔的手工造词功能

在使用五笔字型输入法输入词语的过程中，有时会遇到词组无法输入的现象，这是因为所输入的词组并非编码字库中的词组。通过五笔字型输入法提供的手工造词功能，可以将日常工作中常用词组添加到词库中，当不需要该词组时，还可以将其删除。

6.6.1 添加手工造词

根据实际需求，可以将常用的两个或多个连续的汉字，定义为五笔输入法的词语，然后以输入词组的方式输入这些汉字，从而提高输入速度。下面使用五笔的手工造词功能，将词组"工作中的规范流程"添加到五笔输入法的词库中，其具体操作如下。

微课视频
添加手工造词

（1）在五笔输入状态栏上（除软键盘图标■外）单击鼠标右键，在弹出的快捷菜单中选择"手工造词"命令。

（2）打开"手工造词"对话框，在"词语"文本框中输入要造的词语，这里输入"工作中的规范流程"，在"外码"文本框中将自动显示其五笔编码，如图6-13所示。

（3）单击 添加(A) 按钮，在对话框下方的"词语列表"列表框中将显示所造的词语，单击 关闭(C) 按钮结束造词操作，如图6-14所示。

（4）此时，在文档中输入五笔编码"awkt"，即可快速输入手工造词"工作中的规范流程"，如图6-15所示。

图6-13 输入自造词组

图6-14 将词组添加到词库

图6-15 输入自造词组

6.6.2 删除所造词组

当不需要手工造的词组时，可将其从五笔字型输入法的词库中删除。下面将所造词组从词库中删除，其具体操作如下。

（1）打开"手工造词"对话框，单击选中 ◉维护 单选项。

（2）在"词语列表"列表框中选择要删除的词组，这里选择"工作中的规范流程"选项，然后单击 删除(R) 按钮。

（3）打开提示对话框，提示将被删除的词条数，单击 是 按钮确认删除操作。

微课视频
删除所造词组

（4）返回"手工造词"对话框，单击 关闭(C) 按钮完成删除操作。

6.7 项目实训

6.7.1 练习使用98版五笔字型输入法

【实训要求】

在Word文档中输入图6-16所示的键名码元、成字码元和词组，要求使用98版王码五笔字型输入法进行录入，不要求录入速度，但要保证正确率。

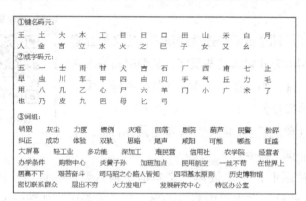

微课视频

练习使用98版五笔字型输入法

图6-16 练习录入的字和词组

【实训思路】

依次按键名码元、成字码元和词组的顺序进行录入，在进行录入操作之前，认真在脑海中回忆不同类型的单字和词组的取码规则，并特别回忆98版新增加的码元。

【步骤提示】

（1）启动Word 2010，切换至五笔字型输入法98版，将双手放置在键盘中的基准键位上。然后利用右手食指连续按4次键名码元"王"所在键位【G】键，即可输入该汉字。

（2）使用相同的操作思路完成25个键名码元的录入操作。

（3）继续输入成字码元"五"，首先按成字码元所在键位【G】，然后依次敲击该汉字的第一笔画"一"、第二笔画"丨"和末笔画"一"所对应键【G】、【H】、【G】键，即可输入成字码元"五"。

（4）根据词组取码规则，分别输入二字、三字、四字以及多字词组。

职业素养

良好的打字环境

良好的打字规范包括坐姿端正、眼视原稿、正确无误、击键回位等。除此之外，良好的打字环境也利于提高打字速度，主要包括以下4点。

①打字时必须将计算机放置在光线充足的地方，以免影响视力。

②要选择适合自己打字习惯的键盘。

③显示器的色调、对比度、亮度、大小以及色彩等因素要调整适当。

④座椅最好能调整，并调整到自己的双腿能平放在地上为最佳。

6.7.2 自定义输入法属性

【实训要求】

根据自己的输入习惯，对计算机中添加的王码五笔字型输入法86版的属性进行设置，这里要求启用该输入法的"词语联想"和"逐渐提示"功能，关闭"光标跟随"功能。

微课视频

自定义输入法属性

【实训思路】

在"输入法设置"对话框即可实现上述功能的启用和关闭操作。

【步骤提示】

（1）按【Ctrl+Shift】组合键切换至王码五笔字型输入法86版。

（2）在该输入法的状态栏上（除软键盘图标▇▇外）单击鼠标右键，然后在弹出的快捷菜单中选择"设置"命令，打开"输入法设置"对话框。

（3）单击选中"输入法功能设置"栏中的☑词语联想 和☑词语输入复选框，然后撤销选中☑光标跟随复选框，最后单击 确定 按钮。

6.8 课后练习

（1）练习将自己计算机上安装的王码五笔字型输入法98版设置为默认输入法。

（2）利用手工造词功能，将词组"自我总结"添加到王码五笔字型输入法的词库中。

（3）设置王码五笔字型输入法98版的属性，取消"词语联想"和"外码提示"功能。

（4）写出下列各个键位的98版五笔码元助记词。

G（　　　　　　　） F（　　　　　　　　　）

S（　　　　　　　） A（　　　　　　　　　）

H（　　　　　　　） J（　　　　　　　　　）

L（　　　　　　　） M（　　　　　　　　　）

T（　　　　　　　） R（　　　　　　　　　）

E（　　　　　　　） G（　　　　　　　　　）

W（　　　　　　　） Q（　　　　　　　　　）

I（　　　　　　　） O（　　　　　　　　　）

P（　　　　　　　） N（　　　　　　　　　）

B（　　　　　　　） V（　　　　　　　　　）

C（　　　　　　　） X（　　　　　　　　　）

（5）分别写出下列汉字或词组的86版及98版编码，特别记忆98码元与86版字根在不同键位的情况。

陈（　　　）（　　　　） 虎（　　　　）（　　　　）

狐（　　　）（　　　　） 补（　　　　）（　　　　）

牧（　　　）（　　　　） 舞（　　　　）（　　　　）

蔽（　　）（　　　）　　鸟（　　　）（　　　）

豹（　　）（　　　）　　欺（　　　）（　　　）

赛（　　）（　　　）　　贵（　　　）（　　　）

树立（　　　）（　　　）　　老虎（　　　）（　　　）

狐狸（　　　）（　　　）　　欺骗（　　　）（　　　）

比赛（　　　）（　　　）　　隐蔽（　　　）（　　　）

耻辱（　　　）（　　　）　　应该（　　　）（　　　）

边防（　　　）（　　　）　　笑容（　　　）（　　　）

（6）在金山打字通2013"五笔打字"模块中的"文章练习"界面中，体验98版王码五笔汉字输入。

6.9　技巧提升

1．86版用户如何快速学会98版五笔字型输入法

对于一直使用86版五笔字型输入法的用户而言，要想快速掌握98版五笔字型的使用方法，应注意以下3个问题。

● 首先单独记忆新增码元，如"夫""皮""母""力"等。

● 注意观察与原字根形似的新码元，如码元"丘"与原字根"斤"就十分相似。

● 注意86版某些字根所在键位发生的变化，如字根"广"从【Y】键变为【O】键。

2．认识补码码元

"补码码元"是指取两个码的码元时，其中一个码元作为另一个码元的补充，它是成字码元的一种特殊形式。补码码元的取码规则与成字码元有所不同，其取码规则是：除了取码元本身所在键位作为主码外，还要补加补码码元中最后一个单笔画作为补码，再取其首笔和末笔。98版五笔字型中的补码码元共有3个，分别是"犭""礻""衤"。

3．用反查功能查询五笔编码

使用五笔字型输入汉字时，对于一些不能正确拆分，除了用拼音输入法替代外，还可以使用万能五笔输入法，其反查汉字五笔编码功能可以轻松获取汉字的五笔编码。下面使用万能五笔的反查编码功能，查找汉字"曦"的五笔编码，其具体操作如下。

（1）切换至万能五笔输入法，在其状态栏上（除⌨和❺图标外）单击鼠标右键，在弹出的快捷菜单中选择"反查/词组联想"命令，在其子菜单中选择"编码反查"命令。

（2）启动Word文档，利用万能五笔输入法中的拼音输入法功能，输入汉字"曦"的拼音"xi"，此时万能五笔的候选词条中将自动显示该字的五笔编码，如图6-17所示。

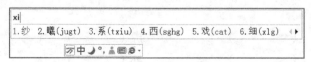

图6-17　用反查功能查询五笔编码

CHAPTER 7

第7章
汉字常见输入技巧

情景导入

老洪：小米，这次会议纪要中怎么有个人的名字都没写？这可是很明显的错误呀！（老洪一脸恼怒）

米拉：我……这个字我用五笔字型输入法没有打出来，也不知道它的读音，只是暂时空着。

老洪：这个空难道需要我帮你填吗？还是多看看书，多学习一下。不能用五笔打出来的字还可以有其他途径呀！比如造字程序就是非常简单的一种。

米拉：造字程序，造字程序……（米拉心里默念了一万遍，必须把这个拿下。）

学习目标

- 了解其他常见五笔字型输入法的使用技巧
- 熟悉特殊字符的输入方法
- 掌握使用字符映射表输入汉字的方法
- 掌握用区位输入法输入自造字的具体操作

技能目标

- 能够正确使用不同五笔字型输入法的输入技巧
- 对于特殊字符能快速录入
- 能够熟练输入字符映射表中的汉字
- 掌握造字程序中的不同造字方法

7.1 其他常用五笔字型输入法使用技巧

五笔字型输入法有许多不同的类型，每种输入法都有其自身的优点。下面主要介绍万能五笔、五笔加加Plus和搜狗五笔等3种五笔字型输入法的使用技巧。

7.1.1 使用万能五笔输入法

万能五笔输入法的编码与王码五笔字型输入法完全相同，它包含五笔、拼音、中译英和英译中等多种输入方法，而且各种输入法之间可随意使用，无需转换，易学好用。万能五笔输入法的候选框如图7-1所示，下面介绍其常用功能。

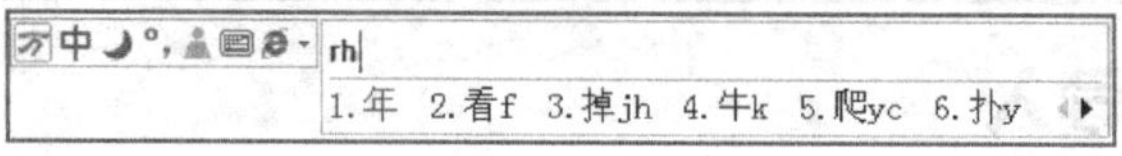

图7-1 万能五笔输入法候选框

1. 智能记忆

使用万能五笔输入法输入重码字或词组时，万能五笔都会自动记忆，下次再输入该词组或字时，万能五笔会将其自动调整到候选框的第一位，此时，只需按空格键即可将其输入。例如，输入词组“差遣”的五笔编码“UDKH”后，在候选框中显示了5个重码词，第一次输入该词时需按数字键“2”。再次输入该词组时，只需输入编码“UDKH”，然后直接按空格键即可输入，如图7-2所示。

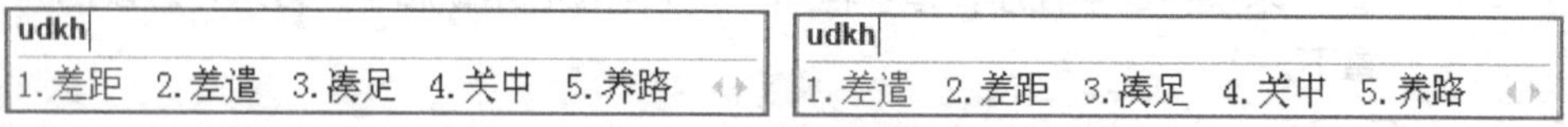

图7-2 智能记忆功能

2. “英译中”功能

使用万能五笔输入法输入英语单词时，在候选框中会自动显示对应的中文解释，该功能对查询英语单词的含义非常有用。下面使用万能五笔查询英语单词“bankroll”的含义，其具体操作如下。

微课视频

“英译中”功能

（1）在万能五笔输入法的状态条上（除▤图标外）单击鼠标右键，在弹出的快捷菜单中选择“选择输入词库”，在其子菜单中选择“英语词库”命令，如图7-3所示。

（2）打开记事本程序，输入单词“bankroll”，万能五笔输入法的候选框中将自动显示该单词的含义，如图7-4所示。

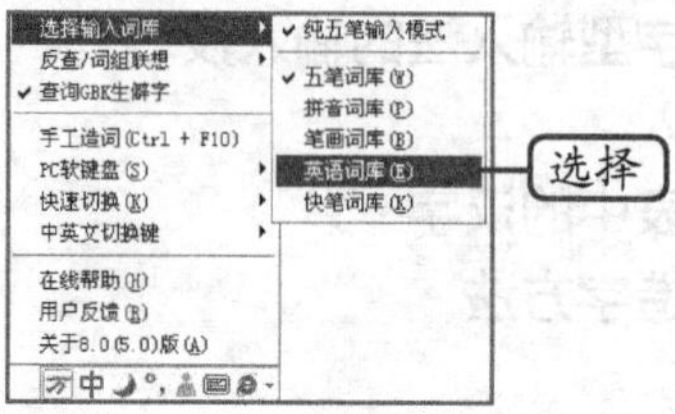

图7-3 选择输入词库

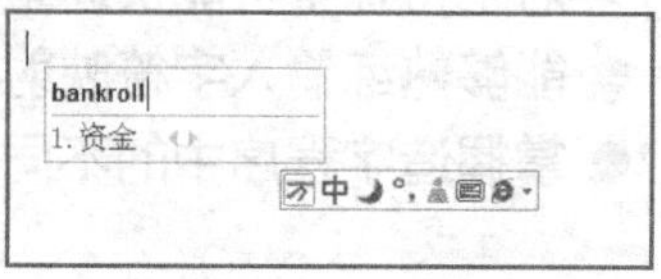

图7-4 输入英文单词

（3）按空格键，即可在文档中输入该单词对应的中文。

3．智能判别标点符号

在王码五笔字型输入法86版中，输入带小数点的数字时，如果没有切换至英文输入法，小数点"．"就会自动输出为"。"。但在万能五笔输入法中，系统会自动把数字后面紧跟的小数点转变为英文状态，如数字"12.6"可直接输入，不用切换输入法。

开启万能五笔的智能判别标点符号功能

使用万能五笔的智能判别标点符号功能时，应先打开"万能五笔输入法属性设置"对话框，在"高级"选项卡中单击选中 ☑ 数字后面的"．"输出为"．" 复选框。

7.1.2　使用五笔加加Plus输入法

五笔加加Plus输入法是一款以五笔字型输入法为主的软件，它具有极强的兼容性和稳定性，且体积小、易操作，实用性强。目前五笔加加Plus的最新版本号为"2.82"，本书以该版本为例进行讲解。

五笔加加Plus输入法具有【Z】键提示、自动调频、重复输入、快速选择重码等特点，下面分别介绍其使用方法。

● **【Z】键提示**：当用户遇到不会拆分的汉字时，可以使用拼音输入规则，结合【Z】键提示功能输入汉字。例如，不知道"藏"字的五笔编码，可先敲击【Z】键，进入拼音辅助输入状态，然后再输入"藏"字的全拼"zang"，候选框中将列出拼音"zang"对应的汉字，并在每个字的后面自动显示对应的五笔编码，如图7-5所示。

图7-5　【Z】键提示功能

● **自动调频**：在输入汉字时，如果输入全码后出现重码现象，系统将会自动根据用户对这些重码字或词的使用频率，调整它们在候选框中出现的先后顺序。

● **重复输入**：使用五笔加加Plus输入法输入汉字后，按【Z+空格】组合键，可重复输入刚输入过的字词。如输入词组"高兴"后，按【Z+空格】组合键可重复输入词组"高兴"，如图7-6所示。

图7-6　重复输入功能

● **快速选择重码**：在输入重码的字或词时，五笔加加Plus输入法默认一次只显示3个重码，按空格键可选择第1个重码；按主键盘区左侧的【Shift】键可选择第2个重码；按主键盘区右侧的【Shift】键可选择第3个重码。

使用五笔加加Plus输入特殊符号

知识补充

使用五笔加加Plus输入法，可以快速输入某些特殊符号，如输入"人民币"这个词的五笔编码"WNTM"，便可得到"￥"符号。常用符号的五笔编码如图7-7所示。

百分号	DWKG	%	单书名号	UNQK	〈〉
问号	UKKG	?	书名号	NQKG	《》
叹号	KCKG	!	单引号	UXKG	''
圆括号	LRKG	()	空心括号	PNRK	【】
大括号	DRKG	{}	顿号	GBKG	、
冒号	JHKG	:	波浪号	IIKG	~
摄氏度	RQYA	℃	圆周率	LMYX	π
度	YA	°	对勾	CFQC	√

图7-7　五笔加加Plus输入法中常用符号的五笔编码

7.1.3　使用搜狗五笔输入法

搜狗五笔输入法是新一代的五笔输入法，它与传统输入法有所不同，不仅具有超前的网络同步功能，而且还兼容搜狗拼音输入法的所有皮肤。此外，搜狗五笔与万能五笔输入法很相似，也提供了五笔拼音混输、纯五笔和纯拼音等多种输入模式，其状态栏如图7-8所示。

图7-8　搜狗五笔状态栏

在搜狗五笔输入法的状态栏上（除▥图标外）单击鼠标右键，在弹出的快捷菜单中可以对搜狗五笔输入法进行各种设置，如更换皮肤、选择输入模式、打开软键盘和设置五笔属性等，如图7-9所示。选择"常用工具"命令，在弹出的子菜单中可进行造词、查看五笔字根表和快捷输入等操作，如图7-10所示。

图7-9　右键快捷菜单

图7-10　"常用工具"命令

7.2　输入特殊字符

在打字过程中，常需要输入某些特定字符，如繁体字、偏旁部首和一些五笔字型输入法无法输入的特殊符号等，下面就学习如何输入特殊字符。

7.2.1　输入汉字偏旁部首

输入汉字偏旁部首可利用五笔字型输入法和全拼输入法两种方式实现，其中全拼输入法输入汉字偏旁部首的速度相对于五笔字型输入法而言稍慢。

1．用五笔字型输入法

利用五笔字型输入法，不仅可以输入单个的汉字和词组，而且还可以输入汉字偏旁部首。若该偏旁部首本身就是一个字根，其输入方法与成字字根的输入方法完全相同，当其不足4码时，补敲空格键即可；若该偏旁部首不是一个字根，则按单字的拆分原则输入即可。常见汉字偏旁部首的拆分如表7-1所示。

表7-1　常见汉字偏旁部首的拆分表

偏旁部首	拆分字根	对应五笔编码	偏旁部首	拆分字根	对应五笔编码
夂	夂、丿、一、丶	TTGY	丬	丬、丶、一、丨	UYGH
彳	彳、丿、丿、丨	TTTH	疒	疒、丶、一、一	UYGG
扌	扌、一、丨、一	RGHG	氵	氵、丶、丶、一	IYYG
彡	彡、丿、丿、丿	ETTT	灬	灬、丶、丶、丶	OYYY
亻	亻、丿、丨	WTH	忄	忄、丶、丶、丨	NYHY
勹	勹、丿、乙	QTN	凵	凵、乙、丨	BNH
卩	卩、乙、丨	BNH	艹	艹、一、丨、丨	AGHH
巛	巛、乙、乙、乙	VNNN	厂	厂、一、丿	DGT
厶	厶、乙、丶	CNY	廿	廿、一、丨、一	AGHG
孑	孑、乙、丨、一	BNHG	匚	匚、一、乙	AGN
阝	阝、乙、丨	BNH	弋	弋、一、乙、丶	AGNY
小	小、丨、丿、丶	IHTY	匕	匕、丿、乙	XTN
人	人、人、人、人	WWWW	刂	刂、丨、丨	JHH
文	文、丶、一、丶	YYGY	囗	囗、丨、乙、一	LHNG
广	广、丶、一、丿	YYGT	钅	钅、丿、一、乙	QTGN
冂	冂、丨、乙	MHN	冫	冫、丶、丶、一	UYG
宀	宀、丶、丶、乙	PYYN	尸	尸、乙、一、丿	NNGT
冖	冖、丶、乙	PYN	贝	贝、丨、乙、丶	MHNY

2．用全拼输入法

使用全拼输入法输入汉字偏旁部首的方法很简单，即单击任务栏中的![图标]图标，在弹出的输入法列表中选择"中文（简体）－全拼"选项。打开写字板，并输入拼音"pianpang"，此时，在全拼输入法的文字候选框中将显示常用汉字的偏旁部首，如图7-11所示。按相应的数字键输入所需的汉字偏旁部首即可，如图7-12所示。

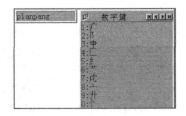

图7-11　常用汉字的偏旁部首

图7-12　输入汉字偏旁部首

微课视频
输入繁体字

7.2.2　输入繁体字

　　繁体字虽然使用频率不高，但并不排除可能遇到输入繁体字的情况。由于繁体字笔画较多且拆分困难，使用五笔输入法输入文字会显得非常烦琐，此时可利用Windows系统自带的全拼输入法输入文字。下面将在记事本程序中输入繁体字"写"，其具体操作如下。

　　（1）启动记事本，按【Ctrl+Shift】组合键将输入法切换为"中文(简体)-全拼"输入法。

　　（2）输入繁体字"写"的拼音编码"xie"，在文字候选框中显示拼音为"xie"的简体中文汉字，如图7-13所示。

　　（3）单击文字候选窗口中的▶按钮，翻页查找"写"字的繁体字"寫"，然后输入汉字所对应的数字"8"即可，如图7-14所示。

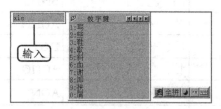
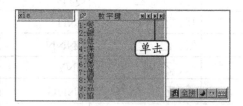

图7-13　输入拼音编码　　　　　　　　图7-14　查找"写"字的繁体字

7.2.3　输入其他特殊字符

　　其他特殊字符包括数字序号、数字符号、单位符号和特殊符号等，要输入这些字符，可通过五笔输入法状态条中的软键盘来完成。其方法为：在五笔输入法状态条中的"软键盘"图标▦上单击鼠标右键，在弹出的快捷菜单中选择要输入的特殊字符。这里选择"特殊符号"命令，打开图7-15所示的软键盘，在其中单击所需的符号对应的按键即可。

图7-15　打开"特殊符号"软键盘

7.3　使用字符映射表输入生僻汉字

微课视频
使用字符映射表输入
生僻汉字

　　在汉字输入过程中，当遇到无法输入的生僻字时，可通过Windows自带的"字符映射表"程序进行输入，其具体操作如下。

　　（1）选择【开始】/【所有程序】/【附件】/【系统工具】/【字符映射表】菜单命令，打开"字符映射表"窗口。

（2）在"字体"下拉列表框中选择一种所需的汉字字体，这里选择"微软雅黑"选项。然后单击选中"字符映射表"窗口下方的 ☑高级查看(V) 复选框，此时将自动显示高级设置选项，如图7-16所示。

（3）在"字符集"下拉列表框中选择要插入的字符类型，这里保持默认设置；在"分组依据"下拉列表框中选择"按偏旁部首分类的表意文字"选项，此时在打开的"分组"对话框中将显示图7-17所示的偏旁部首。

图7-16　启用高级查看选项

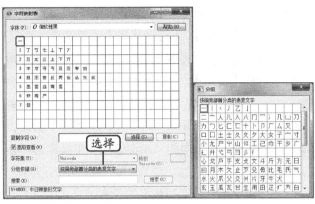

图7-17　打开"分组"对话框

（4）选择"分组"对话框中的偏旁部首，然后在"字符映射表"窗口中选择偏旁部首对应的汉字，依次单击 选择(S) 按钮和 复制(C) 按钮。

（5）打开任意打字场所，按【Ctrl+V】组合键即可将所复制的字符粘贴到其中。

7.4　用区位输入法输入自造字

对于一些无法用输入法输入的特殊字符，如生僻字、特殊符号和化学式等，就可以使用Windows系统自带的专用字符编辑程序（也称造字程序）来造出该字符。

7.4.1　启用专用字符编辑程序

选择【开始】/【所有程序】/【附件】/【系统工具】/【专用字符编辑程序】菜单命令，启动专用字符编辑程序。在打开的"选择代码"对话框中单击 确定 按钮，进入该程序的编辑窗口，如图7-18所示。该窗口主要由标题栏、菜单栏、字符集、工具箱和编辑区等组成，其中主要组成部分的作用简单介绍如下。

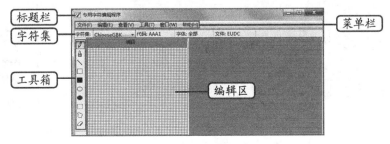

图7-18　"专用字符编辑程序"窗口

- **菜单栏：**包含造字程序中常使用的大部分菜单项，如"文件"和"工具"等。
- **工具箱：**包含用来绘制字符的工具，如直线、空心椭圆和画笔工具等。
- **编辑区：**用于编辑字符的场所，由一个一个的小格子组成，每个格子都可以表示汉字上的某一点。

7.4.2　创建专用字符

在造字程序中自造字符时，一般是通过引用程序中提供的标准字符、偏旁或特殊符号来创建新字符。下面将创建新字符"惢"，其具体操作如下。

（1）选择【编辑】/【选择代码】菜单命令，在打开的"选择代码"对话框中，选择保存所造字的位置，这里选择"AAA4"，然后单击 确定 按钮，进入字符编辑窗口。

（2）选择【窗口】/【参照】菜单命令，打开"参照"对话框，在"形状"预览框中输入新字符的上半部分"心"字，然后单击 确定 按钮。

（3）编辑区右边将出现"心"字的"参照"窗口，单击该窗口的标题栏，使之成为活动窗口。然后利用工具箱中的"矩形选项"工具框选"心"字，当鼠标指针变成✣形状时，按住鼠标左键将其拖动到左边的"编辑"窗口中的适当位置，如图7-19所示。

（4）将鼠标指针移至选择框的任意一个角上，当其变成↗形状时，按住鼠标左键不放向内拖曳，使其缩小到图7-20所示的大小，然后释放鼠标。

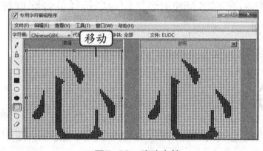

图7-19　移动字符

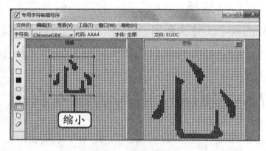

图7-20　缩小字符

（5）保持"心"字的选择状态，选择【编辑】/【复制】菜单命令后，再选择【编辑】/【粘贴】菜单命令，复制缩小后的"心"字，然后拖动鼠标适当调整其位置。

（6）按【Ctrl+V】组合键再复制一个"心"字，并移动至图7-21所示的位置。

（7）关闭"参照"窗口，选择【编辑】/【保存字符】菜单命令或直接按【Ctrl+S】组合键，将所造字符保存到指定位置。

图7-21　造出的新字符

微课视频

创建专用字符

86

7.4.3 用区位输入法输入造出的字符

造字的目的是为了在其他应用程序中输入所造字符。输入造出字符的方法有很多，其中区位输入法最为方便，其方法为：在输入法列表中选择"中文（简体）-内码"选项，切换到区位输入法，然后在Word文档中单击鼠标定位自造字符的输入位置，最后输入自造字符的区位代码。例如，这里输入字符"惢"的区位代码"AAA4"，即可输入该字符。

7.5 项目实训

7.5.1 文章录入综合练习

微课视频
文章录入综合练习

【实训要求】

在写字板程序中，利用五笔加加Plus输入法，练习输入图7-22所示的短文。当遇到输入繁体字时，可切换至"中文（简体）-全拼"输入法输入。

鲸的拉丁學名是由希臘語中的"海怪"一詞衍生而來，鲸的體形差異很大，小型的體長約1米，最大的則可達25米左右，最重的可達170噸左右，而最輕則約2000公斤。
但卻終生沐浴在大海中，完全適應了海中生活。不管是南極附近海域或北冰洋，都可以看見它們的蹤影。儘管茫茫海洋，浩瀚無垠，但它們既能捕到食物，又能找到同伴。在風平浪靜時，鲸可以悠悠蕩遊，而波濤洶湧時，也仍然能閒庭信步。此外，它們可以躍齣水麵"翹望"冉冉昇起的紅日，也可以邀遊饢米水底，酣沒自如。
鲸是群集動物，它們通常成群結隊的在海裡生活，當鲸呼吸時，就需要遊到水麵上來，這時鲸就利用頭上的喷水孔來呼吸，呼氣時，空氣中的濕氣會凝結而形成我們所熟悉的喷泉狀。

图7-22 练习输入的文章

【实训思路】

在输入文章的过程中，尽可能使用简码和词组输入方式，以便提升输入速度。

【步骤提示】

（1）启动写字板程序，按【Ctrl+Shift】组合键使输入法切换至"中文（简体）-全拼"输入法，输入第1个繁体字的全拼"jing"，在打开的文字候选框中翻页查找对应汉字。

（2）切换至"五笔加加Plus"输入法，输入一级简码"的"。按照相同操作思路继续输入其他文字内容。

7.5.2 造字练习

微课视频
造字练习

【实训要求】

利用专用字符编辑程序，练习造出新字符"庑"。

【实训思路】

首先在专用字符编辑程序的编辑窗口中，打开"参照"对话框，输入新字符的偏旁部首"咒"。然后利用矩形选项工具框选汉字，并将其移至"编辑"窗口后缩小字符。最后按相同操作思路，将字符"广"移动至"编辑"窗口后调整其位置。

【步骤提示】

（1）启动专用字符编辑程序，在打开的"选择代码"对话框中选择"AAA7"位置。

87

（2）打开"参照"对话框，在"形状"预览框中输入新字符的内部构成"兕"字，然后单击 确定 按钮。

（3）利用"矩形选项"工具框选"兕"字，然后按住鼠标左键将其拖曳至左边的"编辑"窗口中，最后适当缩小该字符。

（4）使用相同的方法在"编辑"窗口中造出"广"字，适当调整其位置后保存新字符。

7.6 课后练习

（1）在写字板中输入图7-23所示的特殊文本，包括繁体字、偏旁部首和特殊符号，在练习过程中要灵活运用各种输入技巧。

韻、貨、無、長、兒、鋪、門、臉、圓、東、請、輪、給、製、輕
闆、銖、薦、涼、麵、絲、遷、銅、喚、記、鐘、點、飯、寶、勸
廿、匚、夂、彡、巛、乄、丿、扩、忄、亻、彳、氵、冂、孒、女
口、厶、纟、彐、水、勹、夕、钅、亠、疒、阝、灬、忄、艹、宀
灬、刂、一、〖、〗、】、【、⊙、÷、≥、≤、〈、〉、∞、ϕ、∫
≡、Ⅲ、Ⅳ、Ⅵ、Ⅶ、Ⅸ、⑼、⑺、㈡、㈤、⑷、⑼、℃、¤、＄、‰

图7-23 输入特殊文本

（2）使用"专用字符编辑程序"自造新字符"藏"。在练习过程中，可先利用工具箱中的橡皮擦工具去除"藏"字内部的"臣"，然后再利用矩形选项工具添加"吕"字。

（3）利用字符映射表工具，练习输入图7-24所示的生僻字。

麈、鸰、坓、髤、鎜、蟝、臧、粲、虸、晟、醒、春、踞、蘽、镝、啻、癍、鰡
鬲、鸸、蔡、泚、鲱、呆、溢、輎、笓、戀、敝、督、觚、羁、跿、麂、蓟、毄
秮、瘔、夿、荍、锴、貃、颡、孟、慭、泖、艋、鞡、钌、嚷、悳、襷、鮑、喊
槭、缭、鹈、锗、跫、鳢、岈、葭、颟、僖、磙、鱟、歃、醖、厌、瀹、蕶、郐

图7-24 输入生僻字

7.7 技巧提升

1．使用Word 2010进行简繁转换

在输入包含简体和繁体的文章时，需要频繁地在不同输入法之间进行切换，这样操作起来非常麻烦，此时，可以选择简繁转换工具进行一次性自动转换。其方法为：在Word 2010中选择需转化的文字，单击"审阅"选项卡，在"中文简繁转换"组中单击 繁 简转繁 按钮，即可将选择的文字转化为繁体字。单击 简 繁转简 按钮，可将选择的文字转化为简体字。

2．使用搜狗五笔输入法快速输入大写金额

在实际工作中，经常需要在输入的小写数字金额后附上对应的大写金额，使用搜狗五笔输入法可以快速实现。其方法是：先输入"；"进入分号模式，然后输入小写数字，如34 000，此时提示栏中将显示几种大写数字类型，如图7-25所示，选择一种需要的即可。

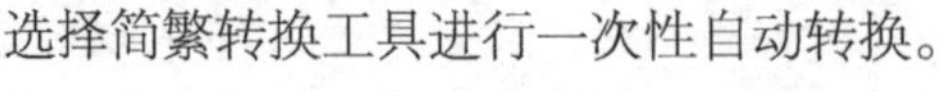

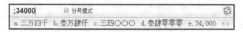

图7-25 快速输入大写金额

附录A 五笔字型编码速查字典

使用说明如下。

（1）本速查字典按汉语拼音为编排顺序排列汉字，共列出了近 7 000 个汉字的五笔编码。

（2）本速查字典以 86 版王码五笔字型输入法编码为基准，每栏从左至右分别为汉字、86 版五笔编码、86 版五笔字根（含末笔字型识别码，以带○的字根表示）和 98 版五笔编码。本字典同时适用于如搜狗五笔、陈桥五笔和极点五笔等其他五笔字型输入法。

（3）在速查字典中，五笔编码中的大写字母为输入汉字时必须输入的编码，小写字母为补足的汉字编码。若有一个大写字母，则该汉字为一级简码；若有两个大写字母，则该汉字为二级简码，以此类推。例如，"阿 BSkg"表示"阿"字为二级简码，输入时键入前两码"bs"即可，也可键入全码"bskg"。

a			
吖	KUHh	口丷丨①	KUHH
阿	BSkg	阝丁口㊀	BSkg
啊	KBsk	口阝丁口	KBsk
锕	QBSk	钅阝丁口	QBSk
嘎	KDHT	口厂目夂	KDHT

ai			
哎	KAQy	口艹乂⊙	KARy
哀	YEU	亠以⑤	YEU
唉	KCTd	口厶一大	KCTd
埃	FCTd	土厶一大	FCTd
挨	RCTd	扌厶一大	RCTd
锿	QYEY	钅亠以⊙	QYEY
捱	RDFF	扌厂土土	RDFF
皑	RMNN	白山己⑫	RMNn
癌	UKKm	疒口口山	UKKm
嗳	KEPc	口爫冖又	KEPc
矮	TDTV	𠂉大禾女	TDTV
蔼	AYJn	艹讠日乙	AYJn
霭	FYJN	雨讠日乙	FYJN
艾	AQU	艹乂⑤	ARU
爱	EPdc	爫冖𠂇又	EPDc
砹	DAQY	石艹乂⊙	DARY
隘	BUWl	阝丷八皿	BUWl
嗌	KUWl	口丷八皿	KUWl

媛	VEPC	女爫冖又	VEPc
碍	DJGf	石日一寸	DJGf
暖	JEPc	日爫冖又	JEPc
瑷	GEPC	王爫冖又	GEPC

an			
安	PVf	宀女㊀	PVf
桉	SPVg	木宀女㊀	SPVg
氨	RNPv	气乙宀女	RPVD
庵	YDJN	广大日乙	ODJn
谙	YUJg	讠立日㊀	YUJg
鹌	DJNG	大日乙一	DJNG
鞍	AFPv	廿单宀女	AFPv
俺	WDJN	亻大日乙	WDJN
掩	FDJn	土大日乙	FDJn
铵	QPVg	钅宀女㊀	QPVg
揞	RUJG	扌立日㊀	RUJG
犴	QTFH	犭丿千①	QTFH
岸	MDFJ	山厂千⑪	MDFJ
按	RPVg	扌宀女㊀	RPVg
案	PVSu	宀女木⑤	PVSu
胺	EPVg	月宀女㊀	EPVg
暗	JUjg	日立日㊀	JUjg
黯	LFOJ	田土灬日	LFOJ

ang			
肮	EYMn	月亠几⑫	EYWn

昂	JQBj	日⌐卩⑪	JQBj
盎	MDLf	门大皿㊀	MDLf

ao			
凹	MMGD	几门一㊂	HNHg
坳	FXLn	土幺力⑫	FXEt
敖	GQTY	丰勹攵	GQTY
嗷	KGQT	口丰勹攵	KGQT
廒	YGQt	广丰勹攵	OGQt
獒	GQTD	丰勹攵犬	GQTD
遨	GQTP	丰勹攵辶	GQTP
熬	GQTO	丰勹攵灬	GQTO
翱	RDFN	白大十羽	RDFN
謷	GQTB	丰勹攵耳	GQTB
螯	GQTJ	丰勹攵虫	GQTJ
鳌	GQTG	丰勹攵一	GQTG
鏖	YNJQ	广冖川金	OXXQ
袄	PUTd	衤丨丿大	PUTd
媪	VJLg	女日皿㊀	VJLg
岙	TDMj	丿大山⑪	TDMj
傲	WGQT	亻丰勹攵	WGQT
奥	TMOd	丿门米大	TMOd
骜	GQTC	丰勹攵马	GQTG
澳	ITMd	氵丿门大	ITMd
懊	NTMd	忄丿门大	NTMd
鏊	GQTQ	丰勹攵金	GQTQ

| 拗 | RXLn | 扌幺力⟋ | RXEt |
| 嚣 | KKDK | 口口丆口 | KKDK |

ba

八	WTY⁸⁶	八丿丶	WTy⁹⁸
巴	CNHn	巴乙丨乙	CNHn
叭	KWY	口八⊙	KWY
吧	KCn	口巴⟋	KCn
岜	MCB	山巴⟲	MCB
芭	ACb	艹巴⟲	ACb
疤	UCV	疒巴⟲	UCV
捌	RKLJ	扌口力刂	RKEJ
笆	TCB	⺮巴⟲	TCB
耙	OCN	米巴⟲	OCN
拔	RDCy	扌⼂又⊙	RDCy
茇	ADCu	艹⼂又⊙	ADCy
菝	ARDc	艹扌⼂又	ARDy
跋	KHDC	口止⼂又	KHDY
魃	RQCC	白儿厶又	RQCY
把	RCN	扌巴⟋	RCN
钯	QCN	钅巴⟋	QCN
靶	AFCn	廿甲巴⟋	AFCn
坝	FMY	土贝⊙	FMY
爸	WQCb	八乂巴⟲	WRCb
罢	LFCu	罒土厶⊙	LFCu
鲅	QGDC	鱼一⼂又	QGDY
霸	FAFe	雨廿甲月	FAFe
灞	IFAe	氵雨廿月	IFAe
耙	DICn	三小巴⟋	FSCn

bai

掰	RWVR	手八刀手	RWVR
白	RRRr	白白白白	RRRr
百	DJf	ㄕ日㊀	DJf
佰	WDJg	亻ㄕ日㊀	WDJg
柏	SRG	木白㊀	SRG
捭	RRTf	扌白丿十	RRTf
摆	RLFc	扌罒土厶	RLFc
败	MTY	贝攵⊙	MTy
拜	RDFH	ㄹ三十①	RDFH
稗	TRTF	禾白丿十	TRTf

ban

扳	RRCy	扌厂又⊙	RRCy
班	GYTg	王丶丿王	GYTg
般	TEMc	丿舟几又	TUWC
颁	WVDm	八刀丆贝	WVDm
斑	GYGg	王文王㊀	GYGg
搬	RTEc	扌丿舟又	RTUc
瘢	UTEC	疒丿舟又	UTUC
癍	UGYg	疒王文王	UGYG
阪	BRCY	阝厂又⊙	BRCY
坂	FRCy	土厂又⊙	FRCy
板	SRCy	木厂又⊙	SRCy
版	THGC	丿丨一又	THGC
钣	QRCy	钅厂又⊙	QRCy
舨	TERC	丿舟厂又	TURC
办	LWi	力八③	EWi
半	UFk	丷十Ⅲ	UGk
伴	WUFh	亻丷十①	WUGH
扮	RWVn	扌八刀	RWVT
拌	RUFH	扌丷十	RUGH
绊	XUFh	纟丷十	XUGh
瓣	URcu	辛厂厶辛	URCu

bang

邦	DTBh	三丿阝①	DTBh
帮	DTbh	三丿阝丨	DTBH
梆	SDTb	木三丿阝	SDTb
浜	IRGW	氵斤一八	IRWy
绑	XDTb	纟三丿阝	XDTb
榜	SUPy	木立一方	SYUy
膀	EUPy	月六一方	EYUy
傍	WUPy	亻立一方	WYUy
谤	YUPy	讠立一方	YYUy
棒	SDWh	木三人丨	SDWG
蚌	JDHh	虫三丨①	JDHh
蒡	AUPY	艹立一方	AYUY
磅	DUPy	石立一方	DYUy
镑	QUPy	钅立一方	QYUy

bao

| 包 | QNv | 勹巴⟳ | QNv |

bao（续）

孢	BQNn	子勹巴⟋	BQNn
芭	AQNb	艹勹巴⟲	AQNb
胞	EQNn	月勹巴⟋	EQNn
煲	WKSO	亻口木火	WKSO
鲍	HWBN	止人口巴	HWBN
褒	YWKe	亠亻口衣	YWKe
雹	FQNb	雨勹巴⟲	FQNb
宝	PGYu	宀王丶⊙	PGYu
饱	QNQN	饣乙勹巴	QNQN
保	WKsy	亻口木	WKsy
鸨	XFQg	匕十勹一	XFQg
堡	WKSF	亻口木土	WKSF
葆	AWKs	艹亻口木	AWKs
褓	PUWS	衤丷亻木	PUWS
报	RBcy	扌卩又⊙	RBcy
抱	RQNn	扌勹巴⟋	RQNn
豹	EEQY	爫⺈勹丶	EQYy
趵	KHQY	口止勹丶	KHQY
鲍	QGQn	鱼一勹巴	QGQn
暴	JAWi	日共八氺	JAWi
爆	OJAi	火日共氺	OJAi
刨	QNJH	勹巴刂①	QNJH
炮	OQnn	火勹巴⟋	OQnn

bei

呗	KMY	口贝⊙	KMY
陂	BHCy	阝广又⊙	BBY
杯	SGIy	木一小⊙	SDHy
卑	RTFJ	白丿十Ⅲ	RTFj
悲	DJDN	三川三心	HDHn
碑	DRTf	石白丿十	DRTf
鹎	RTFG	白丿十一	RTFG
北	UXn	丬匕⟋	UXn
贝	MHNY	贝丨乙⊙	MHNY
狈	QTMY	犭丿贝⊙	QTMy
邶	UXBh	丬匕阝①	UXBh
备	TLF	夂田㊀	TLf
背	UXEf	丬匕月㊀	UXEf
钡	QMY	钅贝⊙	QMY
倍	WUKg	亻立口㊀	WUKg

悖	NFPB	忄十一子	NFPB
被	PUHC	衤冫广又	PUBy
愈	TLNu	夂田心⑤	TLNu
焙	OUKg	火立口㊀	OUKG
辈	DJDL	三刂三车	HDHL
碚	DUKg	石立口㊀	DUKg
蓓	AWUK	艹亻立口	AWUK
褙	PUUE	衤冫⺌月	PUUE
鞴	AFAE	廿革艹用	AFAE
鐾	NKUQ	尸口辛金	NKUQ
庳	YRTf	广白丿十	ORTf
孛	FPBF	十冖子㊀	FPBF

ben			
奔	DFAj	大十廾①	DFAj
贲	FAMu	十艹贝⑤	FAMu
锛	QDFa	钅大十廾	QDFa
本	SGd	木一㊂	SGd
苯	ASGf	艹木一㊀	ASGf
畚	CDLf	厶大田㊀	CDLf
坌	WVFF	八刀土㊀	WVFf
夯	DLB	大力⑩	DER
笨	TSGf	⺮木一㊀	TSGf

beng			
崩	MEEf	山月月㊀	MEEf
绷	XEEg	纟月月㊀	XEEg
嘣	KMEe	口山月月	KMEE
甭	GIEj	一小用①	DHEj
泵	DIU	石水⑤	DIU
迸	UAPk	⺌廾辶⑩	UAPk
蚌	JDHh	虫三丨①	JDHh
甏	FKUN	土口⺌乙	FKUY
蹦	KHME	口止山月	KHMe

bi			
逼	GKLP	一口田辶	GKLP
荸	AFPB	艹十一子	AFPB
鼻	THLj	丿目田丌	THLj
匕	XTN	匕丿乙	XTN
比	XXn	匕匕㊁	XXn
吡	KXXn	口匕匕㊁	KXXN

妣	VXXn	女匕匕乙	VXXn
彼	THCy	彳广又⊙	TBY
秕	TXXn	禾匕匕㊁	TXXN
俾	WRTf	亻白丿十	WRTf
笔	TTfn	⺮丿二㊁	TEB
舭	TEXx	丿舟匕匕	TUXX
鄙	KFLb	口十口阝	KFLb
币	TMHk	丿冂丨⑩	TMHk
必	NTe	心丿③	NTe
毕	XXFj	匕匕十①	XXFj
闭	UFTe	门十丿③	UFTe
庇	YXXv	广匕匕⑩	OXXv
畀	LGJj	田一丌①	LGJj
哔	KXXF	口匕匕十	KXXf
怭	XXNT	匕匕心丿	XXNT
荜	AXXF	艹匕匕十	AXXF
陛	BXxf	阝匕匕土	BXxf
铋	QNTT	钅心丿丿	QNTT
狴	QTXF	犭丿匕土	QTXF
毙	XXGX	匕匕一匕	XXGX
秘	TNtt	禾心丿丿	TNT
婢	VRtf	女白丿十	VRtf
敝	UMIt	⺌冂小攵	ITY
萆	ARtf	艹白丿十	ARTf
弼	XDJx	弓丆日弓	XDJx
愎	NTJT	忄丿曰夂	NTJT
箄	TXXF	⺮匕匕十	TXXf
滗	ITTn	氵⺮丿乙	ITEN
痹	ULGJ	疒田一丌	ULGJ
蓖	ATLx	艹丿口匕	ATLx
裨	PURf	衤冫白十	PURf
跸	KHXF	口止匕十	KHXF
辟	NKUh	尸口辛①	NKUH
弊	UMIA	⺌冂小廾	ITAj
碧	GRDf	王白石㊀	GRDf
箅	TLGj	⺮田一丌	TLGj
蔽	AUMt	艹⺌冂攵	AITu
壁	NKUF	尸口辛土	NKUF
嬖	NKUV	尸口辛女	NKUV

篦	TTLX	⺮丿口匕	TTLx
薜	ANKu	艹尸口辛	ANKu
避	NKup	尸口辛辶	NKup
濞	ITHJ	氵丿目丌	ITHJ
臂	NKUE	尸口辛月	NKUe
髀	MERF	皿月白十	MERF
壁	NKUY	尸口辛丶	NKUY
襞	NKUE	尸口辛衣	NKUE

bian			
边	LPv	力辶⑩	EPe
砭	DTPy	石丿之⊙	DTPy
笾	TLPu	⺮力辶⑤	TEPu
编	XYNA	纟丶尸艹	XYNa
煸	OYNA	火丶尸艹	OYNA
蝙	JYNA	虫丶尸艹	JYNa
鳊	QGYA	鱼一丶艹	QGYA
鞭	AFWq	廿革亻乂	AFWr
贬	MTPy	贝丿之⊙	MTPy
扁	YNMA	丶尸冂艹	YNMA
窆	PWTP	宀八丿之	PWTP
匾	AYNA	匚丶尸艹	AYNA
碥	DYNA	石丶尸艹	DYNA
褊	PUYA	衤冫丶艹	PUYA
卞	YHU	一卜⑤	YHU
弁	CAJ	厶廾①	CAJ
忭	NYHY	忄一卜⊙	NYHY
汴	IYHy	氵一卜⊙	IYHy
苄	AYHu	艹一卜⑤	AYHu
便	WGJq	亻一日乂	WGJr
变	YOcu	一亦又⑤	YOCu
缏	XWGQ	纟亻一乂	XWGR
遍	YNMp	丶尸冂辶	YNMp
辨	UYTu	辛丶丿辛	UYTU
辩	UYUh	辛讠辛①	UYUh
辫	UXUh	辛纟辛①	UXUh

biao			
标	SFIy	木二小⊙	SFIy
彪	HAME	广七几彡	HWEe
飙	MQQN	几乂勹巳	WRQN

五笔打字立体化教程（微课版）

字	编码	拆分	编码
彭	DET	彡彡丿	DET
骠	CSfi	马西二小	CGSi
臕	ESFi	月西二小	ESFI
瘭	USFi	疒西二小	USFi
镖	QSFi	钅西二小	QSFi
飙	DDDQ	犬犬犬乂	DDDR
飚	MQOo	几乂火火	WROo
镳	QYNO	钅广灬	QOXo
表	GEu	主以	GEu
婊	VGEY	女主以	VGEY
裱	PUGE	衤主以	PUGE
鳔	QGSi	鱼一西小	QGSI

bie

字	编码	拆分	编码
瘪	UTHX	疒丿目匕	UTHX
憋	UMIN	丷冂小心	ITNu
鳖	UMIG	丷冂小一	ITQg
别	KLJh	口力刂	KEJh
蹩	UMIH	丷冂小足	ITKH

bin

字	编码	拆分	编码
玢	GWVn	王八刀	GWVt
宾	PRgw	宀斤一八	PRwu
彬	SSEt	木木彡	SSEt
傧	WPRw	亻宀斤八	WPRw
斌	YGAh	文一弋止	YGAy
滨	IPRw	氵宀斤八	IPRw
缤	XPRw	纟宀斤八	XPRw
槟	SPRw	木宀斤八	SPRw
镔	QPRw	钅宀斤八	QPRw
濒	IHIM	氵止小贝	IHHM
豳	EEMk	豕豕山	MGEe
摈	RPRw	扌宀斤八	RPRw
殡	GQPw	一夕宀八	GQPW
膑	EPRw	月宀斤八	EPRw
髌	MEPW	骨宀斤八	MEPW
鬓	DEPW	髟彡宀八	DEPW

bing

字	编码	拆分	编码
冰	UIy	冫水	UIy
兵	RGWu	斤一八	RWu
丙	GMWi	一冂人	GMWi

字	编码	拆分	编码
邴	GMWB	一冂人阝	GMWB
秉	TGVi	丿一ヨ小	TVD
柄	SGMw	木一冂人	SGMW
炳	OGMw	火一冂人	OGMw
饼	QNUa	饣乙丷廾	QNUa
禀	YLKI	亠口小	YLKI
并	UAj	丷廾	UAj
病	UGMw	疒一冂人	UGMw
摒	RNUA	扌尸丷廾	RNUa

bo

字	编码	拆分	编码
拨	RNTy	扌乙攵丶	RNTy
波	IHCy	氵广又	IBy
玻	GHCy	王广又	GBY
剥	VIJH	ヨ氺刂	VIJh
钵	QSGg	钅木一	QSGg
饽	QNFB	饣乙十子	QNFb
啵	KIHc	口氵广又	KIBy
伯	WRg	亻白	WRG
泊	IRg	氵白	IRG
脖	EFPb	月十冖子	EFPb
菠	AIHc	艹氵广又	AIBU
播	RTOL	扌丿米田	RTOl
驳	CQQy	马乂乂	CGRr
帛	RMHj	白冂丨	RMHj
勃	FPBl	十一子力	FPBe
镈	QDCY	钅广寸丶	QDCy
铂	QRG	钅白	QRG
舶	TERg	丿舟白	TURg
博	FGEf	十一月寸	FSFy
渤	IFPl	氵十冖力	IFPe
鹁	FPBG	十冖子一	FPBG
搏	RGEF	扌一月寸	RSFy
箔	TIRf	竹氵白	TIRf
脯	EGEF	月一月寸	ESFy
踣	KHUK	口止立口	KHUK
薄	AIGf	艹氵一寸	AISF
礴	DAIf	石艹氵寸	DAIf
跛	KHHC	口止广又	KHBy
簸	TADC	竹艹三又	TDWB

字	编码	拆分	编码
擘	NKUR	尸口辛手	NKUR
璧	NKUS	尸口辛木	NKUS
柏	SRG	木白	SRG

bu

字	编码	拆分	编码
逋	GEHP	一月丨辶	SPI
钸	QDMH	钅广冂丨	QDMh
晡	JGEY	日一月丶	JSY
醭	SGOY	西一业丶	SGOG
卜	HHY	卜丶	HHY
卟	KHY	口卜	KHY
补	PUHy	衤卜丶	PUHy
哺	KGEy	口一月丶	KSY
捕	RGEy	扌一月丶	RSY
不	GIi	一小	DHI
布	DMHj	ナ冂丨	DMHj
步	HIr	止小	HHr
怖	NDMh	忄ナ冂丨	NDMh
钚	QGIY	钅一小	QDHY
部	UKbh	立口阝	UKBh
埠	FWNf	土亻コ十	FTNf
瓿	UKGn	立口一乙	UKGy
簿	TIGf	竹氵一寸	TISf

ca

字	编码	拆分	编码
擦	RPWI	扌宀癶小	RPWI
嚓	KPWi	口宀癶小	KPWi
礤	DAWi	石艹癶小	DAWi

cai

字	编码	拆分	编码
猜	QTGE	犭丿主月	QTGE
才	FTe	十丿	FTe
材	SFTt	木十丿	SFTt
财	MFtt	贝十丿	MFtt
裁	FAYe	十戈二以	FAYe
采	ESu	爫木	ESu
彩	ESEt	爫木彡	ESEt
睬	HESy	目爫木	HESy
踩	KHES	口止爫木	KHES
菜	AEsu	艹爫木	AESu
蔡	AWFi	艹癶二小	AWFi

can			
参	CDer	厶大彡②	CDer
骖	CCDe	马厶大彡	CGCE
餐	HQce	卜夕又㇏	HQcv
残	GQGt	一夕戋②	GQGa
蚕	GDJu	一大虫③	GDJu
惭	NLrh	忄车斤①	NLrh
惨	NCDe	忄厶大彡	NCDe
骖	LFOE	田土灬彡	LFOE
灿	OMh	火山①	OMh
粲	HQCO	卜夕又米	HQCO
璨	GHQo	王卜夕米	GHQo
孱	NBBb	尸子子子	NBBb

cang			
仓	WBB	人巳⑳	WBB
伧	WWBN	亻人巳②	WWBN
沧	IWBn	氵人巳②	IWBn
苍	AWBb	艹人巳⑳	AWBb
舱	TEWb	丿舟人巳	TUWB
藏	ADNT	艹厂乙丿	AAUh

cao			
操	RKKs	扌口口木	RKKS
糙	OTFp	米丿土辶	OTFp
曹	GMAj	一冂卅日	GMAJ
嘈	KGMJ	口一冂日	KGMJ
漕	IGMJ	氵一冂日	IGMJ
槽	SGMJ	木一冂日	SGMj
艚	TEGJ	丿舟一日	TUGj
蟛	JGMJ	虫一冂日	JGMJ
草	AJJ	艹早⑪	AJJ

ce			
册	MMgd	冂冂一⊜	MMgd
侧	WMJh	亻贝刂①	WMJh
厕	DMJK	厂贝刂⑩	DMJk
恻	NMJh	忄贝刂①	NMJh
测	IMJh	氵贝刂①	IMJh
策	TGMi	竹一冂小	TSMb

cen			
岑	MWYN	山人丶乙	MWYN

涔	IMWn	氵山人乙	IMWn

ceng			
噌	KULj	口丷田日	KULj
层	NFCi	尸二厶③	NFCi
蹭	KHUJ	口止丷日	KHUJ
曾	ULjf	丷田日⊜	ULJf

cha			
叉	CYI	又丶③	CYi
杈	SCYY	木又丶⊙	SCYY
插	RTFv	扌丿十臼	RTFE
馇	QNSg	𠂉乙木一	QNSg
锸	QTFV	钅丿十臼	QTFE
苴	ADHF	艹𠃋丨土	ADHF
查	SJgf	木日一⊜	SJgf
茶	AWSu	艹人木③	AWSu
搽	RAWS	扌艹人木	RAWS
槎	SUDA	木丷手工	SUAg
察	PWFI	宀癶二小	PWFI
碴	DSJg	石木日一	DSJg
檫	SPWI	木宀癶小	SPWI
杈	PUCy	衤冫又丶	PUCy
镲	QPWI	钅宀癶小	QPWi
汊	ICYY	氵又丶⊙	ICYY
岔	WVMJ	八刀山⑪	WVMJ
诧	YPTA	讠宀丿七	YPTa
姹	VPTa	女宀丿七	VPTa
差	UDAf	丷手工⊜	UAF

chai			
钗	QCYy	钅又丶⊙	QCYy
拆	RRYy	扌斤丶⊙	RRYy
侪	WYJh	亻文刂①	WYJh
柴	HXSu	止匕木③	HXSu
豺	EEFt	四㇆十丿	EFTt
虿	DNJU	𠂇乙虫③	GQJU
瘥	UUDA	疒丷手工	UUAd

chan			
觇	HKMq	卜口冂儿	HKMq
搀	RCDe	扌⺈大彡	RCDe
掺	RQKU	扌𠂉口彡	RQKU

婵	VUJf	女丷日十	VUJf
谗	YQKu	讠⺈口彡	YQKu
禅	PYUF	衤丶丷十	PYUF
馋	QNQU	𠂉乙⺈彡	QNQU
缠	XYJf	纟广日土	XOJf
蝉	JUJF	虫丷日十	JUJF
廛	YJFf	广日土土	OJFF
潺	INBB	氵尸子子	INBb
镡	QSJH	钅西早丨	QSJh
蟾	JQDy	虫⺈厂言	JQDy
躔	KHYF	口止广土	KHOF
产	Ute	立丿③	Ute
谄	YQVG	讠⺈臼一	YQEg
铲	QUTt	钅立丿②	QUTt
阐	UUJf	门丷日十	UUJf
藏	ADMT	艹厂贝丿	ADMU
辗	UJFE	丷日十𧘇	UJFE
忏	NTFH	忄丿十①	NTFh
颤	YLKM	一口口贝	YLKm
羼	NUDD	尸丷手手	NUUu
澶	IYLG	氵亠口一	IYLg
骣	CNBb	马尸子子	CGNb

chang			
伥	WTAy	亻丿七丶	WTAy
昌	JJf	日日⊜	JJf
娼	VJJg	女日日一	VJJg
猖	QTJJ	犭丿日日	QTJJ
菖	AJJF	艹日日⊜	AJJF
阊	UJJD	门日日㇌	UJJD
鲳	QGJJ	鱼一日日	QGJJ
长	TAyi	丿七丶③	TAyi
肠	ENRt	月乙⺄②	ENRt
苌	ATAy	艹丿七丶	ATAy
尝	IPFc	⺌宀二厶	IPFc
偿	WIpc	亻⺌宀厶	WIpc
常	IPKH	⺌宀口丨	IPKh
徜	TIMk	彳⺌冂口	TIMk
嫦	VIPH	女⺌宀丨	VIPH
厂	DGT	厂一②	DGT

场	FNRT	土乙丿②	FNRT
昶	YNIJ	丶乙水日	YNIJ
惝	NIMk	忄⺌门口	NIMk
敞	IMKT	⺌门口攵	IMKT
氅	IMKN	⺌门口乙	IMKE
怅	NTAy	忄丿七丶	NTAy
畅	JHNR	日丨乙丿	JHNr
氇	QOBx	乂灬凵匕	OBXb
倡	WJJG	亻日日	WJJG
唱	KJJg	口日日	KJJg

chao

抄	RITt	扌小丿②	RITt
钞	QITt	钅小丿②	QITt
超	FHVk	土龰刀口	FHVk
晁	JIQB	日光儿⑱	JQIu
巢	VJSu	巛日木①	VJSu
朝	FJEg	十早月一	FJEg
嘲	KFJe	口十早月	KFJe
潮	IFJe	氵十早月	IFJe
吵	KItt	口小丿②	KItt
炒	OItt	火小丿②	OItt
秒	DIIT	三小小丿	FSIT

che

车	LGnh	车一乙丨	LGnh
砗	DLH	石车①	DLH
扯	RHG	扌止	RHG
彻	TAVN	彳七刀②	TAVT
坼	FRYy	土斤丶	FRYy
掣	RMHR	𠂆冂丨手	TGMR
撤	RYCt	扌亠厶攵	RYCt
澈	IYCT	氵亠厶攵	IYCT

chen

伧	WWBN	亻人巴②	WWBN
抻	RJHh	扌日丨①	RJHH
郴	SSBh	木木阝①	SSBh
琛	GPWs	王宀八木	GPws
嗔	KFHW	口十且八	KFHW
尘	IFF	小土㊀	IFF

臣	AHNh	匚丨コ丨	AHNh
陈	BAiy	阝七小丶	BAiy
辰	DFEi	𠂆二𧘇丶	DFEi
沉	IPMn	氵冖几②	IPWn
忱	NPqn	忄冖几②	NPqn
宸	PDFE	宀𠂆二𧘇	PDFE
晨	JDfe	日𠂆二𧘇	JDfe
谌	YADN	讠艹三乙	YDWn
碜	DCDe	石厶大彡	DCDe
衬	PUFy	衤寸	PUFY
称	TQiy	禾⺈小丶	TQIy
龀	HWBX	止人凵匕	HWBX
趁	FHWE	土龰人彡	FHWE
榇	SUSy	木立木	SUSY
谶	YWWG	讠人人一	YWWG

cheng

柽	SCFG	木又土㊀	SCFG
蛏	JCFG	虫又土㊀	JCFG
撑	RIPr	扌⺌冖手	RIPr
瞠	HIPf	目⺌冖土	HIPf
丞	BIGf	了八一	BIGf
成	DNnt	𠂆乙丿	DNv
呈	KGf	口王㊀	KGF
承	BDii	了三水③	BDii
枨	STAy	木丿七丶	STAy
诚	YDNt	讠乙丿	YDnn
城	FDnt	土𠂆乙丿	FDnn
乘	TUXv	丿丬匕⑱	TUXv
埕	FKGg	土口王㊀	FKGg
铖	QDNt	钅𠂆乙丿	QDNt
惩	TGHN	彳一止心	TGHN
程	TKGG	禾口王㊀	TKGG
裎	PUKg	衤口王	PUKg
塍	EUDF	月丷大土	EUGF
醒	SGKG	西一口王	SGKG
澄	IWGU	氵癶一丷	IWGU
橙	SWGU	木癶一丷	SWGU
逞	KGPd	口王辶㊂	KGPd
骋	CMGn	马由一乙	CGMn

秤	TGUh	禾一丷丨	TGUf

chi

吃	KTNn	口𠂉乙②	KTnn
哧	KFOy	口土小丶	KFOy
蚩	BHGJ	凵丨一虫	BHGJ
鸱	QAYG	匚七丶一	QAYG
眵	HQQy	目夕夕丶	HQQy
笞	TCKf	𥫗厶口	TCKf
嗤	KBHJ	口凵丨虫	KBHJ
媸	VBHj	女凵丨虫	VBHj
痴	UTDK	疒⺧大口	UTDK
螭	JYBC	虫文凵厶	JYRC
魑	RQCC	白儿厶厶	RQCC
弛	XBn	弓也②	XBN
池	IBn	氵池②	IBN
驰	CBN	马也②	CGBN
迟	NYPi	尸丶辶③	NYPi
茌	AWFF	艹亻士㊀	AWFF
持	RFfy	扌土寸	RFFy
墀	FNIh	土尸水丨	FNIg
踟	KHTK	口止⺧口	KHTK
篪	TRHM	𥫗𠂆广几	TRHw
尺	NYI	尸丶③	NYI
侈	WQQy	亻夕夕丶	WQQy
齿	HWBj	止人凵⑪	HWBj
耻	BHg	耳止㊀	BHg
豉	GKUC	一口丷又	GKUC
褫	PURM	衤⺈𠂆几	PURW
彳	TTTH	彳丿丿丨	TTTH
叱	KXN	口匕②	KXN
斥	RYI	斤丶③	RYI
赤	FOu	土小①	FOu
饬	QNTL	𠂊乙𠂉力	QNTE
炽	OKwy	火口八②	OKWy
翅	FCNd	十又羽㊂	FCNd
敕	GKIT	一口小攵	SKTY
啻	UPMK	立冖门口	YUPK
傺	WWFI	亻⺾二小	WWFI
瘛	UDHN	疒三丨心	UDHN

chong

充	YCqb	亠ㄥ儿⑳	YCqb
冲	UKHh	⺀口丨①	UKHh
仲	NKHh	忄口丨①	NKHh
茺	AYCq	艹亠ㄥ儿	AYCq
舂	DWVf	三人臼⊜	DWEF
憧	NUJF	忄立日土	NUJF
艟	TEUF	丿舟立土	TUUF
虫	JHNY	虫丨乙、	JHNY
崇	MPFi	山宀二小	MPFi
宠	PDXb	宀尤匕⑳	PDXy
铳	QYCq	钅亠ㄥ儿	QYCq
重	TGJf	丿一日土	TGJF

chou

抽	RMg	扌由⊖	RMg
瘳	UNWE	疒羽人彡	UNWE
仇	WVN	亻九②	WVN
俦	WDTF	亻三丿寸	WDTF
惆	MHDf	门丨三寸	MHDf
惆	NMFk	忄门土口	NMFk
绸	XMFk	纟门土口	XMFk
畴	LDTf	田三丿寸	LDTf
愁	TONU	禾火心⊙	TONU
稠	TMFK	禾门土口	TMFK
筹	TDTF	⺮三丿寸	TDTF
酬	SGYH	西一丨	SGYh
踌	KHDF	口止三寸	KHDF
雠	WYYy	亻圭讠圭	WYYy
丑	NFD	乙土⊜	NHGg
瞅	HTOy	目禾火⊙	HTOy
臭	THDU	丿目犬⊙	THDU

chu

出	BMk	凵山⑩	BMk
初	PUVn	衤丿刀②	PUVt
樗	SFFN	木雨二乙	SFFN
刍	QVF	⺈彐⊜	QVF
除	BWTy	阝人禾⊙	BWGs
厨	DGKF	厂一口寸	DGKF
滁	IBWt	氵阝人禾	IBWs

锄	QEGL	钅目一力	QEGE
蜍	JWTy	虫人禾⊙	JWGS
雏	QVWy	⺈彐亻圭	QVWy
橱	SDGF	木厂一寸	SDGF
躇	KHAJ	口止艹日	KHAJ
蹰	KHDF	口止厂寸	KHDF
杵	STFH	木丿十①	STFH
础	DBMh	石凵山①	DBMh
储	WYFj	亻⺀土日	WYFj
褚	SFTJ	木土丿日	SFTJ
楚	SSNh	木木乙止	SSNh
褚	PUFj	衤⺀土日	PUFj
丁	FHK	二丨⑩	GSJ
处	THi	夂卜①	THi
怵	NSYy	忄木、⊙	NSYy
绌	XBMh	纟凵山①	XBMh
搐	RYXL	扌亠幺田	RYXL
触	QEJY	⺈用虫⊙	QEJY
憷	NSSh	忄木木止	NSSh
黜	LFOM	罒土灬山	LFOM
矗	FHFH	十且十且	FHFH

chuai

揣	RMDj	扌山⺋川	RMDj
搋	RRHM	扌厂⽁几	RRHW
啜	KCCC	口又又又	KCCC
踹	KHMJ	口止山川	KHMJ
膪	EUPK	月立一口	EYUK

chuan

川	KTHH	川丿丨丨	KTHH
氚	RNKJ	乞乙川⑩	RKK
穿	PWAT	宀八匚丿	PWAt
传	WFNY	亻二乙、	WFNy
舡	TEAg	丿舟工⊖	TUAG
船	TEMK	丿舟几口	TUWk
遄	MDMp	山⺋门辶	MDMP
椽	SXEy	木彑豕⊙	SXEy
舛	QAHh	夕匚丨①	QGH
喘	KMDj	口山⺋川	KMDj

串	KKHk	口口丨⑩	KKHk
钏	QKH	钅川①	QKH

chuang

创	WBJh	人巳刂①	WBJh
疮	UWBv	疒人巳⑳	UWBv
窗	PWTq	宀八丿⺈	PWTq
床	YSI	广木③	OSi
闯	UCD	门马⊜	UCGD
怆	NWBn	忄人巳⑫	NWBn

chui

吹	KQWy	口⺊人⊙	KQWy
炊	OQWy	火⺊人⊙	OQWy
垂	TGAf	丿一艹士	TGAF
陲	BTGF	阝丿一士	BTGF
捶	RTGF	扌丿一士	RTGF
棰	STGf	木丿一士	STGF
椎	SWYg	木亻圭⊖	SWYg
锤	QTGF	钅丿一士	QTGF
槌	SWNp	木亻⺕辶	SWNp

chun

春	DWjf	三人日⊜	DWJf
椿	SDWJ	木三人日	SDWJ
蝽	JDWJ	虫三人日	JDWJ
纯	XGBn	纟一凵乙	XGBn
唇	DFEK	厂二⻊口	DFEK
莼	AXGn	艹纟一乙	AXGn
淳	IYBg	氵亠子⊖	IYBg
鹑	YBQg	亠子勹一	YBQg
醇	SGYB	西一亠子	SGYB
蠢	DWJJ	三人日虫	DWJJ

chuo

踔	KHHJ	口止卜早	KHHJ
戳	NWYA	羽亻圭戈	NWYA
绰	XHJh	纟卜早①	XHJh
辍	LCCC	车又又又	LCCC
龊	HWBH	止人凵止	HWBH

ci

| 疵 | UHXv | 疒止匕⑳ | UHXv |

词	YNGK	讠乙一口	YNGK
祠	PYNK	礻、乙口	PYNK
茈	AHXb	艹止匕⑧	AHXb
茨	AUQW	艹冫人	AUQw
兹	UXXu	丷幺幺	UXXu
瓷	UQWN	冫人乙	UQWY
慈	UXXN	丷幺幺心	UXXN
辞	TDUH	丿古辛①	TDUH
磁	DUxx	石丷幺幺	DUXx
雌	HXWy	止匕亻圭	HXWy
鹚	UXXG	丷幺幺一	UXXG
糍	OUXx	米丷幺幺	OUXx
此	HXn	止匕②	HXn
次	UQWy	冫人⊙	UQWy
刺	GMIj	一冂小刂	SMJh
伺	WNGk	亻乙一口	WNGk
赐	MJQr	贝日勹丿	MJQr

cong

匆	QRYi	勹丿丶③	QRYi
囱	TLQI	丿囗夕③	TLQi
从	WWy	人人⊙	WWy
苁	AWWU	艹人人③	AWWU
枞	SWWy	木人人⊙	SWWy
葱	AQRN	艹勹丿心	AQRn
骢	CTLn	马丿囗心	CGTN
璁	GTLn	王丿囗心	GTLn
聪	BUKN	耳丷口心	BUKN
丛	WWGf	人人一⊖	WWGf
淙	IPFI	氵宀二小	IPFI
琮	GPFi	王宀二小	GPFi

cou

凑	UDWd	冫三人大	UDWd
楱	SDWD	木三人大	SDWD
腠	EDWd	月三人大	EDWd
辏	LDWd	车三人大	LDWd

cu

| 粗 | OEgg | 米目一⊖ | OEgg |
| 徂 | TEGG | 彳目一⊖ | TEGG |

俎	GQEg	一夕目一	GQEG
促	WKHy	亻口止⊙	WKHy
猝	QTYF	犭丿亠十	QTYF
酢	SGTF	西一亠二	SGTF
蔟	AYTd	艹方𠂉大	AYTd
醋	SGAj	西一艹日	SGAJ
簇	TYTd	𥫗方𠂉大	TYTD
蹙	DHIH	厂上小止	DHIH
蹴	KHYN	口止亠乙	KHYY

cuan

氽	TYIU	丿、水③	TYIU
撺	RPWH	扌宀八丨	RPWH
镩	QPWh	钅宀八丨	QPWH
蹿	KHPH	口止宀丨	KHPH
窜	PWKh	宀八口丨	PWKH
篡	THDC	𥫗目大厶	THDC
爨	WFMO	亻二冂火	EMGO

cui

崔	MWYf	山亻圭⊖	MWYf
催	WMWy	亻山亻圭	WMWy
摧	RMWy	扌山亻圭	RMWy
榱	SYKe	木亠口衣	SYKe
璀	GMWY	王山亻圭	GMWY
脆	EQDb	月⺈厂巳	EQDb
啐	KYWf	口亠人十	KYWF
悴	NYWF	忄亠人十	NYWF
淬	IYWF	氵亠人十	IYWF
萃	AYWf	艹亠人十	AYWf
毳	TFNN	丿二乙乙	EEEB
瘁	UYWf	疒亠人十	UYWF
翠	NYWF	羽亠人十	NYWF
粹	OYWf	米亠人十	OYWF

cun

村	SFy	木寸⊙	SFy
皴	CWTC	厶八冬又	CWTb
存	DHBd	𠂇丨子⊜	DHBd
忖	NFY	忄寸⊙	NFY
寸	FGHY	寸一丨、	FGHY

cuo

搓	RUDa	扌丷𦍌工	RUAG
磋	DUDa	石丷𦍌工	DUAg
撮	RJBc	扌日耳又	RJBc
蹉	KHUA	口止丷工	KHUA
嵯	MUDa	山丷𦍌工	MUAg
痤	UWWf	疒人人土	UWWf
矬	TDWf	𠂉大人土	TDWF
错	QAJg	钅艹日⊖	QAJg
鹾	HLQA	卜口乂工	HLRA
脞	EWWf[86]	月人人土	EWWf
厝	DAJd	厂艹日⊜	DAJd
挫	RWWf	扌人人土	RWWf
措	RAJg	扌艹日⊖	RAJg
锉	QWWf	钅人人土	QWWf

da

耷	DBF	大耳⊖	DBF
哒	KDPy	口大辶⊙	KDPy
搭	RAWK	扌人人口	RAWK
嗒	KAWK	口人人口	KAWK
褡	PUAk	衤丬艹口	PUAk
达	DPi	大辶③	DPi
妲	VJGg	女日一	VJGg
怛	NJGg	忄日一	NJGg
沓	IJF	水日⊖	IJF
笪	TJGF	𥫗日一⊖	TJGF
答	TWgk	𥫗人一口	TWgk
瘩	UAWk	疒人人口	UAWk
靼	AFJG	廿革日一	AFJG
鞑	AFDP	廿革大辶	AFDp
打	RSh	扌丁①	RSh
大	DDdd	大大大大	DDdd

dai

呆	KSu	口木③	KSu
呔	KDYY	口大、⊙	KDYY
歹	GQI	一夕③	GQI
傣	WDWi	亻三人𡗗	WDWi
代	WAy	亻弋⊙	WAyy

岱	WAMJ	亻弋山⑪	WAYM
贰	AAFD	弋艹二⊖	AFYi
绐	XCKg	纟厶口⊖	XCKg
迨	CKPd	厶口辶⊙	CKPd
带	GKPh	一冂一丨	GKPh
待	TFFY	彳土寸⊙	TFFY
怠	CKNu	厶口心⊙	CKNu
殆	GQCk	一夕厶口	GQCk
玳	GWAy	王亻弋⊙	GWAy
贷	WAMu	亻弋贝⊙	WAYM
埭	FVIy	土彐氺⊙	FVIy
袋	WAYE	亻弋一衣	WAYE
逮	VIPi	彐氺辶⑤	VIPi
戴	FALW	十戈田八	FALW
黛	WALo	亻弋罒灬	WAYO
骀	CCKg	马厶口⊖	CGCK

dan

丹	MYD	冂一三	MYd
单	UJFJ	丷日十⑪	UJFJ
担	RJGg	扌日一⊖	RJGg
眈	HPQn	目宀儿②	HPQn
耽	BPQn	耳宀儿②	BPQn
郸	UJFB	丷日十阝	UJFB
聃	BMFG	耳冂土⊖	BMFG
殚	GQUf	一夕丷十	GQUf
瘅	UUJF	疒丷日十	UUJF
箪	TUJF	竹丷日十	TUJF
儋	WQDy	亻⺈厂言	WQDy
胆	EJgg	月日一⊖	EJgg
疸	UJGd	疒日一⊖	UJGd
旦	JGF	日一⊖	JGF
但	WJGg	亻日一⊖	WJGg
诞	YTHP	讠丿止廴	YTHp
啖	KOOy	口火火⊙	KOOy
弹	XUJf	弓丷日十	XUJf
惮	NUJf	忄丷日十	NUJf
淡	IOoy	氵火火⊙	IOoy
萏	AQVF	艹⺈臼⊖	AQEf
蛋	NHJu	乙止虫⊙	NHJu

氮	RNOo	丿乙火火	ROOi
赕	MOOy	贝火火⊙	MOOy

dang

当	IVf	丷彐⊖	IVf
铛	QIVg	钅丷彐⊖	QIVg
裆	PUIV	衤丷丷彐	PUIv
挡	RIVg	扌丷彐⊖	RIVg
党	IPKq	丷宀口儿	IPkq
谠	YIPq	讠丷宀儿	YIPq
凼	IBK	水凵⑪	IBK
宕	PDF	宀石⊖	PDF
砀	DNRt	石乙丿	DNRt
荡	AINr	艹氵乙丿	AINr
档	SIvg	木丷彐⊖	SIvg
菪	APDf	艹宀石⊖	APDf

dao

刀	VNt	刀乙丿	VNT
叨	KVN	口刀②	KVT
忉	NVN	忄刀②	NVT
氘	RNJj	丿乙刂⑪	RJK
导	NFu	巳寸⊙	NFu
岛	QYNM	勹丿乙山	QMK
倒	WGCj	亻一厶刂	WGCj
捣	RQYM	扌勹丶山	RQMh
祷	PYDf	衤丶三寸	PYDf
蹈	KHEV	口止爫臼	KHEE
到	GCfj	一厶土刂	GCfj
悼	NHJH	忄卜早①	NHJH
焘	DTFO	三丿寸灬	DTFO
盗	UQWL	丷人皿	UQWL
道	UTHP	丷丿目辶	UThp
稻	TEVg	禾爫臼⊖	TEEg
纛	GXFi	圭母十小	GXHi

de

得	TJgf	彳日一寸	TJgf
锝	QJGF	钅日一寸	QJGF
德	TFLn	彳十罒心	TFLn

deng

灯	OSh	火丁①	OSH

登	WGKU	癶一口丷	WGKU
噔	KWGU	口癶一丷	KWGU
簦	TWGU	竹癶一丷	TWGU
蹬	KHWU	口止癶丷	KHWU
等	TFFU	竹土寸⊙	TFfu
戥	JTGA	日丿圭戈	JTGA
邓	CBh	又阝①	CBh
凳	WGKM	癶一口几	WGKW
嶝	MWGU	山癶一丷	MWGU
瞪	HWGu	目癶一丷	HWGu
磴	DWGU	石癶一丷	DWGU
镫	QWGU	钅癶一丷	QWGU

di

低	WQAy	亻亡七丶	WQAy
羝	UDQy	丷手亡丶	UQAy
堤	FJGH	土日一止	FJGH
嘀	KUMd	口立冂古	KYUD
滴	IUMd	氵立冂古	IYUd
镝	QUMd	钅立冂古	QYUD
狄	QTOY	犭丿火⊙	QTOy
籴	TYOu	丿八米⊙	TYOu
的	Rqyy	白勹丶⊙	Rqyy
迪	MPd	由辶⊖	MPd
敌	TDTy	丿古攵⊙	TDTy
涤	ITSy	氵夂木⊙	ITSy
荻	AQTO	艹犭丿火	AQTO
笛	TMF	竹由⊖	TMF
靓	FNUQ	十乙丷儿	FNUQ
嫡	VUMd	女立冂古	VYUd
氐	QAYi	亡七、⑤	QAYI
诋	YQAY	讠亡七丶	YQAy
邸	QAYB	亡七丶阝	QAYb
坻	FQAy	土亡七丶	FQAy
底	YQAy	广亡七丶	OQay
抵	RQAy	扌亡七丶	RQAy
柢	SQAy	木亡七丶	SQAy
砥	DQAY	石亡七丶	DQAy
骶	MEQY	冎月亡丶	MEQy
地	Fbn	土也②	Fbn

字	编码	字根	编码
弟	UXHt	⸌弓丿	UXHt
帝	UPmh	立冖门丨	YUPH
娣	VUXt	女⸌弓丿	VUXt
递	UXHP	⸌弓丿辶	UXHP
第	TXht	⸍弓丿	TXht
谛	YUPH	讠立冖丨	YYUH
棣	SVIy	木彐水⊙	SVIy
睇	HUXT	目⸌弓丿	HUXt
缔	XUPh	纟立冖丨	XYUh
蒂	AUPh	艹立冖丨	AYUh
碲	DUPH	石立冖丨	DYUH

dia

嗲	KWQq	口八乂夕	KWRq

dian

掂	RYHk	扌广H口	ROHk
滇	IFHW	氵十且八	IFHW
颠	FHWM	十且八贝	FHWM
巅	MFHm	山十且贝	MFHm
癫	UFHM	疒十且贝	UFHm
典	MAWu	门艹八⊙	MAWu
点	HKOu	H口灬⊙	HKOu
碘	DMAw	石门艹八	DMAw
踮	KHYK	口止广口	KHOK
电	JNv	日乙⊠	JNv
佃	WLg	亻田㊀	WLg
甸	QLd	勹田㊂	QLd
阽	BHKG	阝H口㊀	BHKG
坫	FHKG	土H口㊀	FHKg
店	YHKd	广H口㊂	OHKd
垫	RVYF	扌九丶土	RVYF
玷	GHKg	王H口㊀	GHKg
钿	QLG	钅田㊀	QLG
惦	NYHk	忄广H口	NOHk
淀	IPGH	氵宀一止	IPGH
莫	USGD	⸌西一大	USGD
殿	NAWc	尸艹八又	NAWc
靛	GEPh	龶月宀止	GEPH
癜	UNAc	疒尸艹又	UNAc
簟	TSJj	⸍西早⑪	TSJj

diao

刁	NGD	乙一㊂	NGD
叼	KNGg	口乙一㊀	KNGg
凋	UMFk	冫门土口	UMFk
貂	EEVk	⠃⺈刀口	EVKg
碉	DMFk	石门土口	DMFk
雕	MFKY	门土口圭	MFKY
鲷	QGMk	鱼一门口	QGMk
吊	KMHj	口门丨⑪	KMHj
钓	QQYY	钅勹丶	QQYy
调	YMFk	讠门土口	YMFk
掉	RHJh	扌H早⑪	RHJh
锦	QKMH	钅口门丨	QKMH
铫	QIQn	钅⺀儿⊙	QQIy

die

爹	WQQQ	八乂夕夕	WRQq
跌	KHRw	口止⸌人	KHTG
迭	RWPi	⸌人辶⑤	TGPi
垤	FGCf	土一厶土	FGCf
瓞	RCYW	厂厶⸍人	RCYG
谍	YANs	讠廿乙木	YANs
喋	KANs	口廿乙木	KANs
堞	FANs	土廿乙木	FANs
揲	RANs	扌廿乙木	RANs
耋	FTXF	土丿匕土	FTXF
叠	CCCG	又又又一	CCCG
牒	THGs	丿丨一木	THGs
碟	DANS	石廿乙木	DANS
蝶	JANs	虫廿乙木	JANs
蹀	KHAS	口止廿木	KHAS
鲽	QGAs	鱼一廿木	QGAS

ding

丁	SGH	丁一丨	SGH
仃	WSH	亻丁⑪	WSH
叮	KSH	口丁⑪	KSH
玎	GSH	王丁⑪	GSH
疔	USK	疒丁⑩	USK
盯	HSh	目丁⑪	HSh
钉	QSh	钅丁⑪	QSh

耵	BSH	耳丁⑪	BSH
酊	SGSh	西一丁⑪	SGSh
顶	SDMy	丁丆贝	SDmy
鼎	HNDn	目乙丆乙	HNDn
订	YSh	讠丁⑪	YSh
定	PGhu	宀一止	PGHu
啶	KPGH	口宀一止	KPGH
腚	EPGh	月宀一止	EPGh
碇	DPGH	石宀一止	DPGH
锭	QPgh	钅宀一止	QPgh
町	LSH	田丁⑪	LSH

diu

丢	TFCu	丿土厶⑤	TFCu
铥	QTFC	钅丿土厶	QTFC

dong

东	AIi	七小⑤	AIi
冬	TUU	夂⠃⊙	TUu
咚	KTUY	口夂⠃⊙	KTUY
岽	MAIu	山七小⊙	MAIu
氡	RNTU	⺈乙夂⊙	RTUI
鸫	AIQg	七小勹一	AIQg
董	ATGf	艹丿一土	ATGf
懂	NATf	忄艹丿土	NATf
动	FCLn	二厶力⑥	FCEt
冻	UAIy	冫七小⊙	UAIy
侗	WMGK	亻门一口	WMGk
垌	FMGk	土门一口	FMGk
峒	MMGK	山门一口	MMGK
恫	NMGk	忄门一口	NMGk
栋	SAIy	木七小⊙	SAIy
洞	IMGK	氵门一口	IMGK
胨	EAIy	月七小⊙	EAIy
胴	EMGk	月门一口	EMGk
硐	DMGk	石门一口	DMGk

dou

都	FTJB	土丿日阝	FTJB
兜	QRNQ	匚白コ儿	RQNQ
蔸	AQRQ	艹匚白儿	ARQQ
篼	TQRQ	⸍匚白儿	TRQQ

抖	RUFH	扌二十①	RUFh	缎	XWDc	纟亻三又	XTHc	朵	MSu	几木⊙	WSU
斜	QUFh	钅二十①	QUFh	椴	SWDc	木亻三又	STHC	哚	KMSy	口几木⊙	KWSY
陡	BFHy	阝土止⊙	BFHy	煅	OWDc	火亻三又	OTHC	垛	FMSy	土几木⊙	FWSy
蚪	JUFH	虫二十①	JUFH	锻	QWDc	钅亻三又	QTHc	缍	XTGf	纟丿一土	XTGF
斗	UFK	二十⑩	UFk	簖	TONR	⺮米乙斤	TONR	躲	TMDS	丿目三木	TMDS
豆	GKUf	一口丷一	GKUf		**dui**			剁	MSJh	几木刂①	WSJh
逗	GKUP	一口丷辶	GKUP	堆	FWYg	土亻主⊖	FWYg	沲	ITBn	氵一也乙	ITBn
痘	UGKU	疒一口丷	UGKU	队	BWy	阝人⊙	BWy	柁	SPXn	木宀匕乙	SPXn
窦	PWFD	宀八十大	PWFD	对	CFy	又寸⊙	CFy	堕	BDEF	阝ナ月土	BDEF
	du			兑	UKQB	丷口儿⑧	UKQB	舵	TEPX	丿舟宀匕	TUPx
嘟	KFTB	口土丿阝	KFTB	怼	CFNu	又寸心③	CFNU	惰	NDAe	忄ナ工月	NDAe
督	HICH	上小又目	HICH	碓	DWYG	石亻主⊖	DWYG	跺	KHMs	口止几木	KHWS
毒	GXGU	⇂母一丷	GXU	憝	YBTN	古子攵心	YBTN		**e**		
读	YFNd	讠十乙大	YFNd	镦	QYBt	钅古子攵	QYBt	屙	NBSk	尸阝丁口	NBSk
渎	IFND	氵十乙大	IFND		**dun**			婀	VBSk	女阝丁口	VBSk
椟	SFNd	木十乙大	SFNd	吨	KGBn	口一山乙	KGBn	讹	YWXN	讠亻匕②	YWXN
犊	THGD	丿丨一大	THGD	敦	YBTy	古子攵⊙	YBTy	俄	WTRt	亻丿扌丿	WTRy
牍	TRFD	丿扌十大	CFNd	墩	FYBt	土古子攵	FYBt	娥	VTRt	女丿扌丿	VTRy
黩	LFOD	四土灬大	LFOD	礅	DYBt	石古子攵	DYBt	峨	MTRt	山丿扌丿	MTRy
髑	MELj	四月罒虫	MELj	蹲	KHUF	口止丷寸	KHUF	莪	ATRt	艹丿扌丿	ATRy
独	QTJy	犭丿虫⊙	QTJy	盹	HGBn	目一山乙	HGBn	锇	QTRT	钅丿扌丿	QTRY
笃	TCF	⺮马⊖	TCGf	趸	DNKh	厂乙口止	GQKh	鹅	TRNG	丿扌乙一	TRNG
堵	FFTj	土土丿日	FFTj	沌	IGBn	氵一山乙	IGBn	蛾	JTRt	虫丿扌丿	JTRy
赌	MFTJ	贝土丿日	MFTJ	炖	OGBN	火一山乙	OGBn	额	PTKM	宀攵口贝	PTKM
睹	HFTj	目土丿日	HFTj	盾	RFHd	厂十目⊜	RFHd	厄	DBV	厂巳⑧	DBV
芏	AFF	艹土⊖	AFF	砘	DGBn	石一山乙	DGBn	呃	KDBn	口厂巳②	KDBn
妒	VYNT	女⊙尸⑦	VYNT	钝	QGBN	钅一山乙	QGBN	扼	RDBn	扌厂巳②	RDBn
杜	SFG	木土⊖	SFG	顿	GBNM	一山乙贝	GBNM	苊	ADBb	艹厂巳⑧	ADBb
肚	EFG	月土⊖	EFg	遁	RFHP	厂十目辶	RFHP	轭	LDBn	车厂巳②	LDBn
度	YAci	广廿又③	OACi		**duo**			垩	GOGF	一业一土	GOFf
渡	IYAc	氵广廿又	IOac	多	QQu	夕夕⊙	QQu	恶	GOGN	一业一心	GONu
镀	QYAc	钅广廿又	QOAc	咄	KBMh	口山山①	KBMh	饿	QNTt	㇁乙丿丿	QNTY
蠹	GKHJ	一口丨虫	GKHJ	哆	KQQy	口夕夕⊙	KQQy	鄂	KKFB	口口二阝	KKFB
	duan			裰	PUCC	衤又又又	PUCC	谔	YKKN	讠口口乙	YKKN
端	UMDj	立山厂刂	UMdj	夺	DFu	大寸③	DFu	萼	AKKN	艹口口乙	AKKN
短	TDGu	丿大一丷	TDGu	铎	QCFh	钅又二丨	QCGh	愕	NKKn	忄口口乙	NKKn
段	WDMc	亻三几又	THDC	掇	RCCc	扌又又又	RCCc	遏	JQWP	日勹人辶	JQWp
断	ONrh	米乙斤①	ONrh	踱	KHYC	口止广又	KHOC	腭	EKKn	月口口乙	EKKn

五笔打字立体化教程（微课版）

100

锷	QKKN	钅口口乙	QKKN
鹗	KKFG	口口二一	KKFG
颚	KKFM	口口二贝	KKFM
垩	GKKK	王口口口	GKKK
鳄	QGKN	鱼一口乙	QGKn

ei

诶	YCTd	讠厶ノ大	YCTd

en

恩	LDNu	口大心③	LDNu
蒽	ALDN	艹口大心	ALDN
摁	RLDn	扌口大心	RLDN

er

儿	QTn	儿丿乙	QTn
而	DMJj	厂冂刂①	DMjj
鸸	DMJG	厂冂刂一	DMJG
鲕	QGDJ	鱼一厂刂	QGDJ
尔	QIU	ノ小③	QIu
耳	BGHg	耳一丨一	BGHg
迩	QIPi	ノ小辶③	QIPI
洱	IBG	氵耳⊖	IBG
饵	QNBG	ノ乙耳⊖	QNBG
珥	GBG	王耳⊖	GBG
铒	QBG	钅耳⊖	QBG
二	FGg	二一一	FGG
贰	AFMi	弋二贝③	AFMy

fa

发	NTCy	乙丿又、	NTCy
乏	TPI	丿之③	TPu
伐	WAT	亻戈①	WAY
垡	WAFF	亻伐土⊖	WAFF
罚	LYjj	罒讠刂①	LYjj
阀	UWAe	门亻戈③	UWAi
筏	TWAr	竹亻戈	TWAu
法	IFcy	氵土厶○	IFCy
砝	DFCY	石土厶○	DFCY
珐	GFCy	王土厶○	GFCy

fan

帆	MHMy	冂丨几、	MHWy
番	TOLf	丿米田⊖	TOLf

幡	MHTL	冂丨丿田	MHTL
翻	TOLN	丿米田羽	TOLN
藩	AITL	艹氵丿田	AITL
凡	MYi	几、③	WYI
矾	DMYy	石几、○	DWYy
钒	QMYY	钅几、○	QWYY
烦	ODMy	火厂贝○	ODMy
樊	SQQD	木乂乂大	SRRD
蕃	ATOl	艹丿米田	ATOl
燔	OTOl	火丿米田	OTOl
繁	TXGI	丿口一小	TXTI
蹯	KHTL	口止丿田	KHTL
蘩	ATXI	艹丿口小	ATXI
反	RCi	厂又③	RCi
返	RCPi	厂又辶③	RCPi
犯	QTBn	犭乙巳	QTBn
泛	ITPy	氵丿之○	ITPy
饭	QNRc	ノ乙厂又	QNRc
范	AIBb	艹氵巳③	AIBb
贩	MRcy	贝厂又○	MRCy
畈	LRCy	田厂又○	LRCy
梵	SSMy	木木几、	SSWy

fang

方	YYgn	方、一乙	YYgt
邡	YBH	方阝①	YBH
坊	FYN	土方②	FYt
芳	AYb	艹方③	AYr
枋	SYN	木方②	SYT
钫	QYN	钅方②	QYT
防	BYn	阝方②	BYT
妨	VYn	女方②	VYt
房	YNYv	、尸方③	YNYe
肪	EYN	月方②	EYt
鲂	QGYN	鱼一方②	QGYT
仿	WYN	亻方②	WYT
访	YYN	讠方②	YYT
纺	XYn	纟方②	XYt
舫	TEYN	丿舟方②	TUYT
放	YTy	方攵○	YTy

fei

飞	NUI	乙冫③	NUI
妃	VNN	女巳②	VNN
非	DJDd	三刂三⊖	HDhd
啡	KDJd	口三刂三	KHDD
绯	XDJD	纟三刂三	XHDd
菲	ADJd	艹三刂三	AHDd
扉	YNDD	、尸三三	YNHD
蜚	DJDJ	三刂三虫	HDHJ
霏	FDJD	雨三刂三	FHDd
鲱	QGDD	鱼一三三	QGHD
肥	ECn	月巴②	ECn
淝	IECn	氵月巴②	IECn
腓	EDJD	月三刂三	EHDd
匪	ADJD	匚三刂三	AHDD
诽	YDJd	讠三刂三	YHDd
悱	NDJD	忄三刂三	NHDD
斐	DJDY	三刂三文	HDHY
榧	SADD	木匚三三	SAHd
翡	DJDN	三刂三羽	HDHN
篚	TADD	竹匚三三	TAHd
芾	AGMh	艹一冂丨	AGMh
吠	KDY	口犬○	KDY
废	YNTY	广乙丿、	ONTy
沸	IXJh	氵弓刂丨	IXJh
狒	QTXj	犭丿弓刂	QTXJ
肺	EGMh	月一冂丨	EGMh
费	XJMu	弓刂贝③	XJMu
痱	UDJD	疒三刂三	UHDd
镄	QXJm	钅弓刂贝	QXJm

fen

分	WVb	八刀③	WVr
吩	KWVn	口八刀②	KWVt
纷	XWVn	纟八刀②	XWVt
芬	AWVb	艹八刀③	AWVr
玢	GWVn	王八刀②	GWVt
氛	RNWv	仁乙八刀	RWVe
酚	SGWv	西一八刀	SGWv
坟	FYy	土文○	FYY

汾	IWVn	氵八刀㇈	IWVt
芬	SSWv	木木八刀	SSWV
焚	SSOu	木木火㇀	SSOu
鼢	VNUV	白乙氵刀	ENUV
粉	OWvn	米八刀㇈	OWVt
份	WWVn	亻八刀㇈	WWVt
奋	DLF	大田㊀	DLF
忿	WVNU	八刀心㇀	WVNU
偾	WFAm	亻十卅贝	WFAm
愤	NFAm	忄十卅贝	NFAm
粪	OAWU	米卅八	OAWu
鲼	QGFM	鱼一十贝	QGFM
漢	IOLw	氵米田八	IOLw
feng			
丰	DHk	三丨㊂	DHK
风	MQi	几乂㊂	WRi
沣	IDHh	氵三丨①	IDHh
枫	SMQy	木几乂㊀	SWRy
封	FFFY	土土寸㊀	FFFY
疯	UMQi	疒几乂㊂	UWRi
砜	DMQY	石几乂㊀	DWRY
峰	MTDh	山夂三丨	MTDh
烽	OTdh	火夂三丨	OTDh
葑	AFFF	卅土土寸	AFFF
锋	QTDh	钅夂三丨	QTDh
蜂	JTDh	虫夂三丨	JTDh
鄷	DHDB	三丨三阝	MDHb
冯	UCg	冫马㊀	UCGg
逢	TDHp	夂三丨辶	TDHp
缝	XTDP	纟夂三辶	XTDP
讽	YMQy	讠几乂㊀	YWRy
唪	KDWh	口三人丨	KDWG
凤	MCi	几又㊂	WCI
奉	DWFh	三人二丨	DWGj
俸	WDWH	亻三人丨	WDWG
fo			
佛	WXJh	亻弓刂①	WXJh
fou			
缶	RMK	𠂉山⑩	TFBK

否	GIKf	一小口㊁	DHKF
fu			
夫	FWi	二人㊂	GGGY
呋	KFWy	口二人㊀	KGY
肤	EFWy	月二夫㊀	EGY
趺	KHFw	口止二人	KHGY
麸	GQFW	龸夕二人	GQGY
稃	TEBG	禾爫子㊀	TEBG
跗	KHWF	口止亻寸	KHWF
孵	QYTB	𠂢丶丿子	QYTB
敷	GEHT	一月丨攵	SYTY
弗	XJK	弓刂⑩	XJK
伏	WDY	亻犬㊀	WDY
凫	QYNM	勹丶乙几	QWB
孚	EBF	爫子㊁	EBF
扶	RFWy	扌二人㊀	RGY
芙	AFWU	卅二人㊀	AGU
怫	NXJh	忄弓刂①	NXJh
拂	RXJH	扌弓刂①	RXJH
服	EBcy	月卩又㊀	EBcy
绂	XDCy	纟犬又	XDCy
绋	XXJh	纟弓刂①	XXJh
苻	AWFU	卅亻寸	AWFU
俘	WEBg	亻爫子㊀	WEBg
氟	RNXj	气乙弓刂	RXJK
袚	PYDC	衤犬又	PYDY
罘	LGIu	罒一小	LDHu
茯	AWDu	卅亻犬㊂	AWDu
郛	EBBh	爫子阝	EBBh
浮	IEBg	氵爫子㊀	IEBg
砩	DXJh	石弓刂①	DXJh
莩	AEBF	卅爫子㊁	AEBf
蚨	JFWy	虫二人㊀	JGY
藲	AEBC	卅月子又	AEBC
涪	IUKg	氵立口㊀	IUKg
蜀	QGKL	勹一口田	QGKL
桴	SEBg	木爫子㊀	SEBg
符	TWFu	𥫗亻寸㊂	TWFu
舶	XJQc	弓刂乄巴	XJQc

袱	PUWD	衤冫亻犬	PUWD
幅	MHGl	冂丨一田	MHGl
福	PYGl	礻一田	PYGl
蜉	JEBg	虫爫子㊀	JEBg
辐	LGKl	车一口田	LGKl
幞	MHOy	冂丨业㊀	MHOg
蝠	JGKL	虫一口田	JGKL
黻	OGUC	业一丷又	OIDy
抚	RFQn	扌二儿㇈	RFQn
甫	GEHy	一月丨、	SGHY
府	YWFi	广亻寸㊂	OWFi
拊	RWFy	扌亻寸㊀	RWFy
斧	WQRj	八乂斤⑩	WRRj
俯	WYWf	亻广亻寸	WOWf
釜	WQFu	八乂干丷	WRFu
辅	LGEY	车一月、	LSY
腑	EYWf	月广亻寸	EOWf
滏	IWQu	氵八乂丷	IWRu
腐	YWFW	广亻寸人	OWFW
黼	OGUY	业一丷、	OISy
父	WQU	八乂	WRU
讣	YHY	讠卜㊀	YHY
付	WFY	亻寸㊀	WFY
妇	VVg	女彐㊀	VVg
负	QMu	勹贝㊂	QMu
附	BWFy	阝亻寸㊀	BWFy
咐	KWFy	口亻寸㊀	KWFy
阜	WNNF	丿㇕㇕十	TNFj
驸	CWFy	马亻寸㊀	CGWF
复	TJTu	𠂉日夂㊂	TJTu
赴	FHHi	土止卜㊂	FHHi
副	GKLj	一口田刂	GKLj
傅	WGEf	亻一月寸	WSFy
富	PGKl	宀一口田	PGKl
赋	MGAh	贝一弋止	MGAy
缚	XGEf	纟一月寸	XSfy
腹	ETJt	月𠂉日夂	ETJt
鲋	QGWf	鱼一寸	QGWF
赙	MGEf	贝一月寸	MSFy

101

蝮	JTJT	虫亠日夂	JTJt	赶	FHFK	土⻊干⑪	FHFK	镐	QYMk	钅亠冂口	QYMk
鲼	QGTT	鱼一亠夂	QGTT	敢	NBty	乙耳攵	NBty	藁	AYMS	艹亠冂木	AYMS
覆	STTt	西彳亠夂	STTt	感	DGKN	厂口心	DGKN	告	TFKF	丿土口㊀	TFKF
馥	TJTT	禾日亠夂	TJTT	澉	INBt	氵乙耳攵	INBT	诰	YTFK	讠丿土口	YTFK

ga

旮	VJF	九日㊀	VJF	橄	SNBt	木乙耳攵	SNBt	郜	TFKB	丿土口阝	TFKB
嘎	KDHa	口厂目戈	KDHa	擀	RFJf	扌十早干	RFJf	锆	QTFK	钅丿土口	QTFK
釓	QNN	钅乙㇆	QNN	旰	JFH	日干①	JFH				

ge

尜	IDIu	小大小㊀	IDIu	矸	DFH	石干①	DFH	戈	AGNT	戈一乙丿	AGNY
噶	KAJn	口艹日乙	KAJn	绀	XAFg	纟艹二㊀	XFG	圪	FTNn	土丿乙㇆	FTNN
尕	EIU	乃小㊀	BIU	淦	IQG	氵金㊀	IQG	纥	XTNN	纟丿乙㇆	XTNN
尬	DNWj	𠂇乙人刂	DNWj	赣	UJTm	立早夂贝	UJTm	疙	UTNv	疒丿乙⑧	UTNv

gai

gang

该	YYNW	讠亠乙人	YYNW	冈	MQI	冂乂㊂	MRi	哥	SKSk	丁口丁口	SKSK
陔	BBYN	阝亠乙人	BYNW	刚	MQJh	冂乂刂①	MRJh	胳	ETKg	月夂口㊀	ETKg
垓	FYNW	土亠乙人	FYNW	岗	MMQu	山冂乂㊂	MMRu	袼	PUTK	衤丿夂口	PUTK
赅	MYNw	贝亠乙人	MYNw	纲	XMqy	纟冂乂㊀	XMRy	鸽	WGKG	人一口一	WGKG
改	NTY	己攵㊀	NTy	肛	EAg	月工㊀	EAg	割	PDHJ	宀三刂	PDHJ
丐	GHNv	一卜乙⑧	GHNv	缸	RMAg	𠂉山工㊀	TFBA	搁	RUTk	扌门夂口	RUTk
钙	QGHn	钅一卜乙	QGHN	钢	QMQy	钅冂乂㊀	QMRy	歌	SKSW	丁口丁人	SKSw
盖	UGLf	䒑王皿㊀	UGLf	罡	LGHf	皿一止㊀	LGHf	阁	UTKd	门夂口㊂	UTKd
溉	IVCq	氵彐厶儿	IVAq	港	IAWN	氵共八巳	IAWN	革	AFj	廿申⑪	AFj
戤	ECLA	乃又皿戈	BCLA	杠	SAG	木工㊀	SAG	格	STkg	木夂口㊀	STkg
概	SVCq	木彐厶儿	SVAq	筻	TGJQ	⺮一日乂	TGJR	高	GKMH	一口冂丨	GKMH
				戆	UJTN	立早夂心	UJTN	葛	AJQn	艹日勹乙	AJQn

gan

gao

干	FGGH	干一一丨	FGGH	皋	RDFJ	白大十⑪	RDFJ	隔	BGKh	阝一口丨	BGKh
甘	AFD	艹二㊂	FGHG	羔	UGOu	䒑王灬㊀	UGOU	嗝	KGKH	口一口丨	KGKH
杆	SFH	木干①	SFH	高	YMkf	亠冂口㊀	YMKf	塥	FGKh	土一口丨	FGKh
肝	EFh	月干①	EFH	槔	SRDf	木白大十	SRDf	搿	RWGR	手人一手	RWGR
坩	FAFG	土艹二㊀	FFG	睾	TLFF	丿皿土十	TLFF	膈	EGKh	月一口丨	EGKh
泔	IAFg	氵艹二㊀	IFG	膏	YPKe	亠冖口月	YPKe	镉	QGKH	钅一口丨	QGKH
苷	AAFf	艹艹二㊀	AFF	蒿	TYMK	⺮亠冂口	TYMK	骼	METk	冂月夂口	METk
柑	SAFg	木艹二㊀	SFG	糕	OUGO	米䒑王灬	OUGO	哿	LKSK	力口丁口	EKSK
竿	TFJ	⺮干⑪	TFJ	杲	JSU	日木㊀	JSU	舸	TESk	丿舟丁口	TUSk
疳	UAFd	疒艹二㊂	UFD	搞	RYMk	扌亠冂口	RYmk	个	WHj	人丨⑪	WHj
酐	SGFH	西一干①	SGFH	缟	XYMk	纟亠冂口	XYMk	各	TKf	夂口㊀	TKf
尴	DNJL	尣乙刂皿	DNJI	槁	SYMK	木亠冂口	SYMK	虼	JTNn	虫丿乙㊁	JTNn
秆	TFH	禾干①	TFH	稿	TYMk	禾亠冂口	TYMk	硌	DTKg	石夂口㊀	DTKg
								铬	QTKg	钅夂口㊀	QTKg
								颌	WGKM	人一口贝	WGKM
								咯	KTKg	口夂口㊀	KTKg

佗	WTNn	亻𠂉乙(乙)	WTNN
gei			
给	XWgk	纟人一口	XWgk
gen			
根	SVEy	木彐𠄌(丶)	SVy
跟	KHVe	口止彐𠄌	KHVy
哏	KVEy	口彐𠄌(丶)	KVY
亘	GJGf	一日一㊁	GJGf
艮	VEI	彐𠄌(氵)	VNGY
茛	AVEu	艹彐𠄌(冫)	AVU
geng			
更	GJQi	一日乂(氵)	GJRi
庚	YVWi	广彐人(氵)	OVWi
耕	DIFj	三小二丨丨	FSFJ
赓	YVWM	广彐人贝	OVWM
羹	UGOD	丷王灬大	UGOD
哽	KGJq	口一日乂	KGJr
埂	FGJq	土一日乂	FGJR
绠	XGJq	纟一日乂	XGJr
耿	BOy	耳火(丶)	BOy
梗	SGJQ	木一日乂	SGJR
鲠	QGGQ	鱼一一乂	QGGR
gong			
工	Aaaa	工工工工	Aaaa
弓	XNGn	弓乙一乙	XNGn
公	WCu	八厶(冫)	WCu
功	ALn	工力(乙)	AEt
攻	ATy	工攵(丶)	ATy
供	WAWy	亻龷八(丶)	WAWy
肱	EDCy	月𠂇厶(丶)	EDCy
宫	PKkf	宀口口㊁	PKkf
恭	AWNU	龷八⺗(冫)	AWNU
蚣	JWCy	虫八厶(丶)	JWCy
躬	TMDX	丿门三弓	TMDX
龚	DXAw	尤匕龷八	DXYW
觥	QEIq	𠂊用⺌儿	QEIq
巩	AMYy	工几丶(丶)	AWYY
汞	AIU	工水(冫)	AIU
拱	RAWy	扌龷八(丶)	RAWy

珙	GAWy	王龷八(丶)	GAWy
共	AWu	龷八(冫)	AWu
贡	AMu	工贝(冫)	AMu
gou			
勾	QCI	勹厶(氵)	QCI
佝	WQKg	亻勹口㊀	WQKG
沟	IQCy	氵勹厶(丶)	IQcy
钩	QQCy	钅勹厶(丶)	QQcy
缑	XWNd	纟亻コ大	XWNd
篝	TFJF	𥫗二丨丨土	TAMF
鞲	AFFF	廿串二土	AFAF
岣	MQKg	山勹口㊀	MQKg
狗	QTQk	犭丿勹口	QTQk
苟	AQKF	艹勹口㊁	AQKF
枸	SQKg	木勹口㊀	SQKG
笱	TQKf	𥫗勹口㊁	TQKf
构	SQcy	木勹厶(丶)	SQcy
诟	YRGk	讠厂一口	YRGk
购	MQCy	贝勹厶(丶)	MQCy
垢	FRgk	土厂一口	FRgk
够	QKQQ	勹口夕夕	QKQQ
媾	VFJf	女二丨丨土	VAMf
彀	FPGC	士冖一又	FPGC
遘	FJGP	二丨丨一辶	AMFP
觏	FJGQ	二丨丨一儿	AMFQ
gu			
估	WDg	亻古㊀	WDg
咕	KDG	口古㊀	KDG
姑	VDg	女古㊀	VDg
孤	BRcy	子厂厶㇏	BRcy
沽	IDG	氵古㊀	IDG
轱	LDG	车古㊀	LDG
鸪	DQYG	古勹丶一	DQGg
菇	AVDf	艹女古㊁	AVDf
菰	ABRy	艹子厂㇏	ABRY
蛄	JDG	虫古㊀	JDG
觚	QERy	𠂊用厂㇏	QERy
辜	DUJ	古辛(丨丨)	DUj
酤	SGDG	西一古㊀	SGDG

毂	FPLc	士冖车又	FPLc
箍	TRAh	𥫗扌匚丨	TRAh
鹘	MEQg	冎月勹一	MEQG
古	DGHg	古一丨一	DGHg
汩	IJG	氵日㊀	IJG
诂	YDG	讠古㊀	YDG
谷	WWKf	八人口㊁	WWKf
股	EMCy	月几又(丶)	EWCy
牯	TRDG	丿扌古㊀	CDG
骨	MEf	冎月㊁	MEf
罟	LDF	罒古㊁	LDF
钴	QDG	钅古㊀	QDG
蛊	JLF	虫皿㊁	JLF
鹄	TFKG	丿土口一	TFKG
鼓	FKUC	士口丷又	FKUC
嘏	DNHc	古コ丨又	DNHc
臌	EFKC	月士口又	EFKC
瞽	FKUH	士口丷目	FKUH
固	LDD	囗古㊂	LDD
故	DTY	古攵(丶)	DTy
顾	DBdm	厂㔾丆贝	DBDm
崮	MLDf	山囗古㊁	MLDf
梏	STFK	木丿土口	STFK
牿	TRTK	丿扌丿口	CTFk
雇	YNWY	丶尸亻龶	YNWy
痼	ULDd	疒囗古㊂	ULDd
锢	QLDG	钅囗古㊀	QLDg
鲴	QGLD	鱼一囗古	QGLD
gua			
瓜	RCYi	厂厶㇏(氵)	RCYi
呱	KRCy	口厂厶㇏	KRCy
刮	TDJH	丿古刂(丨)	TDJH
胍	ERCy	月厂厶㇏	ERCy
鸹	TDQg	丿古勹一	TDQG
剐	KMWJ	口冂人刂	KMWJ
寡	PDEv	宀丆月刀	PDEv
卦	FFHY	土土卜(丶)	FFHY
诖	YFFG	讠土土㊀	YFFG
挂	RFFG	扌土土㊀	RFFG

字	码	拆	码	字	码	拆	码	字	码	拆	码
栝	STDG	木丿舌⊖	STDG	闺	UFFD	门土土㊂	UFFd	帼	MHLy	冂丨口、	MHLy
祻	PUFH	礻丷土卜	PUFH	硅	DFFg	石土土⊖	DFFG	掴	RLGY	扌口王、	RLGY
	guai			瑰	GRQc	王白儿厶	GRQc	虢	EFHM	四寸广儿	EFHW
乖	TFUx	丿十⺀匕	TFUx	鲑	QGFF	鱼一土土	QGFF	馘	UTHG	丷丿目一	UTHG
拐	RKLn	扌口力㊁	RKET	宄	PVB	宀九⑱	PVB	果	JSi	日木③	JSi
怪	NCfg	忄又土⊖	NCfg	轨	LVn	车九乙	LVn	椁	SYBg	木亠子⊖	SYBg
	guan			庋	YFCi	广十又③	OFCi	蜾	JJSy	虫日木❍	JJSy
关	UDu	丷大❍	UDU	匦	ALVv	匚车九⑱	ALVv	裹	YJSE	亠日木⾐	YJSE
观	CMqn	又门儿㊁	CMqn	诡	YQDb	讠⺈厂巴	YQDb	过	FPi	寸辶③	FPi
官	PNhn	宀㇆丨㇆	PNf	癸	WGDu	癶一大❍	WGDu	涡	IKMw	氵口冂人	IKMw
冠	PFQF	冖二儿寸	PFQF	鬼	RQCi	白儿厶③	RQCi		**ha**		
倌	WPNn	亻宀㇆㇆	WPNg	晷	JTHK	日夂卜口	JTHK	哈	KWGk	口人一口	KWGk
棺	SPNn	木宀㇆㇆	SPNg	簋	TVEL	⺮彐长皿	TVLf	铪	QWGK	钅人一口	QWGK
鳏	QGLI	鱼一罒水	QGLI	刽	WFCJ	人二厶刂	WFCJ	蛤	JWgk	虫人一口	JWgk
馆	QNPn	勹乙宀㇆	QNPn	刿	MQJH	山夕刂①	MQJH		**hai**		
管	TPnn	⺮宀㇆㇆	TPNf	柜	SANg	木匚㇆⊖	SANg	嗨	KITU	口氵⺽丷	KITX
贯	XFMu	㇀十贝❍	XMu	炅	JOU	日火❍	JOU	还	GIPi	一小辶③	DHpi
惯	NXFm	忄㇀十贝	NXM	贵	KHGM	口丨一贝	KHGM	孩	BYNW	子亠乙人	BYNw
掼	RXFm	扌㇀十贝	RXMy	桂	SFFg	木土土⊖	SFFg	骸	MEYw	冎月亠人	MEYw
涫	IPNn	氵宀㇆㇆	IPNg	跪	KHQB	口止⺈巴	KHQB	海	ITXu	氵⺽乛丷	ITXy
盥	QGII	臼一水皿	EILf	鳜	QGDW	鱼一厂人	QGDW	胲	EYNW	月亠乙人	EYNW
灌	IAKy	氵⺾口隹	IAKy	桧	SWFc	木人二厶	SWFc	醢	SGDL	酉一ナ皿	SGDL
鹳	AKKG	⺾口口一	AKKG		**gun**			亥	YNTW	亠乙丿人	YNTW
罐	RMAY	缶山⺾隹	TFBY	衮	UCEU	六厶⾐❍	UCEU	骇	CYNW	马亠乙人	CGYW
	guang			绲	XJXx	纟日比比	XJXx	害	PDhk	宀三丨口	PDhk
光	IQb	小儿⑱	IGqb	辊	LJxx	车日比比	LJxx	氦	RNYW	气乙亠人	RYNW
咣	KIQn	口小儿㊁	KIGq	滚	IUCe	氵六厶⾐	IUCe		**han**		
桄	SIQn	木小儿㊁	SIGQ	磙	DUCe	石六厶⾐	DUCe	顸	FDMY	干厂贝❍	FDMY
胱	EIQn	月小儿㊁	EIGq	鲧	QGTI	鱼一丿小	QGTI	蚶	JAFg	虫廿二⊖	JFG
广	YYGT	广、一丿	OYgt	棍	SJXx	木日比比	SJXx	酣	SGAF	酉一廿二	SGFg
犷	QTYT	犭丿广丿	QTOT		**guo**			憨	NBTN	乙耳攵心	NBTN
逛	QTGP	犭丿王辶	QTGP	呙	KMWU	口冂人❍	KMWU	鼾	THLF	丿目田干	THLF
	gui			埚	FKMw	土口冂人	FKMW	邗	FBH	干阝①	FBH
归	JVg	刂彐⊖	JVg	郭	YBBh	亠子阝①	YBBh	含	WYNK	人、乙口	WYNK
圭	FFF	土土⊖	FFF	崞	MYBg	山亠子⊖	MYBg	邯	AFBh	廿二阝①	FBH
妫	VYLy	女、力、	VYEy	聒	BTDg	耳丿舌⊖	BTDg	函	BIBk	了冫凵⑩	BIBk
龟	QJNb	夕日乙⑱	QJNb	锅	QKMw	钅口冂人	QKMw	晗	JWYK	日人、口	JWYK
规	FWMq	二人门儿	GMQn	蝈	JLGy	虫口王、	JLGy	涵	IBIb	氵了冫凵	IBIb
皈	RRCY	白厂又❍	RRCY	国	Lgyi	口王、③	Lgyi	焓	OWYk	火人、口	OWYk

字	码	拆	码
寒	PFJu	宀二川冫	PAWu
韩	FJFH	十早二丨	FJFH
罕	PWFj	冖八千①	PWFj
喊	KDGT	口厂一丿	KDGK
汉	ICy	氵又⊙	ICy
汗	IFH	氵干①	IFh
旱	JFJ	日干①	JFJ
悍	NJFh	忄日干①	NJFh
捍	RJFh	扌日干①	RJFH
焊	OJFh	火日干①	OJFh
菡	ABIB	艹了水凵	ABIB
颔	WYNM	人丶乙贝	WYNM
撖	RNBT	扌乙耳攵	RNBT
憾	NDGN	忄厂一心	NDGN
撼	RDGN	扌厂一心	RDGN
翰	FJWn	十早人羽	FJWn
瀚	IFJN	氵十早羽	IFJN

hang

字	码	拆	码
夯	DLB	大力⑩	DER
杭	SYMn	木亠几②	SYWn
绗	XTFH	纟彳二丨	XTGS
航	TEYm	丿舟亠几	TUYw
沆	IYMn	氵亠几②	IYWN
颃	YMDM	亠几厂贝	YWDm

hao

字	码	拆	码
蒿	AYMk	艹古冂口	AYMk
嚆	KAYk	口艹古口	KAYk
薅	AVDF	艹女厂寸	AVDF
蚝	JTFn	虫丿二乙	JEN
毫	YPTn	亠冖丿乙	YPEb
嗥	KRDf	口白大十	KRDF
豪	YPEU	亠冖豕⑤	YPGe
嚎	KYPe	口亠冖豕	KYPe
壕	FYPe	土亠冖豕	FYPe
濠	IYPe	氵亠冖豕	IYPe
好	VBg	女子⊖	VBg
郝	FOBh	土小阝①	FOBh
号	KGNb	口一乙⑩	KGnb
昊	JGDu	日一大⑤	JGDu

字	码	拆	码
浩	ITFK	氵丿土口	ITFK
耗	DITN	三小丿乙	FSEn
皓	RTFK	白丿土口	RTFK
颢	JYIM	日古小贝	JYIM
灏	IJYM	氵日古贝	IJYM

he

字	码	拆	码
诃	YSKg	讠丁口⊖	YSKg
呵	KSKg	口丁口⊖	KSKg
喝	KJQn	口日勹乙	KJQn
嗬	KAWK	口艹亻口	KAWK
禾	TTTt	禾禾禾禾	TTTt
合	WGKf	人一口⊖	WGKF
何	WSKg	亻丁口⊖	WSKg
劾	YNTL	亠乙丿力	YNTE
和	Tkg	禾口⊖	Tkg
河	ISKg	氵丁口⊖	ISKg
曷	JQWN	日勹人乙	JQWN
阂	UYNw	门亠乙人	UYNw
核	SYNW	木亠乙人	SYNw
盉	FCLF	土厶皿⊖	FCLf
荷	AWSK	艹亻丁口	AWSK
涸	ILDg	氵囗古⊖	ILDg
盒	WGKL	人一口皿	WGKL
菏	AISk	艹氵丁口	AISK
蚵	JSKg	虫丁口⊖	JSKg
貉	EETK	四勿夂口	ETKG
阖	UFCl	门土厶皿	UFCl
翮	GKMN	一口冂羽	GKMN
贺	LKMu	力口贝⑤	EKMu
褐	PUJN	衤乚曰乙	PUJN
赫	FOFo	土小土小	FOFo
鹤	PWYg	一亻圭一	PWYg
壑	HPGf	卜一宀土	HPGf

hei

字	码	拆	码
黑	LFOu	囗土灬⑤	LFOu
嘿	KLFo	口囗土灬	KLFo

hen

字	码	拆	码
痕	UVEi	疒彐⺀⑤	UVI

字	码	拆	码
狼	QTVe	犭丿彐⺀	QTVy
很	TVEy	彳彐⺀⊙	TVY
恨	NVey	忄彐⺀⊙	NVy

heng

字	码	拆	码
亨	YBJ	古了⑩	YBJ
哼	KYBh	口古了①	KYBh
恒	NGJg	忄一日一	NGJg
桁	STFH	木彳二丨	STGs
珩	GTFh	王彳二丨	GTGs
横	SAMw	木艹由八	SAMw
衡	TQDH	彳鱼大丨	TQDs
蘅	ATQH	艹彳鱼丨	ATQS

hong

字	码	拆	码
轰	LCCu	车又又⑤	LCCu
哄	KAWy	口艹八⊙	KAWy
訇	QYD	勹言⊜	QYD
烘	OAWy	火艹八⊙	OAWY
薨	ALPX	艹皿冖匕	ALPX
弘	XCY	弓厶⊙	XCy
红	XAg	纟工⊖	XAg
宏	PDCu	宀厂厶⑤	PDCu
闳	UDCi	门厂厶⑤	UDCi
泓	IXCy	氵弓厶⊙	IXCy
洪	IAWy	氵艹八⊙	IAWy
荭	AXAf	艹纟工⊖	AXAf
虹	JAg	虫工⊖	JAG
鸿	IAQG	氵工勹一	IAQg
蕻	ADAW	艹镸艹八	ADAW
黉	IPAw	灬冖艹八	IPAw
讧	YAG	讠工⊖	YAG

hou

字	码	拆	码
侯	WNTd	亻コ丿大	WNTd
喉	KWNd	口亻コ大	KWND
猴	QTWd	犭丿亻大	QTWd
瘊	UWNd	疒亻コ大	UWNd
篌	TWNd	⺮亻コ大	TWNd
糇	OWNd	米亻コ大	OWNd
骺	MERk	皿月厂口	MERk
吼	KBNn	口子乙②	KBNn

后	RGkd	厂一口㈢	RGkd
厚	DJBd	厂日子㈢	DJBd
後	TXTy	彳幺夕、	TXTY
逅	RGKP	厂一口辶	RGKP
候	WHNd	亻丨コ大	WHNd
堠	FWND	土亻コ大	FWNd
黉	IPQG	⺌宀鱼一	IPQG

hu

乎	TUHk	ノ丷丨⼐	TUFK
呼	KTuh	口丷丨	KTUf
忽	QRNu	勹夕心	QRNu
烀	OTUh	火丷丨	OTUf
轷	LTUH	车丷丨	LTUF
唿	KQRN	口勹夕心	KQRN
惚	NQRn	忄勹夕心	NQRn
滹	IHAH	氵虍七丨	IHTF
囫	LQRe	口勹夕◯	LQRe
弧	XRCy	弓厂厶、	XRCy
狐	QTRy	犭丿厂、	QTRy
胡	DEg	古月⊖	DEG
壶	FPOg	士冖业一	FPOf
斛	QEUf	夕用丶十	QEUf
湖	IDEg	氵古月⊖	IDEg
猢	QTDE	犭丿古月	QTDE
葫	ADEF	艹古月	ADEF
煳	ODEG	火古月⊖	ODEG
瑚	GDEg	王古月⊖	GDEg
鹕	DEQg	古月勹一	DEQg
槲	SQEF	木夕用十	SQEF
糊	ODEG	米古月⊖	ODEg
蝴	JDEg	虫古月⊖	JDEg
醐	SGDE	西一古月	SGDE
縠	FPGC	士冖一又	FPGC
虎	HAmv	虍七几◎	HWV
浒	IYTF	氵讠丿十	IYTF
唬	KHAM	口虍七几	KHWN
琥	GHAm	王虍七几	GHWn
互	GXgd	一⺕一㈢	GXd

户	YNE	、尸◎	YNE
冱	UGXg	冫一ㄅ一	UGXG
护	RYNt	扌、尸◎	RYNt
沪	IYNt	氵、尸◎	IYNt
岵	MDG	山古⊖	MDG
怙	NDG	忄古⊖	NDG
戽	YNUf	、尸丷十	YNUf
祜	PYDG	礻、古⊖	PYDG
笏	TQRr	⺮勹夕	TQRr
扈	YNKC	、尸口巴	YNKC
瓠	DFNY	大二乙、	DFNY
鹱	QYNC	勹、乙又	QGAC

hua

花	AWXb	艹亻匕⑥	AWXb
华	WXFj	亻匕十⊘	WXFj
哗	KWXf	口亻匕十	KWXf
骅	CWXf	马亻匕十	CGWF
铧	QWXf	钅亻匕十	QWXf
滑	IMEg	氵⺼月⊖	IMEg
猾	QTMe	犭丿⺼月	QTME
化	WXn	亻匕◎	WXn
划	AJh	戈刂①	AJh
画	GLbj	一田凵⑩	GLbj
话	YTDg	讠丿古⊖	YTDg
桦	SWXf	木亻匕十	SWXf
者	DHDF	三丨石⊖	DHDF

huai

怀	NGIy	忄一小、	NDHy
徊	TLKg	彳口口⊖	TLKg
淮	IWYg	氵亻圭⊖	IWYg
槐	SRQc	木白儿厶	SRQc
踝	KHJS	口止日木	KHJS
坏	FGIy	土一小、	FDHy

huan

欢	CQWy	又⺈人、	CQWy
獾	QTAY	犭丿艹圭	QTAY
环	GGIy	王一小、	GDHy
洹	IGJg	氵一日一	IGJg
桓	SGJG	木一日一	SGJG

崔	AWYF	艹亻圭⊖	AWYF
锾	QEFC	钅⚏二又	QEGC
寰	PLGe	宀⚏一⻌	PLGe
缳	XLGE	纟⚏一⻌	XLGE
鬟	DELe	镸彡⚏⻌	DELe
缓	XEFc	纟⚏二又	XEGC
幻	XNN	幺乙◎	XNN
奂	QMDu	夕冂大	QMDu
宦	PAHh	宀匚丨丨	PAHh
唤	KQMd	口夕冂大	KQMd
换	RQmd	扌夕冂大	RQmd
浣	IPFQ	氵宀二儿	IPFQ
涣	IQMd	氵夕冂大	IQMd
患	KKHN	口口丨心	KKHN
焕	OQMd	火夕冂大	OQMd
逭	PNHP	宀コ丨辶	PNPd
痪	UQMd	疒夕冂大	UQMd
豢	UDEu	丷大豖	UGGe
滠	IKKN	氵口口心	IKKN
鲩	QGPq	鱼一宀儿	QGPQ
擐	RLGE	扌⚏一⻌	RLGe
圜	LLGe	口⚏一⻌	LLGe

huang

肓	YNEF	亠乙月⊖	YNEF
荒	AYNQ	艹亠乙儿	AYNK
慌	NAYq	忄艹亠儿	NAYk
皇	RGF	白王⊖	RGF
凰	MRGd	几白王㈢	WRGD
隍	BRGg	阝白王⊖	BRGg
黄	AMWu	艹由八	AMWu
徨	TRGg	彳白王⊖	TRGg
惶	NRGG	忄白王⊖	NRGG
湟	IRGG	氵白王⊖	IRGG
遑	RGPd	白王辶㈢	RGPd
煌	ORgg	火白王⊖	ORGG
潢	IAMw	氵艹由八	IAMw
璜	GAMW	王艹由八	GAMW
篁	TRGF	⺮白王⊖	TRGF
蝗	JRgg	虫白王⊖	JRGG

字	码	拆分	码
癀	UAMw	疒卄由八	UAMw
磺	DAMw	石卄由八	DAMW
簧	TAMW	竹卄由八	TAMw
蟥	JAMw	虫卄由八	JAMw
鳇	QGRg	鱼一白王	QGRg
恍	NIQn	忄⺌儿乙	NIGq
晃	JIqb	日⺌儿⊗	JIgq
谎	YAYq	讠卄亠儿	YAYk
幌	MHJQ	冂丨日儿	MHJQ

hui

字	码	拆分	码
灰	DOu	厂火〇	DOU
诙	YDOy	讠厂火〇	YDOy
咴	KDOy	口厂火〇	KDOy
恢	NDOy	忄厂火〇	NDOy
挥	RPLh	扌宀车①	RPLh
虺	GQJI	一儿虫③	GQJI
晖	JPLH	日宀车①	JPLH
辉	IQPL	⺌儿宀车	IGQL
麾	YSSN	广木木乙	OSSE
徽	TMGT	彳山一攵	TMGT
隳	BDAN	阝ナ工小	BDAN
回	LKD	口口⊖	LKd
洄	ILKg	氵口口⊖	ILKg
茴	ALKF	艹口口⊖	ALKF
蛔	JLKg	虫口口⊖	JLKg
悔	NTXu	忄⺧母〇	NTXy
卉	FAJ	十艹⑪	FAJ
汇	IAN	氵匚②	IAN
会	WFcu	人二厶〇	WFCu
讳	YFNH	讠二乙丨	YFNH
哕	KMQy	口山夕〇	KMQy
浍	IWFC	氵人二厶	IWFc
绘	XWFc	纟人二厶	XWFc
荟	AWFC	艹人二厶	AWFC
海	YTXu	讠⺧母〇	YTXy
恚	FFNU	土土心〇	FFNU
烩	OWFc	火人二厶	OWFc
贿	MDEg	贝ナ月⊖	MDEg
彗	DHDV	三丨三彐	DHDV

字	码	拆分	码
晦	JTXu	日⺧母〇	JTXy
秽	TMQy	禾山夕〇	TMQy
喙	KXEy	口彑豖〇	KXEy
惠	GJHn	一日丨心	GJHn
缋	XKHm	纟口丨贝	XKHM
毁	VAmc	白工几又	EAWc
慧	DHDn	三丨三心	DHDn
蕙	AGJn	艹一日心	AGJn
蟪	JGJN	虫一日心	JGJN

hun

字	码	拆分	码
昏	QAJF	氏七日⊖	QAJF
荤	APLJ	艹冖车⑪	APLj
婚	VQaj	女氏七日	VQaj
阍	UQAj	门氏七日	UQAJ
浑	IPLh	氵冖车①	IPLh
珲	GPLh	王冖车①	GPLh
馄	QNJX	⺈乙日匕	QNJX
魂	FCRc	二厶白厶	FCRc
诨	YPLh	讠冖车①	YPLh
混	IJXx	氵日匕匕	IJXx
溷	ILEY	氵口豕〇	ILGE

huo

字	码	拆分	码
耠	DIWk	三小人口	FSWk
锪	QQRn	钅勹夕心	QQRn
劐	AWYJ	艹亻圭刂	AWYJ
镬	QAWC	钅艹亻又	QAWC
藿	AFWY	艹雨亻圭	AFWY
豁	PDHk	宀三丨口	PDHk
攉	RFWY	扌雨亻圭	RFWy
活	ITDg	氵丿古⊖	ITDg
火	OOOo	火火火火	OOOo
伙	WOy	亻火〇	WOy
钬	QOY	钅火〇	QOY
夥	JSQq	日木夕夕	JSQq
或	AKgd	戈口一⊖	AKgd
货	WXMu	亻匕贝〇	WXMu
获	AQTd	艹犭丿犬	AQTD
祸	PYKW	礻、口人	PYKW
惑	AKGN	戈口一心	AKGN

字	码	拆分	码
霍	FWYF	雨亻圭⊖	FWYF
镬	QAWC	钅艹亻又	QAWc
嚯	KFWY	口雨亻圭	KFWy
蠖	JAWC	虫艹亻又	JAWC

ji

字	码	拆分	码
开	GJK	一刂⑩	GJK
讥	YMN	讠几②	YWN
击	FMK	二山⑩	GBk
叽	KMN	口几②	KWN
饥	QNMn	⺈乙几②	QNWn
乩	HKNn	⊢口乙②	HKNn
圾	FEyy	土乃\〇	FBYY
机	SMn	木几②	SWn
玑	GMN	王几②	GWN
肌	EMn	月几②	EWN
芨	AEYu	艹乃\〇	ABYu
矶	DMN	石几②	DWN
鸡	CQYg	又勹、一	CQGg
咭	KFKG	口士口⊖	KFKG
迹	YOPi	二小辶③	YOPi
剞	DSKJ	大丁口刂	DSKJ
唧	KVCB	口ヨ厶卩	KVBh
姬	VAHh	女匚丨丨	VAHh
屐	NTFC	尸彳十又	NTFC
积	TKWy	禾口八〇	TKWy
笄	TGAJ	竹一廾⑪	TGAJ
基	ADwf	艹三八土	DWFf
绩	XGMy	纟龶贝〇	XGMy
稘	TDNM	禾广乙山	TDNM
犄	TRDk	丿扌大口	CDSk
缉	XKBg	纟口耳⊖	XKBg
赍	FWWm	十人人贝	FWWm
畸	LDSk	田大丁口	LDSk
跻	KHYJ	口止文刂	KHYJ
箕	TADw	竹艹三八	TDWu
畿	XXAl	幺幺戈田	XXAl
稽	TDNJ	禾广乙日	TDNJ
齑	YDJJ	文三刂刂	YDJJ
蟿	GJFF	一日十土	LBWf

激	IRYT	氵白方攵	IRYT
羁	LAFc	皿廿串马	LAFg
及	EYi	乃丶③	BYi
吉	FKf	士口⊖	FKf
炎	MEYU	山乃丶	MBYu
汲	IEYy	氵乃丶⊙	IBYY
级	XEYy	纟乃丶⊙	XByy
即	VCBh	ヨ厶卩①	VBH
极	SEyy	木乃丶⊙	SBYy
亟	BKCg	了口又一	BKCg
佶	WFKG	亻士口⊖	WFKG
急	QVNu	⺈彐心③	QVNu
笈	TEYU	⺮乃丶	TBYU
疾	UTDi	疒⊥大③	UTDi
戢	KBNT	口耳乙丿	KBNY
棘	GMII	一门小小	SMSm
殛	GQBg	一夕了一	GQBg
集	WYSu	亻圭木③	WYSu
嫉	VUTd	女疒⊥大	VUTd
楫	SKBg	木口耳⊖	SKBg
蒺	AUTd	⺿疒⊥大	AUTd
辑	LKBg	车口耳⊖	LKBg
瘠	UIWe	疒⺀人月	UIWe
戟	AKBT	⺾口耳丿	AKBY
籍	TDIJ	⺮三小日	TFSj
几	MTN	几⊥乙	WTN
己	NNGn	己乙一乙	NNGn
虮	JMN	虫几②	JWN
挤	RYJh	扌文刂①	RYJh
脊	IWEf	⺀人月⊖	IWEf
掎	RDSk	扌大丁口	RDSk
戟	FJAt	十早戈丿	FJAy
嶷	MIWe	山⺀人月	MIWe
麂	YNJM	广彐几	OXXW
计	YFh	讠十①	YFh
记	YNn	讠己②	YNn
伎	WFCY	亻十又⊙	WFCY
纪	XNn	纟己②	XNn
妓	VFCy	女十又⊙	VFCy

忌	NNU	己心③	NNU
技	RFCy	扌十又⊙	RFCy
芰	AFCU	⺾十又③	AFCU
际	BFIy	阝二小⊙	BFIy
剂	YJJH	文刂刂①	YJJH
季	TBf	禾子⊖	TBF
唶	KYJh	口文刂①	KYJh
既	VCAq	ヨ厶匸儿	VAqn
洎	ITHG	氵丿目⊖	ITHG
济	IYJh	氵文刂①	IYJh
继	XOnn	纟米乙	XOnn
觊	MNMQ	山己门儿	MNMq
寂	PHic	宀上小又	PHic
寄	PDSk	宀大丁口	PDSk
悸	NTBg	忄禾子⊖	NTBg
祭	WFIu	夕⼆小③	WFIu
蓟	AQGJ	⺾鱼一刂	AQGj
暨	VCAG	ヨ厶匸一	VAQg
跽	KHNN	口止己心	KHNN
霁	FYJj	雨文刂⑪	FYJJ
鲚	QGYJ	鱼一文刂	QGYJ
稷	TLWt	禾田八夂	TLWt
鲫	QGVB	鱼一ヨ卩	QGVb
冀	UXLw	ⅱ北田八	UXLw
髻	DEFK	镸彡士口	DEFK
骥	CUXw	马⅟北八	CGUw
诘	YFKg	讠士口⊖	YFKg
藉	ADIj	⺾三小日	AFSj
荠	AYJJ	⺾文刂⑪	AYJJ

jia

加	LKg	力口⊖	EKg
夹	GUWi	一⅟人③	GUDi
伽	WLKg	亻力口⊖	WEKg
佳	WFFG	亻土土⊖	WFFg
迦	LKPd	力口辶⊴	EKPd
枷	SLKg	木力口⊖	SEKg
决	IGUw	冫一⅟人	IGUD
珈	GLKg	王力口⊖	GEKg
家	PEu	宀豕③	PGeu

痂	ULKD	疒力口⊜	UEKD
笳	TLKF	⺮力口⊜	TEKf
袈	LKYe	力口⼀衣	EKYe
袷	PUWK	衤⼀人口	PUWK
葭	ANHC	⺾彐 又	ANHC
跏	KHLK	口止力口	KHEK
嘉	FKUK	士口⅟口	FKUK
镓	QPEy	钅宀豕⊙	QPGE
岬	MLH	山甲①	MLH
郏	GUWB	一⅟人阝	GUDB
荚	AGUW	⺾一⅟人	AGUD
恝	DHVN	三丨刀心	DHVN
戛	DHAr	厂目戈②	DHAu
铗	QGUW	钅一⅟人	QGUD
蛱	JGUw	虫一⅟人	JGUd
颊	GUWM	一⅟人贝	GUDM
甲	LHNH	甲⊥乙丨	LHNH
胛	ELH	月甲①	ELH
贾	SMU	西贝③	SMu
钾	QLH	钅甲①	QLH
瘕	UNHc	疒彐丨又	UNHC
价	WWJh	亻八刂①	WWJh
驾	LKCf	力口马⊜	EKCg
架	LKSu	力口木③	EKSu
假	WNHc	亻彐丨又	WNHc
嫁	VPEy	女宀豕⊙	VPGe
稼	TPEy	禾宀豕⊙	TPGe

jian

戋	GGGT	戋一一丿	GAI
尖	IDu	小大③	IDu
奸	VFH	女干①	VFH
坚	JCFf	ⅱ又土⊖	JCff
歼	GQTf	一夕丿十	GQTF
间	UJd	门日⊜	UJd
肩	YNED	丶尸月⊜	YNED
艰	CVey	又彐⼮	CVy
兼	UVOu	⅟彐⺌③	UVJw
监	JTYL	ⅱ丿丶皿	JTYL
笺	TGR	⺮戋②	TGAu

菅	APNN	艹宀ココ	APNf
湔	IUEj	氵丷月刂	IUEj
犍	TRVp	丿扌彐廴	CVGp
缄	XDGt	纟厂一丿	XDGk
搛	RUVO	扌丷彐灬	RUVW
煎	UEJO	丷月刂灬	UEJO
缣	XUVo	纟丷彐灬	XUVw
蒹	AUVo	艹丷彐灬	AUVw
鲣	QGJF	鱼一刂土	QGJF
鹣	UVOG	丷彐灬一	UVJG
鞯	AFAb	廿甲艹子	AFAb
囝	LBd	口子⑨	LBd
拣	RANW	扌七乙八	RANW
枧	SMQN	木门儿⑩	SMQn
俭	WWGI	亻人一丷	WWGG
崡	GLIi	一囗小⑤	SLd
茧	AJU	艹虫⑥	AJU
捡	RWGI	扌人一丷	RWGg
笕	TMQB	⺮门儿⑩	TMQB
减	UDGt	冫厂一丿	UDGk
剪	UEJV	丷月刂刀	UEJV
检	SWgi	木人一丷	SWGg
趼	KHGA	口止一廾	KHGA
睑	HWGI	目人一丷	HWGG
碱	DWGI	石人一丷	DWGG
裥	PUUJ	衤丬门日	PUUJ
锏	QUJG	钅门日一	QUJG
简	TUJf	⺮门日土	TUJf
谫	YUEv	讠丷月刀	YUEv
戬	GOGA	一业一戈	GOJA
碶	DDGt	石厂一丿	DDGk
翦	UEJN	丷月刂羽	UEJN
謇	PFJY	宀二刂言	PAWY
蹇	PFJH	宀二刂止	PAWH
见	MQB	门儿⑩	MQb
件	WRHh	亻一丨①	WTGh
建	VFHP	彐二丨廴	VGpk
饯	QNGT	饣乙戋⑩	QNGa
剑	WGIj	人一丷刂	WGIj

伞	WARh	亻戈二丨	WAYg
荐	ADHb	艹广丨子	ADHb
贱	MGT	贝戋丿	MGAy
健	WVFp	亻彐二廴	WVGp
涧	IUJG	氵门日一	IUJG
舰	TEMQ	丿舟门儿	TUMq
渐	ILrh	氵车斤①	ILRh
谏	YGLi	讠一囗小	YSLg
楗	SVFP	木彐二廴	SVGp
踺	TFNP	丿二乙廴	EVGP
溅	IMGT	氵贝戋丿	IMGA
腱	EVFP	月彐二廴	EVGp
践	KHGt	口止戋丿	KHGa
鉴	JTYQ	刂⺊、金	JTYq
键	QVFP	钅彐二廴	QVGP
僭	WAQJ	亻匚儿日	WAQJ
槛	SJTl	木刂⺊皿	SJTl
箭	TUEj	⺮丷月刂	TUEj
踺	KHVP	口止彐廴	KHVP

jiang

江	IAg	氵工⊖	IAg
姜	UGVf	丷王女⊖	UGVf
将	UQFy	丬夕寸	UQFy
茳	AIAf	艹氵工⊖	AIAf
浆	UQIu	丬夕水⑥	UQIu
豇	GKUA	一口丷工	GKUA
僵	WGLg	亻一田一	WGLg
缰	XGLg	纟一田一	XGLg
礓	DGLg	石一田一	DGLg
疆	XFGg	弓土一一	XFGG
讲	YFJh	讠二刂①	YFJh
奖	UQDu	丬夕大⑥	UQDu
桨	UQSu	丬夕木⑥	UQSu
蒋	AUQf	艹丬夕寸	AUQf
耩	DIFF	三小二土	FSAF
匠	ARk	匚斤⑩	ARK
降	BTah	阝夂匚丨	BTgh
洚	ITAh	氵夂匚丨	ITGh
绛	XTAH	纟夂匚丨	XTGh

酱	UQSG	丬夕西一	UQSG
犟	XKJH	弓口虫丨	XKJG
糨	OXkj	米弓口虫	OXKj

jiao

艽	AVB	艹九⑩	AVB
交	UQu	六乂⑥	URu
郊	UQBh	六乂阝①	URBh
姣	VUQy	女六乂	VURy
娇	VTDJ	女丿大刂	VTDJ
浇	IATq	氵七丿儿	IATq
茭	AUQU	艹六乂⑥	AURu
骄	CTDJ	马丿大刂	CGTj
胶	EUqy	月六乂	EUry
椒	SHIc	木上小又	SHIc
焦	WYOu	亻圭灬⑥	WYOu
蛟	JUqy	虫六乂	JURy
跤	KHUQ	口止六乂	KHUR
僬	WWYO	亻亻圭灬	WWYO
鲛	QGUQ	鱼一六乂	QGUR
蕉	AWYo	艹亻圭灬	AWYO
礁	DWYo	石亻圭灬	DWYO
鹪	WYOG	亻圭灬一	WYOG
角	QEj	夕用⑪	QEj
佼	WUQy	亻六乂	WURy
侥	WATQ	亻七丿儿	WATq
狡	QTUq	犭丿六乂	QTUr
绞	XUQy	纟六乂	XURy
饺	QNUQ	饣乙六乂	QNUR
皎	RUQy	白六乂	RURy
轿	TDTJ	⺧大丿刂	TDTJ
脚	EFCB	月土厶卩	EFCB
铰	QUQy	钅六乂	QURy
搅	RIPQ	扌丷冖儿	RIPQ
剿	VJSJ	巛日木刂	VJSJ
敫	RYTY	白方攵	RYTY
徼	TRYt	彳白方攵	TRYt
缴	XRYt	纟白方攵	XRYt
叫	KNhh	口乙丨①	KNhh
峤	MTDJ	山丿大刂	MTDJ

字	编码	字根	编码
轿	LTDj	车丿大丿	LTDj
较	LUqy	车六乂〇	LUry
教	FTBT	土丿子攵	FTBT
窖	PWTK	宀八丿口	PWTK
酵	SGFB	西一土子	SGFB
醮	SGWO	西一亻灬	SGWO
嚼	KELf	口四皿寸	KELf
jie			
阶	BWJh	阝人丿丨	BWJh
疖	UBK	疒卩⑩	UBK
皆	XXRf	匕匕白	XXRf
接	RUVg	扌立女〇	RUVg
秸	TFKG	禾士口〇	TFKG
喈	KXXR	口匕匕白	KXXR
嗟	KUDA	口丷尹工	KUAg
揭	RJQn	扌日勹乙	RJQn
街	TFFH	彳土土丨	TFFS
孑	BNHG	了乙丨一	BNHG
节	ABj	艹卩⑩	ABj
讦	YFH	讠干⑪	YFH
劫	FCLN	土厶力⑩	FCET
杰	SOu	木灬〇	SOu
拮	RFKg	扌士口〇	RFKg
洁	IFKg	氵士口〇	IFKg
结	XFkg	纟士口〇	XFkg
桀	QAHS	夕匚丨木	QGSu
捷	RGVh	扌一彐止	RGVh
婕	VGVh	女一彐止	VGVh
偈	WJQn	亻日勹乙	WJQn
颉	FKDm	士口厂贝	FKDm
睫	HGVh	目一彐止	HGVh
截	FAWy	十戈亻圭	FAWY
碣	DJQn	石日勹乙	DJQn
竭	UJQN	立日勹乙	UJQN
鲒	QGFK	鱼一士口	QGFK
羯	UDJN	丷尹日乙	UJQN
姐	VEGg	女目一〇	VEgg
解	QEVh	勹用刀丨	QEVg
介	WJj	人丿⑩	WJj

字	编码	字根	编码
戒	AAK	戈廾⑩	AAK
芥	AWJj	艹人丿⑩	AWJj
届	NMd	尸由㊦	NMd
界	LWJj	田人丿⑩	LWJj
疥	UWJk	疒人丿⑩	UWJk
诫	YAAH	讠戈廾⑩	YAAh
借	WAJg	亻廿日〇	WAJg
蚧	JWJh	虫人丿⑩	JWJh
骱	MEWj	凹月人丿	MEWJ
jin			
巾	MHK	冂丨⑩	MHK
今	WYNB	人、乙⑧	WYNb
斤	RTTh	斤丿丿丨	RTTh
金	QQQq	金金金金	QQQq
津	IVFH	氵彐二丨	IVGH
矜	CBTN	乛卩丿乙	CNHN
衿	PUWN	衤冫人乙	PUWN
筋	TELB	⺮月力⑧	TEER
襟	PUSi	衤冫木小	PUSi
仅	WCY	亻又〇	WCY
卺	BIGB	了㐅一巳	BIGB
紧	JCxi	刂又幺小	JCXi
堇	AKGF	廿口⺕	AKGF
谨	YAKg	讠廿口⺕	YAKg
锦	QRMh	钅白冂丨	QRMh
廑	YAKG	广廿口⺕	OAKg
馑	QNAG	夕乙廿⺕	QNAG
槿	SAKg	木廿口⺕	SAKg
瑾	GAKG	王廿口⺕	GAKG
尽	NYUu	尸丶丶〇	NYUu
劲	CALn	乛工力⑩	CAEt
进	FJpk	二刂辶⑩	FJPk
近	RPk	斤辶⑩	RPk
妗	VWyn	女人、乙	VWyn
芛	ANYU	艹尸丶丶	ANYU
晋	GOGJ	一业一日	GOJf
浸	IVPc	氵彐冖又	IVPc
烬	ONYu	火尸丶丶	ONYu
赆	MNYu	贝尸丶丶	MNYu

字	编码	字根	编码
缙	XGOJ	纟一业日	XGOj
禁	SSFi	木木二小	SSFi
靳	AFRh	廿中斤⑪	AFRh
觐	AKGQ	廿口⺕儿	AKGQ
噤	KSSI	口木木小	KSSI
jing			
茎	ACAf	艹乛工㊦	ACAf
京	YIU	亠小〇	YIU
泾	ICAg	氵乛工〇	ICAg
经	Xcag	纟乛工〇	XCAg
荆	AGAj	艹一廾刂	AGAj
惊	NYIY	忄亠小〇	NYIY
旌	YTTG	方⠂丿⺀	YTTG
菁	AGEF	艹一龶月	AGEf
晶	JJJf	日日日	JJJf
腈	EGEG	月一龶月	EGEG
晴	HGeg	日一龶月	HGeg
粳	OGJq	米一日乂	OGJr
兢	DQDq	古儿古儿	DQDq
精	OGEg	米一龶月	OGEG
鲸	QGYi	鱼一亠小	QGYi
井	FJK	二刂⑩	FJK
阱	BFJh	阝二刂⑪	BFJh
刭	CAJH	乛工刂⑪	CAJH
胼	EFJh	月二刂⑪	EFJh
颈	CADm	乛工厂贝	CADm
景	JYIu	日亠小〇	JYIu
儆	WAQT	亻艹勹攵	WAQt
憬	NJYi	忄日亠小	NJYi
警	AQKY	艹勹口言	AQKy
净	UQVh	冫勹彐丨	UQVh
弪	XCAG	弓乛工〇	XCAG
径	TCAg	彳乛工〇	TCAg
迳	CAPd	乛工辶㊦	CAPd
胫	ECAg	月乛工〇	ECAg
痉	UCAd	疒乛工㊦	UCAd
竞	UKQB	立口儿⑧	UKQb
婧	VGEg	女一龶月	VGEg
竟	UJQb	立日儿⑧	UJQb

字	码	拆分	码
敬	AQKt	艹勹口攵	AQKT
靓	GEMq	主月门儿	GEMq
靖	UGEg	立主月⊖	UGEg
境	FUJq	土立日儿	FUJq
獍	QTUQ	犭丿立儿	QTUQ
静	GEQh	主月刀丨	GEQh
镜	QUJq	钅立日儿	QUJq

jiong

迥	MKPd	门口辶⊜	MKPd
扃	YNMK	、尸门口	YNMK
炯	OMKg	火门口⊖	OMKg
窘	PWVK	宀八ヨ口	PWVK

jiu

纠	XNHh	纟乙丨①	XNHh
究	PWVb	宀八九⑥	PWVb
鸠	VQYG	九勹、一	VQGg
赳	FHNH	土止乙丨	FHNH
阄	UQJn	门勺日乙	UQJn
啾	KTOy	口禾火⊙	KTOy
揪	RTOy	扌禾火⊙	RTOY
鬏	DETO	镸彡禾火	DETO
九	VTn	九丿乙	VTn
久	QYi	丿乀⑤	QYi
灸	QYOu	丿乀火⑤	QYOu
玖	GQYy	王丿乀、	GQYy
韭	DJDG	三刂三一	HDHG
酒	ISGG	氵酉一⊖	ISGG
旧	HJg	丨日⊖	HJg
臼	VTHg	白丿丨一	ETHg
咎	THKf	夂卜口⊖	THKf
疚	UQYi	疒丿乀⑤	UQYi
柩	SAQY	木匚勹乀	SAQy
柏	SVG	木臼⊖	SEG
厩	DVCq	厂ヨム儿	DVAq
救	FIYT	十氺、夂	GIYT
就	YIdn	亠小尤乙	YIdy
舅	VLLb	臼田力⑧	ELEr
僦	WYIn	亻亠小乙	WYIY
鹫	YIDG	亠小尤一	YIDG

ju

苴	AEGf	艹且一⊖	AEGf
驹	CQKg	马勹口⊖	CGQk
居	NDd	尸古⊜	NDd
狙	QTEG	犭丿且一	QTEg
拘	RQKg	扌勹口⊖	RQKg
疽	UEGd	疒且一⊖	UEGd
掬	RQOy	扌勹米⊙	RQOy
据	SNDg	木尸古⊖	SNDg
琚	GNDg	王尸古⊖	GNDg
锔	QNNK	钅尸乙口	QNNK
裾	PUND	衤丶尸古	PUND
雎	EGWy	目一亻主	EGWy
鞠	AFQo	廿串勹米	AFQO
鞫	AFQY	廿串勹言	AFQY
局	NNKd	尸乙口⊜	NNKd
桔	SFKg	木士口⊖	SFKg
菊	AQOu	艹勹米⑥	AQOu
橘	SCBK	木マ卩口	SCNK
咀	KEGg	口且一⊖	KEGg
沮	IEGg	氵且一⊖	IEGg
举	IWFh	丷八二丨	IGWG
矩	TDAn	𠂉大匚㇇	TDAn
莒	AKKF	艹口口⊖	AKKF
榉	SIWh	木丷八丨	SIGg
椇	TDAS	𠂉大匚木	TDAS
齟	HWBG	止人凵一	HWBG
踽	KHTY	口止丿丶	KHTY
句	QKD	勹口⊜	QKD
巨	AND	匚㇆⊜	AND
讵	YANG	讠匚㇆⊖	YANG
拒	RANg	扌匚㇆⊖	RANg
苣	AANf	艹匚㇆⊖	AANf
具	HWu	且八⑥	HWu
炬	OANg	火匚㇆⊖	OANg
钜	QANg	钅匚㇆⊖	QANG
俱	WHWy	亻且八⊙	WHWy
倨	WNDg	亻尸古⊖	WNDg
剧	NDJh	尸古刂①	NDJh

惧	NHWy	忄且八⊙	NHWy
据	RNDg	扌尸古⊖	RNDg
距	KHAn	口止匚㇆	KHAn
锯	TRHW	丿扌且八	CHwy
飓	MQHw	几乂且八	WRHw
锯	QNDg	钅尸古⊖	QNDg
窭	PWOv	宀八米女	PWOv
聚	BCTi	耳又丿水	BCIu
屦	NTOV	尸彳米女	NTOV
踞	KHND	口止尸古	KHND
遽	HAEp	广七豕辶	HGEP
醵	SGHE	酉一广豕	SGHE

juan

涓	IKEg	氵口月⊖	IKEg
捐	RKEg	扌口月⊖	RKEg
娟	VKEg	女口月⊖	VKEg
鹃	KEQg	口月勹一	KEQg
镌	QWYE	钅亻主乃	QWYB
蠲	UWLJ	丷八皿虫	UWLJ
卷	UDBB	丷大巳⑧	UGBb
锩	QUDB	钅丷大巳	QUGB
倦	WUDb	亻丷大巳	WUGB
桊	UDSu	丷大木⑥	UGSu
狷	QTKE	犭丿口月	QTKE
绢	XKEg	纟口月⊖	XKEg
隽	WYEB	亻主乃⑧	WYBr
眷	UDHF	丷大目⊖	UGHF
鄄	SFBh	西土阝①	SFBh

jue

噘	KDUw	口厂丷人	KDUW
撅	RDUW	扌厂丷人	RDUW
孑	BYI	了乀⑤	BYI
决	UNwy	冫㇆人⊙	UNWy
诀	YNWY	讠㇆人⊙	YNWY
抉	RNWY	扌㇆人⊙	RNWy
珏	GGYy	王王、⊙	GGYy
绝	XQCn	纟⺈巴②	XQCn
觉	IPMQ	丷冖冂儿	IPMq
倔	WNBm	亻尸山⑩	WNBm

汉字	编码	拆分	编码
崛	MNBM	山尸凵山	MNBM
掘	RNBM	扌尸凵山	RNBm
楗	SQEh	木⺈用①	SQEh
觖	QENw	⺈用乙人	QENw
厥	DUBw	厂丷凵人	DUBw
劂	DUBJ	厂丷凵刂	DUBJ
谲	YCBK	讠マ卩口	YCNK
獗	QTDW	犭丿厂人	QTDW
蕨	ADUw	艹厂丷人	ADUW
噱	KHAE	口广七豕	KHGE
橛	SDUw	木厂丷人	SDUw
爵	ELVf	罒皿ヨ寸	ELVf
镢	QDUW	⻐厂丷人	QDUW
蹶	KHDW	口止厂人	KHDW
矍	HHWc	目目亻又	HHWC
爝	OELf	火罒皿寸	OELf
攫	RHHc	扌目目又	RHHc

jun

汉字	编码	拆分	编码
军	PLj	冖车①	PLj
君	VTKD	ヨノ口⊖	VTKf
均	FQUg	土勹冫⊖	FQUg
钧	QQUG	⻐勹冫⊖	QQUG
骏	PLHc	冖车广又	PLBY
菌	ALTu	艹囗禾	ALTu
筠	TFQU	⺮土勹冫	TFQU
麇	YNJT	广コ丨禾	OXXT
俊	WCWt	亻厶八夂	WCWt
郡	VTKB	ヨノ口阝	VTKB
峻	MCWt	山厶八夂	MCwt
捃	RVTk	扌ヨノ口	RVTk
浚	ICWT	氵厶八夂	ICWT
骏	CCWt	马厶八夂	CGCT
竣	UCWt	立厶八夂	UCWt

ka

汉字	编码	拆分	编码
咖	KLKg	口力口⊖	KEKg
咔	KHHY	口上卜⊙	KHHY
喀	KPTk	口宀夂口	KPTk
卡	HHU	上卜③	HHU

汉字	编码	拆分	编码
佧	WHHy	亻上卜⊙	WHHy
胩	EHHy	月上卜⊙	EHHy

kai

汉字	编码	拆分	编码
开	GAk	一廾⑩	GAk
揩	RXXR	扌匕匕白	RXXR
锎	QUGA	⻐门一廾	QUGA
凯	MNMn	山己几⊘	MNWn
剀	MNJh	山己刂①	MNJh
垲	FMNn	土山己⊘	FMNn
恺	NMNn	忄山己⊘	NMNn
铠	QMNn	⻐山己⊘	QMNn
慨	NVCq	忄ヨム儿	NVAq
蒈	AXXR	艹匕匕白	AXXR
楷	SXxr	木匕匕白	SXxr
锴	QXXr	⻐匕匕白	QXxr
忾	NRNn	忄⺉乙	NRN

kan

汉字	编码	拆分	编码
刊	FJH	干刂①	FJh
勘	ADWL	艹三八力	DWNE
龛	WGKX	人一口匕	WGKY
堪	FADn	土艹三乙	FDWn
戡	ADWA	艹三八戈	DWNA
坎	FQWy	土⺈人	FQWy
侃	WKQn	亻口⺈⊘	WKKN
砍	DQWy	石⺈人	DQWy
莰	AFQW	艹土⺈人	AFQW
槛	SJTl	木刂⺊皿	SJTl
看	RHF	手目⊖	RHf
阚	UNBt	门乙耳攵	UNBt
瞰	HNBt	目乙耳攵	HNBt

kang

汉字	编码	拆分	编码
康	YVIi	广ヨ氺③	OVIi
慷	NYVi	忄广ヨ氺	NOVI
糠	OYVI	米广ヨ氺	OOVI
扛	RAG	扌工⊖	RAG
亢	YMB	亠几⑧	YWB
伉	WYMn	亻亠几⊘	WYWn
抗	RYMN	扌亠几⊘	RYWn
闶	UYMV	门亠几⑧	UYWV

汉字	编码	拆分	编码
炕	OYMn	火亠几⊘	OYWn
钪	QYMN	⻐亠几⊘	QYWn

kao

汉字	编码	拆分	编码
尻	NVV	尸九⑧	NVV
考	FTGn	土丿一乙	FTGn
拷	RFTn	扌土丿乙	RFTn
栲	SFTN	木土丿乙	SFTN
烤	OFTn	火土丿乙	OFTn
铐	QFTN	⻐土丿	QFTN
犒	TRYK	丿扌⊥口	CYMk
靠	TFKD	丿土口三	TFKD

ke

汉字	编码	拆分	编码
苛	ASkf	艹丁口	ASKf
坷	FSKg	土丁口⊖	FSKg
珂	GSKg	王丁口⊖	GSKg
轲	LSKg	车丁口⊖	LSKg
柯	SSKg	木丁口⊖	SSKg
科	TUfh	禾丷十①	TUFH
疴	USKD	疒丁口	USKD
钶	QSKg	⻐丁口⊖	QSKg
棵	SJSy	木日木	SJSy
颏	YNTM	一乙丿贝	YNTM
稞	TJSY	禾日木	TJSY
窠	PWJs	宀八日木	PWJs
颗	JSDm	日木厂贝	JSDm
瞌	HFCL	目土厶皿	HFCL
磕	DFCl	石土厶皿	DFCl
蝌	JTUf	虫禾丷士	JTUf
髁	MEJs	罒月日木	MEJs
壳	FPMb	士冖几⑧	FPWb
咳	KYNW	口亠乙人	KYNW
可	SKd	丁口⊖	SKd
岢	MSKf	山丁口⊖	MSKf
渴	IJQn	氵日勹乙	IJQn
克	DQb	古儿⑧	DQb
刻	YNTj	亠乙丿刂	YNTj
客	PTkf	宀夂口⊖	PTkf
恪	NTKG	忄夂口⊖	NTKG
课	YJSy	讠日木⊖	YJSy

氡	RNDQ	冖乙古儿	RDQv
骒	CJsy	马日木⊙	CGJs
缳	XAFH	纟卄甲①	XAFh
嗑	KFCL	口土厶皿	KFCL
溘	IFCL	氵土厶皿	IFCL
锞	QJSy	钅日木⊙	QJSy

ken

肯	HEf	止月⊖	HEf
垦	VEFf	⺕⼃土⊖	VFF
恳	VENU	⺕⼃心⊙	VNu
啃	KHEg	口止月⊖	KHEg
裉	PUVE	衤丨⺕⼃	PUVY

keng

坑	FYMn	土亠几②	FYWn
吭	KYMn	口亠几②	KYWn
铿	QJCf	钅刂又土	QJCf

kong

空	PWaf	宀八工⊖	PWaf
倥	WPWa	亻宀八工	WPWa
崆	MPWa	山宀八工	MPWa
箜	TPWa	竹宀八工	TPWa
孔	BNN	子乙②	BNN
恐	AMYN	工几丶心	AWYn
控	RPWa	扌宀八工	RPWa

kou

芤	ABNb	艹子乙②	ABNb
眍	HAQy	目匚乂y	HARy
抠	RAQy	扌匚乂y	RARy
口	KKKK	口口口口	KKKK
叩	KBH	口卩①	KBH
扣	RKg	扌口⊖	RKg
寇	PFQC	宀二儿又	PFQC
筘	TRKf	竹扌口f	TRKf
蔻	APFC	艹宀二又	APFC

ku

刳	DFNJ	大二乙刂	DFNJ
哭	KKDU	口口犬⊙	KKDU
枯	SDg	木古⊖	SDG
堀	FNBM	土尸凵山	FNBM

窟	PWNm	宀八尸山	PWNm
骷	MEDG	冎月古⊖	MEDG
苦	ADF	艹古⊖	ADf
库	YLK	广车⑪	OLk
绔	XDFn	纟大二乙	XDFN
喾	IPTk	⺍冖丿口	IPTk
裤	PUYl	衤丨广车	PUOl
酷	SGTK	西一丿口	SGTk

kua

夸	DFNb	大二乙⑮	DFNB
侉	WDFn	亻大二乙	WDFn
垮	FDFN	土大二乙	FDFN
挎	RDFN	扌大二乙	RDFn
胯	EDFn	月大二乙	EDFn
跨	KHDn	口止大乙	KHDn

kuai

蒯	AEEJ	艹月月刂	AEEJ
块	FNWy	土⺕人⊙	FNWy
快	NNWy	忄⺕人⊙	NNWy
侩	WWFC	亻人二厶	WWFC
郐	WFCB	人二厶阝	WFCB
哙	KWFC	口人二厶	KWFC
狯	QTWC	犭丿人厶	QTWC
脍	EWFc	月人二厶	EWFc
筷	TNNw	竹忄⺕人	TNNW

kuan

宽	PAmq	宀艹门儿	PAMq
髋	MEPQ	冎月宀儿	MEPq
款	FFIw	士二小人	FFIw

kuang

匡	AGD	匚王⊖	AGD
诓	KAGg	口匚王⊖	KAGg
诳	YAGG	讠匚王⊖	YAGG
筐	TAGf	竹匚王⊖	TAGf
狂	QTGg	犭丿王⊖	QTGG
诳	YQTg	讠犭丿王	YQTg
夼	DKJ	大川⑪	DKJ
邝	YBH	广阝①	OBH
圹	FYT	土广⊘	FOT

纩	XYT	纟广⊘	XOT
况	UKQn	冫口儿②	UKQN
旷	JYT	日广⊘	JOT
矿	DYT	石广⊘	DOt
贶	MKQn	贝口儿②	MKQn
框	SAGG	木匚王⊖	SAGG
眶	HAGg	目匚王⊖	HAGG

kui

亏	FNV	二乙⑯	FNB
岿	MJVf	山刂⺕f	MJVf
悝	NJFG	忄日土⊖	NJFG
盔	DOLf	ナ火皿⊖	DOLf
窥	PWFQ	宀八二儿	PWGq
奎	DFFF	大土土⊖	DFFf
逵	FWFP	土八土辶	FWFp
馗	VUTH	九⺍丿目	VUTH
喹	KDFf	口大土土	KDFf
揆	RWGD	扌癶一大	RWGD
葵	AWGd	艹癶一大	AWGd
暌	JWGD	日癶一大	JWGD
魁	RQCF	白儿厶十	RQCF
睽	HWGD	目癶一大	HWGD
蝰	JDFF	虫大土土	JDFF
夔	UHTt	一止丿夊	UTHT
傀	WRQc	亻白儿厶	WRQC
跬	KHFF	口止土土	KHFf
圚	AKHm	匚口丨贝	AKHm
喟	KLEg	口田月⊖	KLEg
愦	NKHM	忄口丨贝	NKHM
愧	NRQc	忄白儿厶	NRQc
溃	IKHm	氵口丨贝	IKHm
蒉	AKHM	艹口丨贝	AKHM
馈	QNKm	勹乙口贝	QNKm
篑	TKHM	竹口丨贝	TKHM
聩	BKHm	耳口丨贝	BKHm

kun

坤	FJHH	土日丨①	FJHH
昆	JXxb	日比匕②	JXxb
琨	GJXx	王日比匕	GJXx

字	码	拆分	码
锟	QJXx	钅日比匕	QJXx
髡	DEGQ	镸彡一儿	DEGQ
醌	SGJX	西一日比	SGJX
悃	NLSy	忄口木⊙	NLSy
捆	RLSy	扌口木⊙	RLSy
阃	ULSi	门口木⊙	ULSi
困	LSi	口木⊙	LSi

kuo

字	码	拆分	码
扩	RYt	扌广⊘	ROt
括	RTDg	扌丿古⊖	RTDg
蛞	JTDG	虫丿古⊖	JTDG
阔	UITd	门氵丿古	UITd
廓	YYBb	广亠子阝	OYBb

la

字	码	拆分	码
垃	FUg	土立⊖	FUg
拉	RUg	扌立⊖	RUg
啦	KRUg	口扌立⊖	KRUg
邋	VLQp	巛口乂辶	VLRp
晃	JVB	日九	JVB
砬	DUG	石立⊖	DUG
喇	KGKj	口一口刂	KSKJ
剌	GKIJ	一口小刂	SKJh
腊	EAJg	月廿日⊖	EAJG
瘌	UGKJ	疒一口刂	USKJ
蜡	JAJg	虫廿日⊖	JAJg
辣	UGKi	辛一口小	USKG

lai

字	码	拆分	码
来	GOi	一米⑤	GUsi
莱	AGOu	艹一米⑤	AGUS
涞	IGOy	氵一米⑤	IGUs
崃	MGOy	山一米⑤	MGUS
徕	TGOy	彳一米⑤	TGUS
铼	QGOY	钅一米⑤	QGUS
赉	GOMu	一米贝⑤	GUSM
睐	HGOy	目一米⑤	HGUs
赖	GKIM	一口小贝	SKQm
濑	IGKM	氵一口贝	ISKM
癞	UGKM	疒一口贝	USKM

字	码	拆分	码
籁	TGKM	竹一口贝	TSKm

lan

字	码	拆分	码
兰	UFF	丷二⊖	UDF
岚	MMQU	山几乂	MWRu
拦	RUFg	扌丷二⊖	RUDg
栏	SUFg	木丷二⊖	SUDg
婪	SSVf	木木女⊖	SSVf
阑	UGLI	门一画小	USLd
蓝	AJTl	艹丨一皿	AJTl
谰	YUGi	讠门一小	YUSl
澜	IUGI	氵门一小	IUSl
褴	PUJL	衤丬丨皿	PUJL
斓	YUGI	文门一小	YUSL
篮	TJTL	竹丨一皿	TJTL
镧	QUGI	钅门一小	QUSl
览	JTYQ	刂一丶儿	JTYq
揽	RJTq	扌刂一儿	RJTq
缆	XJTq	纟刂一儿	XJTq
榄	SJTQ	木刂一儿	SJTQ
婆	ISSV	氵木木女	ISSV
蠡	LFMf	彑十门十	LFMf
懒	NGKM	忄一口贝	NSKm
烂	OUFG	火丷二⊖	OUDg
滥	IJTI	氵丨一皿	IJTl

lang

字	码	拆分	码
啷	KYVb	口、ヨ阝	KYVb
郎	YVCB	、ヨム阝	YVBh
狼	QTYe	犭丿丶к	QTYV
莨	AYVe	艹丶ヨк	AYVu
廊	YYVb	广丶ヨ阝	OYVB
琅	GYVe	王丶ヨк	GYVy
榔	SYVb	木丶ヨ阝	SYVb
稂	TYVe	禾丶ヨк	TYVy
锒	QYVE	钅丶ヨк	QYVY
螂	JYVb	虫丶ヨ阝	JYVb
朗	YVCe	、ヨム月	YVEg
阆	UYVe	门丶ヨк	UYVi
浪	IYVe	氵丶ヨк	IYVy

字	码	拆分	码
蔹	AIYE	艹氵丶к	AIYV

lao

字	码	拆分	码
捞	RAPl	扌艹冖力	RAPe
劳	APLb	艹冖力⑥	APEr
牢	PRHj	宀⺊丨⑩	PTGj
唠	KAPl	口艹冖力	KAPe
崂	MAPl	山艹冖力	MAPE
痨	UAPL	疒艹冖力	UAPE
铹	QAPl	钅艹冖力	QAPe
醪	SGNE	西一羽彡	SGNE
老	FTXb	土丿匕⑥	FTXb
佬	WFTx	亻土丿匕	WFTx
姥	VFTx	女土丿匕	VFTx
栳	SFTX	木土丿匕	SFTX
铑	QFTX	钅土丿匕	QFTX
涝	IAPl	氵艹冖力	IAPe
烙	OTKg	火夂口⊖	OTKg
耢	DIAL	三小艹力	FSAe
酪	SGTK	西一夂口	SGTK

le

字	码	拆分	码
仂	WLN	亻力②	WET
肋	ELn	月力②	EET
乐	Qli	匚小⑤	TNli
叻	KLN	口力②	KET
泐	IBLn	氵阝力②	IBEt
勒	AFLn	廿串力②	AFEt
鳓	QGAL	鱼一廿力	QGAE

lei

字	码	拆分	码
雷	FLF	雨田⊖	FLf
嫘	VLXi	女田幺小	VLXi
缧	XLXI	纟田幺小	XLXi
檑	SFLg	木雨田⊖	SFLg
镭	QFLg	钅雨田⊖	QFLg
赢	YNKY	亠乙口丶	YEUY
耒	DII	三小⑤	FSI
诔	YDIY	讠三小⊙	YFSY
垒	CCCF	厶厶厶土	CCCF
磊	DDDf	石石石⊖	DDDf
蕾	AFLF	艹雨田⊖	AFLf

偁	WLLl	亻田田田	WLLl	俚	WJFg	亻日土⊖	WJFg	唳	KYND	口、尸犬	KYND
泪	IHG	氵目⊖	IHG	哩	KJFg	口日土⊖	KJFg	笠	TUF	竹立⊖	TUF
类	ODu	米大②	ODu	娌	VJFG	女日土⊖	VJFG	粒	OUG	米立⊖	OUg
累	LXiu	田幺小②	LXiu	逦	GMYP	一冂、辶	GMYP	粝	ODDn	米厂厂乙	ODGQ
酹	SGEf	西一一寸	SGEf	理	GJFg	王日土⊖	GJFg	蛎	JDDn	虫厂厂乙	JDGQ
擂	RFLg	扌雨田	RFLg	锂	QJFg	钅日土⊖	QJFg	傈	WSSy	亻西木②	WSSy
嘞	KAFl	口廿甲力	KAFe	鲤	QGJF	鱼一日土	QGJF	痢	UTJk	疒禾刂⑪	UTJk
leng				澧	IMAu	氵冂艹丷	IMAu	詈	LYF	罒言⊖	LYF
塄	FLYn	土皿方②	FLYt	醴	SGMU	西一冂丷	SGMU	跞	KHQI	口止丿小	KHTI
棱	SFWt	木土八夂	SFWt	鳢	QGMU	鱼一冂丷	QGMU	雳	FDLB	雨厂力⑬	FDEr
楞	SLyn	木皿方②	SLYt	力	LTn	力丿乙	ENt	漯	ISSY	氵西木②	ISSY
冷	UWYC	冫人、マ	UWYc	历	DLv	厂力⑬	DEe	篥	TSSu	竹西木②	TSSu
愣	NLYn	忄皿方②	NLYt	厉	DDNv	厂厂乙⑬	DGQe	**lia**			
li				立	UUUu	立立立立	UUUu	俩	WGMw	亻一冂人	WGMW
厘	DJFD	厂日土⊜	DJFD	吏	GKQi	一口乂②	GKRi	**lian**			
离	YBmc	文凵冂厶	YRBc	丽	GMYy	一冂、丶	GMYy	奁	DAQu	大匚乂②	DARu
狸	QTJF	犭丿日土	QTJF	利	TJH	禾刂①	TJH	连	LPK	车辶⑩	LPk
梨	TJSu	利木②	TJSu	励	DDNL	厂厂乙力	DGQE	帘	PWMh	宀八冂丨	PWMh
莉	ATJj	艹禾刂⑪	ATJj	呖	KDLn	口厂力②	KDEt	怜	NWYC	忄人、マ	NWYC
骊	CGmy	马一冂、	CGGy	坜	FDLn	土厂力②	FDET	涟	ILPy	氵车辶②	ILPy
犁	TJRh	禾刂二丨	TJTG	沥	IDLn	氵厂力②	IDET	莲	ALPu	艹车辶②	ALPu
喱	KDJF	口厂日土	KDJf	苈	ADLb	艹厂力⑬	ADER	联	BUdy	耳丷大②	BUdy
鹂	GMYG	一冂、一	GMYG	例	WGQj	亻一夕刂	WGQj	裢	PULp	衤丷车辶	PULp
漓	IYBC	氵文凵厶	IYRc	戾	YNDi	、尸犬②	YNDi	廉	YUVo	广丷彐小	OUVw
缡	XYBc	纟文凵厶	XYRc	枥	SDLn	木厂力②	SDEt	鲢	QGLP	鱼一车辶	QGLP
蓠	AYBC	艹文凵厶	AYRC	疠	UDNV	疒厂乙⑬	UGQE	濂	IYUo	氵广丷小	IOUw
蛎	JTJh	虫禾刂⑪	JTJH	隶	VII	ヨ水②	VII	臁	EYUo	月广丷小	EOUw
嫠	FITv	二小攵女	FTDv	俐	WTJh	亻禾刂①	WTJh	镰	QYUo	钅广丷小	QOUW
璃	GYBc	王文凵厶	GYRc	俪	WGMY	亻一冂、	WGMY	蠊	JYUo	虫广丷小	JOUW
鲡	QGGY	鱼一一、	QGGy	栎	SQIy	木乂小②	STNI	敛	WGIT	人一业攵	WGIT
黎	TQTi	禾勹丿水	TQTi	疬	UDLv	疒厂力⑬	UDEe	琏	GLPy	王车辶②	GLPy
篱	TYBc	艹文凵厶	TYRc	荔	ALLl	艹力力力	AEEe	脸	EWgi	月人一业	EWGg
罹	LNWy	皿忄亻圭	LNWy	轹	LQIy	车乂小	LTNi	检	PUWI	衤丷人业	PUWG
藜	ATQi	艹禾勹水	ATQi	郦	GMYB	一冂、阝	GMYB	蔹	AWGT	艹人一攵	AWGT
黧	TQTO	禾勹丿灬	TQTO	栗	SSU	西木②	SSU	练	XANw	纟七乙八	XANw
蠡	XEJj	彑豕虫虫	XEJj	猁	QTTj	犭丿禾刂	QTTJ	炼	OANW	火七乙八	OANW
礼	PYNN	礻、乙②	PYNN	砺	DDDN	石厂厂乙	DDGQ	恋	YONu	二小心②	YONu
李	SBf	木子⊖	SBf	砾	DQIy	石乂小②	DTNi	殓	GQWi	一夕人业	GQWg
里	JFD	日土⊜	JFD	茘	AWUF	艹亻立	AWUF	链	QLPy	钅车辶②	QLPy

| 棣 | SGLi | 木一四小 | SSLg |
| 激 | IWGT | 氵人一夂 | IWGT |

liang			
良	YVei	丶ヨㄨ③	YVi
茛	AYVe	艹丶ヨㄨ	AYVu
凉	UYIY	冫古小①	UYIY
梁	IVWs	氵刀八木	IVWo
椋	SYIY	木古小①	SYIY
粮	OYVe	米丶ヨㄨ	OYVy
樑	FIVs	土氵刀木	FIVs
踉	KHYE	口止丶ㄨ	KHYV
两	GMWW	一门人人	GMWW
魉	RQCW	白儿厶人	RQCW
亮	YPMb	亠冖几⑥	YPwb
谅	YYIy	讠古小①	YYIy
辆	LGMw	车一门人	LGMw
晾	JYIY	日古小①	JYIY
量	JGjf	曰一日土	JGjf

liao			
辽	BPk	了辶⑪	BPk
疗	UBK	疒了⑪	UBk
聊	BQTb	耳匚丿阝	BQTb
僚	WDUi	亻大⺊小	WDi
寮	PNWe	宀羽人彡	PNWe
廖	YNWe	广羽人彡	ONWE
潦	IDUI	氵大⺊小	IDUI
嘹	KDUI	口大⺊小	KDUi
寮	PDUi	宀大⺊小	PDUi
獠	QTDI	犭丿大小	QTDI
撩	RDUi	扌大⺊小	RDUi
缭	XDUi	纟大⺊小	XDUi
燎	ODUI	火大⺊小	ODUI
镣	QDUi	钅大⺊小	QDUi
鹩	DUJG	大⺊日一	DUJG
钌	QBH	钅了①	QBH
蓼	ANWe	艹羽人彡	ANWe
了	Bnh	了乙丨	BNH
尥	DNQy	尢乙勹丶	DNQy
料	OUfh	米⺀十①	OUFh

| 撂 | RLTk | 扌田夂口 | RLTk |

lie			
咧	KGQj	口一夕刂	KGQj
列	GQjh	一夕刂①	GQJh
劣	ITLb	小丿力⑥	ITER
冽	UGQj	冫一夕刂	UGQj
洌	IGQj	氵一夕刂	IGQJ
埒	FEFy	土爫寸	FEFy
烈	GQJO	一夕刂灬	GQJO
捩	RYND	扌丶尸犬	RYND
猎	QTAj	犭丿昔日	QTAJ
裂	GQJE	一夕刂衣	GQJE
趔	FHGJ	土止一刂	FHGJ
躐	KHVN	口止巛乙	KHVN
鬣	DEVN	镸彡巛乙	DEVn

lin			
拎	RWYC	扌人丶マ	RWYC
邻	WYCB	人丶マ阝	WYCB
林	SSy	木木①	SSy
临	JTYj	丨丿丶口	JTYJ
啉	KSSy	口木木①	KSSy
淋	ISSy	氵木木①	ISSy
琳	GSSy	王木木①	GSSy
粼	OQAB	米夕匚巛	OQGB
嶙	MOQh	山米夕丨	MOQg
遴	OQAp	米夕匚辶	OQGp
辚	LOqh	车米夕丨	LOQg
霖	FSSu	雨木木⑥	FSSu
瞵	HOQh	目米夕丨	HOQg
磷	DOQh	石米夕丨	DOQg
鳞	QGOh	鱼一米丨	QGOg
麟	YNJH	广コ刂丨	OXXG
凛	UYLi	冫亠口小	UYLi
廪	YYLI	广亠口小	OYLi
懔	NYLi	忄亠口小	NYLi
檩	SYLI	木亠口小	SYLI
吝	YKF	文口⑤	YKF
赁	WTFM	亻丿士贝	WTFM
蔺	AUWy	艹门亻圭	AUWy

| 膦 | EOQh | 月米夕丨 | EOQg |
| 蹸 | KHAY | 口止艹圭 | KHAY |

ling			
灵	VOu	ヨ火⑥	VOu
伶	WWYC	亻人丶マ	WWYC
囹	LWYc	口人丶マ	LWYc
岭	MWYC	山人丶マ	MWYC
泠	IWYC	氵人丶マ	IWYC
苓	AWYC	艹人丶マ	AWYC
玲	GWYc	王人丶マ	GWYc
柃	SWYC	木人丶マ	SWYC
瓴	WYCN	人丶マ乙	WYCY
凌	UFWt	冫土八夂	UFWt
铃	QWYC	钅人丶マ	QWYC
陵	BFWt	阝土八夂	BFWt
棱	SVOy	木ヨ火①	SVOy
绫	XFWt	纟土八夂	XFWt
羚	UDWC	⺷⺹人マ	UWYC
翎	WYCN	人丶マ羽	WYCN
聆	BWYC	耳人丶マ	BWYC
菱	AFWT	艹土八夂	AFWT
蛉	JWYC	虫人丶マ	JWYC
零	FWYC	雨人丶マ	FWyc
龄	HWBC	止人山マ	HWBC
鲮	QGFT	鱼一土夂	QGFT
酃	FKKb	雨口口阝	FKKb
领	WYCM	人丶マ贝	WYCM
令	WYCu	人丶マ⑥	WYCu
另	KLb	口力⑥	KEr
呤	KWYC	口人丶マ	KWYC

liu			
溜	IQYL	氵匚丶田	IQYL
熘	OQYL	火匚丶田	OQYL
刘	YJh	文刂①	YJh
浏	IYJH	氵文刂①	IYJH
流	IYCq	氵亠厶儿	IYCk
留	QYVL	匚丶刀田	QYVL
琉	GYCq	王亠厶儿	GYCk

117

字	码	拆分	码
硫	DYCq	石亠厶儿	DYCk
琉	YTYQ	方亠丶儿	YTYK
遛	QYVP	匚丶刀辶	QYVP
馏	QNQL	勹乙匚田	QNQL
骝	CQYL	马丶丶田	CGQL
榴	SQYl	木匚丶田	SQYl
瘤	UQYL	疒匚丶田	UQYL
镏	QQYL	钅匚丶田	QQYL
鎏	IYCQ	氵亠厶金	IYCQ
柳	SQTb	木匚丿卩	SQTb
绺	XTHk	纟夂卜口	XTHK
铳	QYCQ	钅亠厶儿	QYCK
六	UYgy	六丶一丶	UYgy
鹨	NWEG	羽人彡一	NWEG

lo

字	码	拆分	码
峈	KTKg	口夂口㊀	KTKg

long

字	码	拆分	码
龙	DXv	尢匕㊄	DXyi
咙	KDXn	口尢匕㊄	KDXy
泷	IDXn	氵尢匕㊄	IDXy
茏	ADXb	艹尢匕㊄	ADXy
栊	SDXn	木尢匕㊄	SDXy
珑	GDXn	王尢匕㊄	GDXy
胧	EDXn	月尢匕㊄	EDXy
砻	DXDf	尢匕石㊀	DXYD
笼	TDXb	竹尢匕㊄	TDXy
聋	DXBf	尢匕耳㊀	DXYB
隆	BTGg	阝夂一丰	BTGg
癃	UBTG	疒阝夂丰	UBTG
窿	PWBg	宀八阝丰	PWBG
陇	BDXn	阝尢匕㊄	BDXy
垄	DXFf	尢匕土㊀	DXYF
坴	FDXn	土尢匕㊄	FDXy
拢	RDXn	扌尢匕㊄	RDXy

lou

字	码	拆分	码
娄	OVf	米女㊀	OVF
蒌	AOvf	艹米女㊀	AOVF
喽	KOVg	口米女㊀	KOV
楼	SOVg	木米女㊀	SOVg
耧	DIOv	三小米女	FSOv
蝼	JOVg	虫米女㊀	JOVg
髅	MEOv	罒月米女	MEOv
嵝	MOvg	山米女㊀	MOVg
搂	ROvg	扌米女㊀	ROVg
篓	TOVf	竹米女㊀	TOVf
陋	BGMn	阝一门乙	BGMn
漏	INFY	氵尸雨	INFy
瘘	UOVd	疒米女㊂	UOVd
镂	QOVg	钅米女㊀	QOVG
露	FKHK	雨口止口	FKHK

lu

字	码	拆分	码
噜	KQGj	口鱼一日	KQGJ
撸	RQGj	扌鱼一日	RQGj
卢	HNe	卜尸㈡	HNr
芦	AYNR	艹丶尸㈡	AYNr
庐	YYNE	广丶尸㈡	OYNE
垆	FHNT	土卜尸㈡	FHNT
泸	IHNt	氵卜尸㈡	IHNT
炉	OYNt	火丶尸㈡	OYNt
栌	SHNT	木卜尸㈡	SHNT
胪	TEHN	月卜尸㈡	EHNt
轳	LHNT	车卜尸㈡	LHNT
鸬	HNQg	卜尸勹一	HNQg
舻	TEHn	丿舟卜尸	TUHN
颅	HNDM	卜尸丆贝	HNDM
鲈	QGHN	鱼一卜尸	QGHN
卤	HLqi	卜口乂㊅	HLru
虏	HALV	广七力㊄	HEE
掳	RHAl	扌广七力	RHEt
鲁	QGJf	鱼一日	QGJf
橹	SQGj	木鱼一日	SQGj
镥	QQGj	钅鱼一日	QQGj
陆	BFMh	阝二山①	BGBh
录	VIu	彐水㊂	VIu
赂	MTKg	贝夂口㊀	MTKg
辂	LTKG	车夂口㊀	LTKG
渌	IVIy	氵彐水㊀	IVIy
逯	VIPI	彐水辶㈢	VIPI

字	码	拆分	码
鹿	YNJx	广⇥刂匕	OXXv
禄	PYVi	礻丶彐水	PYVi
碌	DVIy	石彐水㊀	DVIy
路	KHTk	口止夂口	KHTk
潞	IYNX	氵广亠匕	IOXx
戮	NWEa	羽人彡戈	NWEa
辘	LYNx	车广亠匕	LOXx
潞	IKHK	氵口止口	IKHK
璐	GKHK	王口止口	GKHK
簏	TYNX	竹广亠匕	TOXx
鹭	KHTG	口止夂一	KHTG
麓	SSYX	木木广匕	SSOX
氇	TFNJ	丿二乙日	EQGj
保	WJSy	亻日木㊀	WJSy

lü

字	码	拆分	码
驴	CYNT	马丶尸㈡	CGYN
间	UKKD	门口口㊌	UKKD
桐	SUKK	木门口口	SUKK
吕	KKf	口口㊀	KKf
侣	WKKg	亻口口㊀	WKKg
捋	REFY	扌爫寸	REFy
旅	YTEY	方亠以㊀	YTEy
稆	TKKg	禾口口㊀	TKKg
偻	WOVG	亻米女㊀	WOVG
铝	QKKg	钅口口㊀	QKKg
屡	NOvd	尸米女㊂	NOvd
缕	XOVg	纟米女㊀	XOVg
膂	YTEE	方亠以月	YTEE
褛	PUOv	礻冫米女	PUOV
履	NTTt	尸彳夂	NTTt
律	TVFH	彳彐二丨	TVGh
虑	HANi	广七心㊂	HNi
绿	XViy	纟彐水㊀	XVIy
氯	RNVi	气乙彐水	RVIi
滤	IHAN	氵广七心	IHNY

luan

字	码	拆分	码
孪	YOBf	亠小子㊀	YOBf
峦	YOMj	亠小山⑪	YOMj
娈	YOVf	亠小女㊀	YOVf

李	YORj	⺍⺍手⑪	YORj
栾	YOSu	⺍⺍木⑩	YOSu
鸾	YOQg	⺍⺍勹一	YOQg
商	YOMW	⺍⺍门人	YOMW
滦	IYOS	氵⺍⺍木	IYOS
銮	YOQF	⺍⺍金㊀	YOQf
卵	QYTy	匚丶丿丶	QYTY
乱	TDNn	丿古乙⑥	TDNn

lüe

掠	RYIY	扌亩小⊙	RYIY
略	LTKg	田夂口㊀	LTKg
锊	QEFy	钅罒寸丶	QEFy

lun

抡	RWXn	扌人匕⑥	RWXn
仑	WXB	人匕⑧	WXB
伦	WWXn	亻人匕⑥	WWXn
囵	LWXV	囗人匕⑧	LWXV
沦	IWXn	氵人匕⑥	IWXn
纶	XWXn	纟人匕⑥	XWXn
轮	LWXn	车人匕⑥	LWXn
论	YWXn	讠人匕⑥	YWXn

luo

罗	LQu	罒夕⑨	LQu
猡	QTLQ	犭丿罒夕	QTLQ
脶	EKMw	月口门人	EKMW
萝	ALQu	艹罒夕⑨	ALQu
逻	LQPi	罒夕辶	LQPi
椤	SLQy	木罒夕⊙	SLQy
锣	QLQy	钅罒夕⊙	QLQy
箩	TLQu	⺮罒夕⑨	TLQU
骡	CLXi	马田幺小	CGLi
镙	QLXi	钅田幺小	QLXi
螺	JLXi	虫田幺小	JLXi
裸	PUJS	衤日木	PUJS
瘰	ULXi	疒田幺小	ULXi
蠃	YNKY	一乙口丶	YEJy
泺	IQIyv	氵泺小⊙	ITNI
洛	ITKg	氵夂口㊀	ITKg
络	XTKg	纟夂口㊀	XTKg

荦	APRh	艹宀⺊丨	APTg
骆	CTKg	马夂口㊀	CGTK
珞	GTKg	王夂口㊀	GTKg
落	AITk	艹氵夂口	AITK
摞	RLXi	扌田幺小	RLXi
漯	ILXi	氵田幺小	ILXi
雒	TKWY	夂口亻圭	TKWY

m

呒	KFQn	口二儿⑥	KFQn

ma

吗	KCG	口马㊀	KCGg
嘛	KYss	口广木木	KOss
妈	VCg	女马㊀	VCgg
嬷	VYSc	女广木厶	VOSc
麻	YSSi	广木木	OSSi
蟆	JAJD	虫艹日大	JAJD
马	CNng	马乙乙一	CGd
犸	QTCG	犭丿马㊀	QTCg
玛	GCG	王马㊀	GCGg
码	DCG	石马㊀	DCGg
蚂	JCG	虫马㊀	JCGg
杩	SCG	木马㊀	SCGg
骂	KKCf	口口马㊀	KKCg

mai

埋	FJFg	土日土㊀	FJFg
霾	FEEF	雨爫四土	FEJf
买	NUDU	乙冫大⑨	NUDU
荬	ANUD	艹乙冫大	ANUD
劢	DNLn	厂乙力⑥	GQET
迈	DNPv	厂乙辶⑧	GQPe
麦	GTU	𡗗夂⑨	GTu
唛	KGTy	口𡗗夂⊙	KGTy
卖	FNUD	十乙冫大	FNUD
脉	EYNI	月丶乙水	EYNi

man

颟	AGMM	艹一门贝	AGMM
蛮	YOJu	⺍⺍虫⑨	YOJu
谩	QNJC	⺈乙日又	QNJC
瞒	HAGW	目艹一人	HAgw

鞔	AFQQ	廿甲⺈儿	AFQQ
鳗	QGJC	鱼一曰又	QGJC
满	IAGW	氵艹一人	IAGW
螨	JAGW	虫艹一人	JAGW
曼	JLCu	曰皿又⑨	JLCu
谩	YJLc	讠曰皿又	YJLc
墁	FJLc	土曰皿又	FJLc
慢	MHJC	冂丨曰又	MHJC
慢	NJLc	忄曰皿又	NJLc
漫	IJLC	氵曰皿又	IJLC
缦	XJLc	纟曰皿又	XJLc
蔓	AJLc	艹一皿又	AJLc
熳	OJLc	火曰皿又	OJLc
镘	QJLc	钅曰皿又	QJLc

mang

忙	NYNN	忄亠乙⑧	NYNn
邙	YNBh	亠乙阝丨	YNBh
芒	AYNb	艹亠乙⑧	AYNB
盲	YNHf	亠乙目	YNHf
氓	YNNA	亠乙尸七	YNNA
茫	AIYn	艹氵亠乙	AIYn
硭	DAYn	石艹亠乙	DAYn
莽	ADAj	艹犬廾⑪	ADAj
漭	IADA	氵艹犬廾	IADa
蟒	JADA	虫艹犬廾	JADa

mao

猫	QTAL	犭丿艹田	QTAl
毛	TFNv	丿二乙⑧	ETGN
矛	CBTr	⺈卩丿⑩	CNHT
牦	TRTN	丿扌丿乙	CEN
茅	ACBT	艹⺈卩丿	ACNt
旄	YTTN	方⺀丿乙	YTEN
锚	QALg	钅艹田㊀	QALg
髦	DETN	镸彡丿乙	DEEB
蝥	CBTJ	⺈卩丿虫	CNHJ
蟊	CBTJ	⺈卩丿虫	CNHJ
卯	QTBH	匚丿卩①	QTBH
峁	MQTb	山匚丿卩	MQTb
泖	IQTb	氵匚丿卩	IQTB

汉字	编码	拆分	编码
莇	AQTB	艹匚丿卩	AQTB
昂	JQTb	日匚丿卩	JQTb
铆	QQTb	钅匚丿卩	QQTb
茂	ADNt	艹厂乙丿	ADU
冒	JHF	日目㈡	JHF
贸	QYVm	匚丶刀贝	QYVm
耄	FTXN	土丿匕乙	FTXE
袤	YCBE	亠マ卩衣	YCNe
帽	MHJh	冂丨日目	MHJh
瑁	GJHG	王日目㈠	GJHG
瞀	CBTH	マ卩丿目	CNHH
貌	EERQ	四夕白儿	ERqn
懋	SCBN	木マ卩心	SCNN
me			
么	TCu	丿厶③	TCu
mei			
没	IMcy	氵几又⊙	IMcy
枚	STY	木攵⊙	STy
玫	GTy	王攵⊙	GTY
眉	NHD	尸目㈢	NHD
莓	ATXu	艹⺅口丶	ATXu
梅	STXu	木⺅口丶	STXy
媒	VAFs	女艹二木	VFSy
嵋	MNHg	山尸目㈠	MNHg
湄	INHg	氵尸目㈠	INHg
猸	QTNH	犭丿尸目	QTNH
楣	SNHg	木尸目㈠	SNHg
煤	OAfs	火艹二木	OFSy
酶	SGTU	西一⺈口	SGTX
镅	QNHg	钅尸目㈠	QNHG
鹛	NHQg	尸目勹一	NHQg
霉	FTXU	雨⺈口丶	FTXU
每	TXGu	⺈口一丶	TXu
美	UGDU	丷王大③	UGDU
浼	IQKq	氵⺈口儿	IQKq
镁	QUGd	钅丷王大	QUGd
妹	VFIy	女二小⊙	VFY
昧	JFIy	日二小⊙	JFY
袂	PUNw	衤冫コ人	PUNw
媚	VNHg	女尸目㈠	VNHg
寐	PNHI	宀乙丨小	PUFU
魅	RQCI	白儿厶小	RQCF
men			
们	WUn	亻门㈡	WUn
门	UYHn	门丶丨㈡	UYHn
扪	RUN	扌门㈡	RUN
钔	QUN	钅门㈡	QUN
闷	UNI	门心③	UNi
焖	OUNy	火门心⊙	OUNy
懑	IAGN	氵艹一心	IAGN
meng			
萌	AJEf	艹日月㈡	AJEf
虻	JYNn	虫亠乙㈡	JYNN
盟	JELf	日月皿㈡	JELf
甍	ALPN	艹皿一乙	ALPY
瞢	ALPH	艹皿一目	ALPH
朦	EAPe	月艹冖豖	EAPe
檬	SAPe	木艹冖豖	SAPe
礞	DAPe	石艹冖豖	DAPe
艨	TEAE	丿舟艹豖	TUAe
勐	BLLn	子皿力㈡	BLEt
猛	QTBL	犭丿子皿	QTBL
蒙	APGe	艹冖一豖	APFe
孟	BLF	子皿㈡	BLF
锰	QBLg	钅子皿㈠	QBLg
艋	TEBL	丿舟子皿	TUBl
蜢	JBLg	虫子皿㈠	JBLg
懵	NALh	忄艹皿目	NALh
蠓	JAPe	虫艹冖豖	JAPE
梦	SSQu	木木夕③	SSQu
mi			
咪	KOY	口米⊙	KOY
弥	XQIy	弓⺈小⊙	XQIy
迷	OPi	米辶③	OPi
祢	PYQi	礻丶⺈小	PYQI
猕	QTXI	犭丿弓小	QTXi
谜	YOPY	讠米辶③	YOPY
醚	SGOp	西一米辶	SGOp
糜	YSSO	广木木米	OSSO
縻	YSSI	广木木小	OSSI
麇	YNJO	广コ川米	OXXO
靡	YSSD	广木木三	OSSD
蘼	AYSD	艹广木三	AOSD
米	OYty	米丶丿	OYTy
半	GJGH	一刂一丨	HGHG
弭	XBG	弓耳㈠	XBG
敉	OTY	米攵⊙	OTY
脒	EOy	月米⊙	EOY
眯	HOy	目米⊙	HOY
糸	XIU	幺小③	XIU
汨	IJG	氵日㈠	IJG
宓	PNTR	宀心丿㈡	PNTR
泌	INTt	氵心丿㈡	INTt
觅	EMQb	爫冂儿	EMqb
秘	TNtt	禾心丿㈡	TNTt
密	PNTm	宀心丿山	PNTm
幂	PJDh	冖日大丨	PJDh
谧	YNTL	讠心丿皿	YNTL
嘧	KPNm	口宀心山	KPNm
蜜	PNTJ	宀心丿虫	PNTJ
mian			
绵	XRmh	纟白门丨	XRmh
眠	HNAn	目尸七㈡	HNAn
棉	SRmh	木白门丨	SRmh
免	QKQb	勹口儿⑧	QKQb
沔	IGHn	氵一丨乙	IGHn
勉	QKQL	勹口儿力	QKQE
眄	HGHn	目一丨乙	HGHN
娩	VQKq	女勹口儿	VQKq
冕	JQKq	日勹口儿	JQKq
湎	IDMd	氵丆门三	IDLf
缅	XDMD	纟丆门三	XDLf
腼	EDMD	月丆门三	EDLf
面	DMjd	丆门三丨	DLjf
黾	KJNb	口日乙⑧	KJNb
渑	IKJn	氵口日乙	IKJn

miao

字	编码	拆分	编码
喵	KALg	口艹田⊖	KALg
苗	ALF	艹田⊖	ALf
描	RALg	扌艹田⊖	RALg
瞄	HALg	目艹田⊖	HALg
鹋	ALQG	艹田勹一	ALQG
杪	SITt	木小丿②	SITt
眇	HITt	目小丿②	HITt
秒	TItt	禾小丿②	TItt
淼	IIIU	水水水⑤	IIIU
渺	IHIT	氵目小丿	IHIT
缈	XHIt	纟目小丿	XHIt
藐	AEEq	艹四⺈儿	AERq
邈	EERP	四⺈白辶	ERQP
妙	VITt	女小丿②	VITt
庙	YMD	广由⊜	OMD
缪	XNWe	纟羽人彡	XNWe

mie

字	编码	拆分	编码
乜	NNV	乙乙⑧	NNV
咩	KUDh	口丷手①	KUH
灭	GOI	一火③	GOI
蔑	ALDT	艹皿厂丿	ALAw
篾	TLDT	艹皿厂丿	TLAw
蠛	JALt	虫艹皿丿	JALw

min

字	编码	拆分	编码
民	Nav	尸七⑧	Nav
岷	MNAn	山尸七⑧	MNAn
玟	GYY	王文⊙	GYY
苠	ANAb	艹尸七⑧	ANAb
珉	GNAn	王尸七⑧	GNAn
缗	XNAj	纟尸七日	XNAj
皿	LHNg	皿丨乙一	LHNg
闵	UYI	门文③	UYI
抿	RNAn	扌尸七⑧	RNAn
泯	INAn	氵尸七⑧	INAn
闽	UJI	门虫③	UJI
悯	NUYy	忄门文⊙	NUYy
敏	TXGT	𠂉母一攵	TXTy
愍	NATN	尸七攵心	NATN

鳖	TXGG	𠂉母一一	TXTG

ming

字	编码	拆分	编码
名	QKf	夕口⊖	QKf
明	JEg	日月⊖	JEg
鸣	KQYg	口勹丶一	KQGg
茗	AQKF	艹夕口⊖	AQKF
冥	PJUu	一日六	PJUu
铭	QQKg	钅夕口⊖	QQKg
溟	IPJU	氵一日六	IPJu
瞑	JPJU	日一日六	JPJU
暝	HPJu	目一日六	HPJu
酩	SGQK	西一夕口	SGQK
命	WGKB	人一口卩	WGKB

miu

谬	YNWE	讠羽人彡	YNWE

mo

字	编码	拆分	编码
摸	RAJD	扌艹日大	RAJD
谟	YAJd	讠艹日大	YAJd
嫫	VAJD	女艹日大	VAJD
馍	QNAD	饣乙艹大	QNAD
摹	AJDR	艹日大手	AJDR
模	SAJd	木艹日大	SAJd
膜	EAJD	月艹日大	EAJD
麽	YSSC	广木木厶	OSSC
摩	YSSR	广木木手	OSSR
磨	YSSD	广木木石	OSSD
蘑	AYSd	艹广木石	AOsd
魔	YSSC	广木木厶	OSSC
抹	RGSy	扌一木⊙	RGSy
末	GSi	一木③	GSi
殁	GQMC	一夕几又	GQWC
沫	IGSy	氵一木⊙	IGSy
茉	AGSu	艹一木③	AGSu
陌	BDJg	阝丆日⊖	BDJg
秣	TGSy	禾一木⊙	TGSY
莫	AJDu	艹日大③	AJDu
寞	PAJd	宀艹日大	PAJd
漠	IAJd	氵艹日大	IAJd
蓦	AJDC	艹日大马	AJDG

貊	EEDj	四勹丆日	EDJG
墨	LFOF	四土灬土	LFOF
瘼	UAJD	疒艹日大	UAJD
镆	QAJD	钅艹日大	QAJD
默	LFOD	四土灬犬	LFOD
貘	EEAd	四勹艹大	EAJD
饃	DIYd	三小广石	FSOD

mou

字	编码	拆分	编码
哞	KCRh	口厶⺘丨	KCTG
牟	CRHj	厶⺘丨⑩	CTGJ
侔	WCRh	亻厶⺘丨	WCTG
眸	HCRh	目厶⺘丨	HCtg
谋	YAFs	讠艹二木	YFSy
蛑	JCRh	虫厶⺘丨	JCTg
蝥	CBTQ	⽑卩丿金	CNHQ
某	AFSu	艹二木③	FSu

mu

字	编码	拆分	编码
毪	TFNH	丿二乙丨	ECTg
母	XGUi	囗一丶③	XNNY
亩	YLF	亠田⊖	YLf
牡	TRFG	丿扌土⊖	CFG
姆	VXgu	女囗一丶	VXy
拇	RXGu	扌囗一丶	RXY
木	SSSS	木木木木	SSSS
仫	WTCY	亻丿厶⊙	WTCy
目	HHHH	目目目目	HHHh
沐	ISY	氵木⊙	ISY
坶	FXGu	土囗一丶	FXy
牧	TRTy	丿扌丿攵	CTY
首	AHF	艹目⊖	AHF
钼	QHG	钅目一	QHG
募	AJDL	艹日大力	AJDE
墓	AJDF	艹日大土	AJDF
幕	AJDH	艹日大丨	AJDH
睦	HFwf	目土八土	HFwf
慕	AJDN	艹日大小	AJDN
暮	AJDJ	艹日大日	AJDJ
穆	TRIe	禾白小彡	TRIe

n			
唔	KGKG	口五口⊖	KGKg
嗯	KLDN	口口大心	KLDN

na			
拿	WGKR	人一口手	WGKR
镎	QWGR	钅人一手	QWGR
哪	KVfb	口刀二阝	KNGB
那	VFBh	刀二阝①	NGbh
纳	XMWy	纟门人⊙	XMWy
肭	EMWy	月门人⊙	EMWy
娜	VVFb	女刀二阝	VNGb
衲	PUMW	衤冫门人	PUMW
钠	QMWy	钅门人⊙	QMWy
捺	RDFI	扌大二小	RDFI
呐	KMWy	口门人⊙	KMWy

nai			
乃	ETN	乃丿乙	BNT
芳	AEB	艹乃⑥	ABR
奶	VEn	女乃②	VBT
氖	RNEb	𠂉乙乃⑥	RBE
佴	WBG	亻耳⊖	WBG
奈	DFIu	大二小⊙	DFIu
柰	SFIU	木二小⊙	SFIU
耐	DMJF	厂门刂寸	DMJF
萘	ADFI	艹大二小	ADFI
鼐	EHNn	乃目乙乙	BHNn

nan			
囡	LVD	口女⊜	LVD
男	LLb	田力⑥	LEr
南	FMuf	十冂䒑十	FMuf
难	CWyg	又亻圭⊖	CWyg
喃	KFMf	口十冂十	KFMf
楠	SFMf	木十冂十	SFMf
赧	FOBC	土小阝又	FOBC
腩	EFMf	月十冂十	EFMf
蝻	JFMf	虫十冂十	JFMf

nang			
囔	KGKE	口一口衣	KGKE
囊	GKHe	一口丨衣	GKHe

馕	QNGE	𠂉乙一衣	QNGE
曩	JYKe	日亠口衣	JYKe
攮	RGKE	扌一口衣	RGKE

nao			
孬	GIVb	一小女子	DHVB
呶	KVCy	口女又⊙	KVCy
挠	RATQ	扌七丿儿	RATq
硇	DTLq	石丿囗乂	DTLr
铙	QATq	钅七丿儿	QATq
猱	QTCS	犭丿マ木	QTCS
蛲	JATQ	虫七丿儿	JATQ
垴	FYBH	土文凵①	FYRb
恼	NYBh	忄文凵①	NYRb
脑	EYBh	月文凵①	EYRb
瑙	GVTq	王巛丿乂	GVTr
闹	UYMh	门亠冂丨	UYMh
淖	IHJh	氵卜早①	IHJh

ne			
呢	KNXn	口尸匕②	KNXn
讷	YMWy	讠门人⊙	YMWy

nei			
馁	QNEv	𠂉乙爫女	QNEv
内	MWi	冂人③	MWi

nen			
恁	WTFN	亻丿士心	WTFN
嫩	VGKt	女一口攵	VSKt

neng			
能	CExx	厶月匕匕	CExx

ni			
妮	VNXn	女尸匕②	VNXn
尼	NXv	尸匕⑥	NXv
坭	FNXn	土尸匕②	FNXn
怩	NNXn	忄尸匕②	NNXn
泥	INXn	氵尸匕②	INXn
倪	WVQn	亻白儿②	WEQn
铌	QNXn	钅尸匕②	QNXn
猊	QTVQ	犭丿白儿	QTEQ
霓	FVQb	雨白儿⑥	FEQb
鲵	QGVQ	鱼一白儿	QGEq

倪	WNXn	亻尸匕②	WNXn
你	WQiy	亻𠂊小⊙	WQiy
拟	RNYw	扌乙、人	RNYw
旎	YTNX	方𠂉尸匕	YTNX
昵	JNXn	日尸匕②	JNXn
逆	UBTp	䒑凵丿辶	UBTP
匿	AADK	匚艹ナ口	AADk
溺	IXUu	氵弓冫冫	IXUu
睨	HVQn	目白儿②	HEQn
腻	EAFm	月弋二贝	EAFy

nian			
拈	RHKG	扌卜口⊖	RHKg
蔫	AGHO	艹一止灬	AGHo
年	RHfk	𠂉丨十⑩	TGj
鲇	QGHK	鱼一卜口	QGHK
鲶	QGWN	鱼一人心	QGWn
黏	TWIK	禾人氺口	TWIK
捻	RWYN	扌人丶心	RWYN
辇	FWFL	二人二车	GGLJ
撵	RFWL	扌二人车	RGGl
碾	DNAe	石尸艹㠯	DNAe
廿	AGHg	廿一丨一	AGHG
念	WYNN	人丶乙心	WYNN
埝	FWYN	土人丶心	FWYN
粘	OHkg	米卜口⊖	OHKG

niang			
娘	VYVe	女丶ヨ㇇	VYVy
酿	SGYE	西一丶㇇	SGYV

niao			
鸟	QYNG	勹丶乙一	QGD
茑	AQYG	艹勹丶一	AQGF
袅	QYNE	勹丶乙衣	QYEU
嫋	LLVl	田力女力	LEVe
尿	NII	尸水③	NIi
脲	ENIy	月尸水⊙	ENIy

nie			
捏	RJFG	扌日土⊖	RJFg
陧	BJFg	阝日土一	BJFg

涅	IJFG	氵日土一	IJFG	脓	EPEy	月一伙⊙	EPEY	殴	AQMc	匚乂几又	ARWc
聂	BCCu	耳又又⑨	BCCu	弄	GAJ	王廾⑪	GAJ	瓯	AQGN	匚乂一乙	ARGy
臬	THSu	丿目木⑨	THSu					鸥	AQQG	匚乂勹一	ARQG
nou								呕	KAQY	口匚乂⊙	KARY
啮	KHWB	口止人凵	KHWB	糯	DIDf	三小厂寸	FSDf	偶	WJMy	亻日冂丶	WJMy
嗫	KBCc	口耳又又	KBCc	**nu**				耦	DIJy	三小日、	FSJy
镊	QBCc	钅耳又又	QBCc	奴	VCY	女又⊙	VCY	藕	ADIY	艹三小	AFSY
镍	QTHS	钅丿目木	QTHS	孥	VCBF	女又子⊖	VCBf	怄	NAQy	忄匚乂⊙	NARy
颞	BCCM	耳又又贝	BCCM	驽	VCCf	女又马⊖	VCCg	沤	IAQy	氵匚乂⊙	IARy
蹑	KHBc	口止耳又	KHBC	努	VCLb	女又力⑥	VCEr	**pa**			
孽	AWNB	艹亻コ子	ATNB	弩	VCXb	女又弓⑥	VCXb	趴	KHWy	口止八⊙	KHWy
蘖	AWNS	艹亻コ木	ATNS	胬	VCMW	女又冂人	VCMW	啪	KRRg	口才白⊖	KRRg
nin				怒	VCNu	女又心⑨	VCNu	葩	ARCb	艹白巴⑥	ARCb
您	WQIN	亻勹小心	WQIN	**nü**				扒	RWY	扌八⊙	RWY
ning				女	VVVv	女女女女	VVVv	杷	SCN	木巴⑥	SCN
宁	PSj	宀丁⑪	PSj	钕	QVG	钅女⊖	QVG	爬	RHYC	厂八丶巴	RHYC
咛	KPSh	口宀丁⑪	KPSh	恧	DMJN	厂门刂心	DMJN	耙	DICn	三小巴⑥	FSCn
拧	RPSh	扌宀丁⑪	RPSh	衄	TLNF	丿皿乙土	TLNG	琶	GGCb	王王巴⑥	GGCb
狞	QTPs	犭丿宀丁	QTPs	**nuan**				筢	TRCb	⺮扌巴⑥	TRCB
柠	SPSh	木宀丁⑪	SPSh	暖	JEFc	日爫二又	JEGC	帕	MHRg	冂丨白⊖	MHRg
聍	BPSh	耳宀丁⑪	BPSh	**nüe**				怕	NRg	忄白⊖	NRg
甯	PNEj	宀心用⑪	PNEj	疟	UAGD	疒匚一⊜	UAGd	**pai**			
凝	UXTh	冫匕𠂆疋	UXTh	虐	HAAg	虍七匚一	HAGd	拍	RRG	扌白⊖	RRG
佞	WFVg	亻二女一	WFVg	**nuo**				俳	WDJD	亻三刂三	WHDd
泞	IPSh	氵宀丁⑪	IPSh	挪	RVFb	扌刀二阝	RNGB	徘	TDJD	彳三刂三	THDD
niu				傩	WCWY	亻又亻主	WCWY	排	RDJd	扌三刂三	RHDd
妞	VNFg	女乙土⊖	VNHG	诺	YADk	讠艹𠂇口	YADk	牌	THGF	丿丨一十	THGF
牛	RHK	⺧丨⑪	TGK	喏	KADK	口艹𠂇口	KADk	哌	KREy	口厂𠂢⊙	KREy
忸	NNFg	忄乙土⊖	NNHG	搦	RXUu	扌弓冫冫	RXUu	派	IREy	氵厂𠂢⊙	IREy
扭	RNFg	扌乙土⊖	RNHg	锘	QADk	钅艹𠂇口	QADk	湃	IRDf	氵⺧三十	IRDF
狃	QTNF	犭丿乙土	QTNG	懦	NFDJ	忄雨厂刂	NFDj	蒎	AIRe	艹氵厂𠂢	AIRe
纽	XNFg	纟乙土⊖	XNHg	糯	OFDj	米雨厂刂	OFDJ	**pan**			
钮	QNFg	钅乙土⊖	QNHg	**o**				潘	ITOL	氵丿米田	ITOl
拗	RXLn	扌幺力⑥	RXEt	喔	KNGF	口尸一土	KNGF	攀	SQQr	木乂乂手	SRRr
nong				噢	KTMD	口丿冂大	KTMD	爿	NHDE	乙丨丿⑥	UNHT
农	PEI	冖𧘇⑨	PEi	哦	KTRt	口丿扌丿	KTRy	盘	TELf	丿舟皿⊖	TULf
侬	WPEy	亻冖𧘇⊙	WPEy	**ou**				磐	TEMD	丿舟几石	TUWD
哝	KPEy	口冖𧘇⊙	KPEy	讴	YAQy	讠匚乂⊙	YARy	蹒	KHAW	口止艹人	KHAW
浓	IPEy	氵冖𧘇⊙	IPEy	欧	AQQw	匚乂勹人	ARQw				

蟠	JTOL	虫丿米田	JTOl	裴	DJDE	三刂三衣	HDHE	铍	QHCy	钅广又⊙	QBY
判	UDJH	⺀ナ刂①	UGJH	沛	IGMH	氵一冂丨	IGMH	劈	NKUV	尸口⺀刀	NKUV
泮	IUFh	氵⺀十①	IUGH	佩	WMGh	亻几一丨	WWGH	擗	KNKu	口尸口⺀	KNKu
叛	UDRC	⺀ナ厂又	UGRC	帔	MHHC	冂丨广又	MHBy	霹	FNKu	雨尸口⺀	FNKu
盼	HWVn	目八刀②	HWVT	旆	YTGh	方⺀一丨	YTGh	皮	HCi	广又③	BNTY
畔	LUFh	田⺀十①	LUGh	配	SGNn	西一己②	SGNn	芘	AXXb	卄匕匕	AXXb
祥	PUUf	礻⺀十	PUUg	辔	XLXk	纟车纟口	LXXK	枇	SXXN	木匕匕	SXXN
襻	PUSR	礻⺀木手	PUSR	霈	FIGh	雨氵一丨	FIGh	毗	LXXn	田匕匕	LXXn
pang				**pen**				疲	UHCi	疒广又③	UBI
兵	RGYu	斤、一⊘	RYU	喷	KFAm	口十卄贝	KFAm	蚍	JXXN	虫匕匕	JXXN
滂	IUPy	氵立一方	IYUY	盆	WVLf	八刀皿㊀	WVLf	郫	RTFB	白丿十阝	RTFB
彷	TYN	彳方②	TYT	溢	IWVL	氵八刀皿	IWVL	陴	BRTf	阝白丿十	BRTf
庞	YDXv	广ナ匕⑳	ODXy	**peng**				啤	KRTf	口白丿十	KRTf
逄	TAHp	夂匚丨辶	TGPK	怦	NGUh	忄一⺀丨	NGUf	埤	FRTf	土白丿十	FRTf
旁	UPYb	立一方⑳	YUPy	抨	RGUH	扌一⺀丨	RGUF	琵	GGXx	王王匕匕	GGXx
螃	JUPy	虫立一方	JYUy	砰	DGUh	石一⺀丨	DGUf	脾	ERTf	月白丿十	ERTf
耪	DIUY	三小立方	FSYY	烹	YBOu	亠了灬⊘	YBOu	黑	LFCO	皿土厶灬	LFCO
胖	EUFh	月⺀十①	EUGh	嘭	KFKE	口士口彡	KFKEv	蜱	JRTf	虫白丿十	JRTf
pao				朋	EEg	月月㊀	EEg	貔	EETX	爫丿匕	ETLx
抛	RVLn	扌九力②	RVEt	棚	FEEg	土月月㊀	FEEg	鼙	FKUF	士口⺀十	FKUF
脬	EEBg	月爫子㊀	EEBg	彭	FKUE	士口⺀彡	FKUE	匹	AQV	匚儿⑳	AQv
刨	QNJH	勹巳刂①	QNJH	棚	SEEg	木月月㊀	SEEg	庀	YXV	广匕⑳	OXV
咆	KQNn	口勹巳②	KQNn	硼	DEEg	石月月㊀	DEEG	仳	WXXn	亻匕匕②	WXXN
庖	YQNv	广勹巳⑳	OQNV	蓬	ATDP	卄夂三辶	ATDP	圮	FNN	土己②	FNN
狍	QTQN	犭丿勹巳	QTQN	鹏	EEQg	月月勹一	EEQg	痞	UGIk	疒一小口	UDHk
炮	OQNn	火勹巳②	OQNn	澎	IFKE	氵士口彡	IFKE	擗	RNKu	扌尸口⺀	RNKu
袍	PUQn	礻⺀勹巳	PUQn	篷	TTDP	⺮夂三辶	TTDP	癖	UNKu	疒尸口⺀	UNKu
匏	DFNN	大二乙巳	DFNN	膨	EFKe	月士口彡	EFKe	疋	NHI	乙疋③	NHI
跑	KHQn	口止勹巳	KHQn	蟛	JFKe	虫士口彡	JFKe	屁	NXXv	尸匕匕⑳	NXXv
泡	IQNn	氵勹巳②	IQNn	捧	RDWh	扌三人丨	RDWg	淠	ILGJ	氵田一刂	ILGJ
疱	UQNv	疒勹巳⑳	UQNv	碰	DUOg	石⺀业一	DUOg	媲	VTLx	女丿口匕	VTLx
pei				**pi**				睥	HRtf	目白丿十	HRtf
呸	KGIg	口一小一	KDHG	丕	GIGF	一小一㊀	DHGD	僻	WNKu	亻尸口⺀	WNKu
胚	EGIg	月一小一	EDHg	批	RXxn	扌匕匕②	RXXn	甓	NKUN	尸口⺀乙	NKUY
醅	SGUK	西一立口	SGUK	纰	XXXN	纟匕匕②	XXXn	譬	NKUY	尸口⺀言	NKUY
陪	BUKg	阝立口㊀	BUKg	邳	GIGB	一小一阝	DHGB	**pian**			
培	FUKg	土立口㊀	FUKg	坏	FGIG	土一小一	FDHG	偏	WYNA	亻、尸卄	WYNA
赔	MUKg	贝立口㊀	MUKg	披	RHCy	扌广又⊙	RBY	编	TRYA	丿扌、卄	CYNa
锫	QUKG	钅立口㊀	QUKG	砒	DXXn	石匕匕②	DXXn				

篇	TYNA	⺮丶尸艹	TYNa
翩	YNMN	丶尸门羽	YNMN
骈	CUah	马丷卄①	CGUA
胼	EUAh	月丷卄①	EUAh
蹁	KHYA	口止丶艹	KHYA
编	YYNA	讠丶尸艹	YYNA
片	THGn	丿丨一乙	THGn
骗	CYNA	马丶尸艹	CGYA

piao

飘	SFIQ	西二小乂	SFIR
剽	SFIJ	西二小刂	SFIJ
漂	ISFi	氵西二小	ISFi
缥	XSFi	纟西二小	XSFI
螵	JSFi	虫西二小	JSFi
瓢	SFIY	西二小丶	SFIY
殍	GQEB	一夕罒子	GQEB
瞟	HSFi	目西二小	HSFi
票	SFIU	西二小⊙	SFIu
嘌	KSFi	口西二小	KSFi
嫖	VSFi	女西二小	VSFi

pie

氕	RNTR	⺅乙丿②	RTE
撇	RUMT	扌丷门攵	RITY
瞥	UMIH	丷门小目	ITHF
苤	AGIg	艹一小一	ADHG

pin

拼	RUAh	扌丷卄①	RUAh
姘	VUAh	女丷卄①	VUAh
拚	RCAh	扌厶卄丨	RCAH
贫	WVMu	八刀贝⊙	WVDu
嫔	VPRw	女宀斤八	VPRw
频	HIDm	止小厂贝	HHDm
品	KKKf	口口口	KKKf
榀	SKKk	木口口口	SKKk
牝	TRXn	丿扌匕	CXn
聘	BMGn	耳由一乙	BMGn

ping

兵	RGTr	⻊一丿②	RTR
傰	WMGN	亻由一乙	WMGN

娉	VMGN	女由一乙	VMGN
平	GUhk	一丷丨⺍	GUFk
评	YGUh	讠一丷丨	YGUf
凭	WTFM	亻丿士几	WTFM
坪	FGUh	土一丷丨	FGUf
苹	AGUh	艹一丷丨	AGUF
屏	NUAk	尸丷卄⑩	NUAk
枰	SGUh	木一丷丨	SGUf
瓶	UAGn	丷卄一乙	UAGY
萍	AIGH	艹氵一丨	AIGf
鲆	QGGh	鱼一一丨	QGGF

po

泊	IRg	氵白⊖	IRG
钋	QHY	钅卜⊙	QHY
坡	FHCy	土广又⊙	FBy
泼	INTY	氵乙丿丶	INTY
颇	HCDm	广又厂贝	BDMy
婆	IHCV	氵广又女	IBVf
鄱	TOLB	丿米田阝	TOLB
皤	RTOL	白丿米田	RTOL
叵	AKD	匚口⊟	AKD
钜	QAKg	钅匚口⊖	QAKg
筐	TAKF	⺮匚口二	TAKF
迫	RPD	白辶⊟	RPD
珀	GRG	王白⊖	GRg
破	DHCy	石广又⊙	DBy
粕	ORG	米白⊖	ORg
魄	RRQC	白白儿厶	RRQC

pou

剖	UKJh	立口刂①	UKJh
掊	RUKg	扌立口⊖	RUKG
裒	YVEU	亠白伙⊙	YEEu

pu

攴	HCU	卜又⊙	HCU
仆	WHY	亻卜⊙	WHY
扑	RHY	扌卜⊙	RHY
脯	EGEy	月一月丶	ESY
铺	QGEy	钅一月丶	QSY
匍	QGEY	勹一月丶	QSI

莆	AGEy	艹一月丶	ASu
菩	AUKF	艹立口⊟	AUKf
葡	AQGy	艹勹一丶	AQSu
蒲	AIGY	艹氵一丶	AISu
璞	GOGY	王业一丶	GOUy
濮	IWOy	氵亻业丶	IWOg
镤	QOGy	钅业一丶	QOUG
朴	SHY	木卜⊙	SHY
圃	LGEY	囗一月丶	LSI
埔	FGEY	土一月丶	FSY
浦	IGEY	氵一月丶	ISy
普	UOgj	丷业一日	UOjf
溥	IGEF	氵一月寸	ISFY
谱	YUOj	讠丷业日	YUOj
氆	TFNJ	丿二乙日	EUOj
错	QUOj	钅丷业日	QUOj
蹼	KHOy	口止业丶	KHOG
瀑	IJAi	氵日艹氺	IJAi
曝	JJAi	日日艹氺	JJAi

qi

七	AGn	七一乙	AGn
沏	IAVn	氵七刀②	IAVt
妻	GVhv	一彐丨女	GVhv
凄	UGVV	冫一彐女	UGVV
栖	SSG	木西⊖	SSG
桤	SMNN	木山己②	SMNn
戚	DHIt	厂上小丿	DHII
萋	AGVv	艹一彐女	AGVv
期	ADWE	艹三八月	DWEg
欺	ADWW	艹三八人	DWQw
嘁	KDHT	口厂上丿	KDHI
槭	SDHT	木厂上丿	SDHI
柒	IASu	氵七木⊙	IASu
漆	ISWi	氵木人氺	ISWi
蹊	KHED	口止四大	KHED
亓	FJJ	二刂⑩	FJJ
祁	PYBh	礻丶阝丨	PYBh
齐	YJJ	文刂⑩	YJJ
圻	FRH	土斤①	FRH

岐	MFCy	山十又○	MFCy
芪	AQAb	艹匚七○	AQAb
其	ADWu	艹三八○	DWu
奇	DSKF	大丁口○	DSKF
歧	HFCy	止十又○	HFCy
祈	PYRh	礻丶斤①	PYRh
者	FTXJ	土丿匕日	FTXJ
脐	EYJh	月文刂①	EYJh
颀	RDMy	斤厂贝○	RDMY
崎	MDSk	山大丁口	MDSk
淇	IADW	氵艹三八	IDWY
畦	LFFg	田土土○	LFFg
萁	AADW	艹艹三八	ADWU
骐	CADW	马艹三八	CGDW
骑	CDSk	马大丁口	CGDK
棋	SADw	木艹三八	SDWy
琦	GDSk	王大丁口	GDSk
琪	GADw	王艹三八	GDWy
祺	PYAw	礻丶艹八	PYDW
蛴	JYJh	虫文刂①	JYJh
旗	YTAw	方𠂉艹八	YTDW
綦	ADWI	三艹八小	DWXi
蜞	JADw	虫艹三八	JDWy
蕲	AUJR	艹䒑日斤	AUJR
鳍	QGFJ	鱼一土日	QGFJ
麒	YNJW	广コ刂八	OXXW
乞	TNB	𠂉乙⑩	TNB
企	WHF	人止○	WHF
屺	MNN	山己○	MNN
岂	MNb	山己○	MNb
芑	ANB	艹己○	ANB
启	YNKd	丶尸口②	YNKd
杞	SNN	木己○	SNN
起	FHNv	土止己⑩	FHNv
绮	XDSk	纟大丁口	XDSk
气	RNB	𠂉乙⑩	RTGn
讫	YTNN	讠𠂉乙○	YTNn
汔	ITNn	氵𠂉乙○	ITNN
迄	TNPv	𠂉乙辶⑩	TNPV

弃	YCAj	亠厶廾⑩	YCAj
汽	IRNn	氵𠂉乙○	IRn
泣	IUG	氵立㊀	IUG
契	DHVd	三丨刀大	DHVd
砌	DAVn	石七刀○	DAVt
葺	AKBf	艹口耳○	AKBf
碛	DGMy	石主贝○	DGMy
器	KKDk	口口犬口	KKDk
憩	TDTN	丿古丿心	TDTN
愆	DSKW	大丁口人	DSKW

qia

掐	RQVg	扌𠂉白㊀	RQEg
袷	PUWK	礻冫人口	PUWK
葜	ADHD	艹三丨大	ADHD
洽	IWGk	氵人一口	IWGk
恰	NWGK	忄人一口	NWgk
髂	MEPk	罒月宀口	MEPK

qian

千	TFK	丿十⑩	TFK
仟	WTFH	亻丿十①	WTFH
阡	BTFh	阝丿十①	BTFh
扦	RTFH	扌丿十①	RTFH
芊	ATFj	艹丿十⑩	ATFj
迁	TFPk	丿十辶⑩	TFPk
佥	WGIF	人一业㊀	WGIG
岍	MGAH	山一廾①	MGAH
钎	QTFh	钅丿十①	QTFH
牵	DPRh	大宀扌丨	DPTg
悭	NJCf	忄刂又土	NJCf
铅	QMKg	钅几口㊀	QWKg
谦	YUVo	讠业ヨ小	YUVw
愆	TIFN	彳氵二心	TIGN
签	TWGI	竹人一业	TWGG
骞	PFJC	宀二刂马	PAWG
搴	PFJR	宀二刂手	PAWR
褰	PFJE	宀二刂𧘇	PAWE
前	UEjj	䒑月刂⑩	UEjj
钤	QWYN	钅人丶乙	QWYN
虔	HAYi	广文七③	HYi

钱	QGt	钅戋②	QGay
钳	QAFg	钅艹二㊀	QFG
乾	FJTn	十早丿乙	FJTn
掮	RYNE	扌丶尸月	RYNE
箝	TRAF	竹扌艹二	TRFF
潜	IFWj	氵二人日	IGGJ
黔	LFON	罒土灬乙	LFON
浅	IGT	氵戋②	IGAy
肷	EQWy	月勹人○	EQWy
慊	NUVo	忄业ヨ小	NUVw
遣	KHGP	口丨一辶	KHGP
谴	YKHP	讠口丨辶	YKHP
缱	XKHP	纟口丨辶	XKHp
欠	QWu	勹人○	QWu
芡	AQWu	艹勹人	AQWu
茜	ASF	艹西㊀	ASF
倩	WGEG	亻主月○	WGEG
堑	LRFf	车斤土○	LRFf
嵌	MAFw	山艹二人	MFQw
椠	LRSu	车斤木②	LRSu
歉	UVOW	业ヨ小人	UVJW

qiang

呛	KWBn	口人已○	KWBn
羌	UDNB	丷尹乙⑩	UNV
戕	NHDA	乙丨𠂉戈	UAY
枪	SWBn	木人已乙	SWBn
戗	WBAt	人已戈②	WBAy
跄	KHWB	口止人已	KHWB
腔	EPWa	月宀八工	EPWa
蜣	JUDN	虫丷尹乙	JUNn
锖	QGEG	钅主月○	QGEG
锵	QUQF	钅丬夕寸	QUQf
镪	QXKj	钅弓口虫	QXKj
强	XKjy	弓口虫②	XKjy
墙	FFUK	土十业口	FFUK
嫱	VFUK	女十业口	VFUK
蔷	AFUk	艹十业口	AFUk
樯	SFUk	木十业口	SFUk
抢	RWBn	扌人已○	RWBn

五笔打字立体化教程（微课版）

126

字	码	拆分	码
羟	UDCA	⺷⺈ス工	UCAG
褴	PUXj	衤丿弓虫	PUXj
炝	OWBn	火人巴乙	OWBn

qiao

字	码	拆分	码
悄	NIeg	忄⺌月⊖	NIeg
桥	MTDJ	山丿大刂	MTDJ
硗	DATq	石七丿儿	DATq
跷	KHAQ	口止七儿	KHAQ
劁	WYOJ	亻隹灬刂	WYOJ
敲	YMKC	高门口又	YMKC
锹	QTOy	钅禾火⊙	QTOY
橇	STFn	木丿二乙	SEEE
缲	XKKs	纟口口木	XKKs
乔	TDJj	丿大刂⑪	TDJj
侨	WTDj	亻丿大刂	WTDj
荞	ATDJ	艹丿大刂	ATDJ
桥	STDj	木丿大⑪	STDj
谯	YWYO	讠亻隹灬	YWYO
憔	NWYO	忄亻隹灬	NWYO
鞒	AFTJ	廿革丿刂	AFTJ
樵	SWYO	木亻隹灬	SWYO
瞧	HWYo	目亻隹灬	HWYo
巧	AGNN	工一乙②	AGNN
愀	NTOy	忄禾火⊙	NTOy
俏	WIEg	亻⺌月⊖	WIEg
诮	YIEg	讠⺌月⊖	YIEg
峭	MIeg	山⺌月⊖	MIeg
窍	PWAN	宀八工乙	PWAN
翘	ATGN	七丿一羽	ATGN
撬	RTFN	扌丿二乙	REEe
鞘	AFIE	廿革⺌月	AFIE

qie

字	码	拆分	码
切	AVn	七刀②	AVt
趄	FHEg	土止月一	FHEg
茄	ALKF	艹力口⊖	AEKf
且	EGd	月一⊜	EGd
妾	UVF	立女⊖	UVF
怯	NFCY	忄土厶⊙	NFCY

字	码	拆分	码
窃	PWAV	宀八七刀	PWAV
挈	DHVR	三丨刀手	DHVR
惬	NAGw	忄匚一人	NAGd
箧	TAGW	竹匚一人	TAGD
锲	QDHd	钅三丨大	QDHd
郄	QDCb	乂ナ厶阝	RDCB

qin

字	码	拆分	码
钦	QQWy	钅勹人⊙	QQWy
亲	USu	立木②	USu
侵	WVPc	亻彐冖又	WVPc
衾	WYNE	人、乙衣	WYNE
芩	AWYN	艹人、乙	AWYN
芹	ARJ	艹斤⑪	ARJ
秦	DWTu	三人禾②	DWTu
琴	GGWn	王王人乙	GGWn
禽	WYBc	人文凵厶	WYRC
勤	AKGL	廿口⺺力	AKGe
嗪	KDWT	口三人禾	KDWT
溱	IDWt	氵三人禾	IDWT
噙	KWYC	口人文厶	KWYC
擒	RWYC	扌人文厶	RWYC
檎	SWYC	木人文厶	SWYC
螓	JDWT	虫三人禾	JDWT
锓	QVPc	钅彐冖又	QVPc
寝	PUVC	宀丬彐又	PUVC
吣	KNY	口心⊙	KNY
沁	INy	氵心⊙	INy
撳	RQQw	扌钅勹人	RQQw
覃	SJJ	西早⑪	SJJ

qing

字	码	拆分	码
青	GEF	⺀月⊖	GEF
氢	RNCa	乞乙スエ	RCAd
轻	LCag	车スエ⊖	LCag
倾	WXDm	亻匕厂贝	WXDm
卿	QTVB	卩丿彐卩	QTVB
圊	LGED	囗⺀月⊖	LGED
清	IGEg	氵⺀月⊖	IGEg
蜻	JGEG	虫⺀月⊖	JGEG
鲭	QGGE	鱼一⺀月	QGGE

字	码	拆分	码
情	NGEg	忄⺀月⊖	NGEg
晴	JGEg	日⺀月⊖	JGEg
氰	RNGE	乞乙⺀月	RGEd
擎	AQKR	艹勹口手	AQKR
檠	AQKS	艹勹口木	AQKS
黥	LFOI	罒土灬小	LFOI
苘	AMKf	艹冂口⊖	AMKf
顷	XDmy	匕厂贝⊙	XDmy
请	YGEg	讠⺀月⊖	YGEg
磬	FNMY	士尸几言	FNWY
庆	YDi	广大③	ODI
綮	YNTI	、尸攵小	YNTI
箐	TGEf	竹⺀月⊖	TGEf
磬	FNMD	士尸几石	FNWD
鳌	FNMM	士尸几山	FNWB

qiong

字	码	拆分	码
邛	ABH	工阝①	ABH
穷	PWLb	宀八力⑧	PWEr
穹	PWXb	宀八弓⑧	PWXb
茕	APNf	艹冖乙十	APNF
筇	TABj	竹工阝⑪	TABj
琼	GYIY	王亠小⊙	GYIY
蛩	AMYJ	工几、虫	AWYJ
跫	AMYH	工几、止	AWYH
銎	AMYQ	工几、金	AWYQ

qiu

字	码	拆分	码
丘	RGD	斤一⊜	RTHg
邱	RGBh	斤一阝①	RBH
秋	TOy	禾火⊙	TOy
湫	ITOY	氵禾火⊙	ITOY
蚯	JRGG	虫斤一一	JRg
楸	STOy	木禾火⊙	STOy
鳅	QGTO	鱼一禾火	QGTO
囚	LWI	囗人③	LWI
犰	QTVN	犭丿九②	QTVN
求	FIYi	十水、③	GIYi
虬	JNN	虫乙②	JNN
泅	ILWy	氵囗人⊙	ILWy
俅	WFIY	亻十水、	WGIY

字	码	拆分	码
酋	USGF	⼀西一㊀	USGF
述	FIYP	十八丶辶	GIYP
球	GFIy	王十八丶	GGIy
赇	MFIy	贝十八丶	MGIy
巯	CAYq	ス工⼀儿	CAYK
遒	USGP	⼀西一辶	USGP
袤	FIYE	十八丶衣	GIYE
蝤	JUSg	虫丶西一	JUSg
鼽	THLV	丿目田九	THLV
糗	OTHD	米丿目犬	OTHD

qu

字	码	拆分	码
区	AQi	匚乂㊀	ARi
曲	MAd	冂丗㊀	MAd
岖	MAQy	山匚乂	MARy
诎	YBMH	讠山山①	YBMh
驱	CAQy	马匚乂	CGAr
屈	NBMk	尸凵山⑪	NBMk
祛	PYFC	礻丶土厶	PYFC
蛆	JEGG	虫月一㊀	JEGG
躯	TMDQ	丿冂三乂	TMDR
蛐	JMAg	虫冂丗一	JMAg
趋	FHQv	土止ク⺕	FHQv
麴	FWWO	十人人米	SWWO
黢	LFOT	罒土灬夂	LFOT
劬	QKLn	勹口力②	QKET
胸	EQKg	月勹口㊀	EQKg
鸲	QKQG	勹口勹一	QKQG
渠	IANS	氵匚ヨ木	IANS
蕖	AIAS	艹氵匚木	AIAS
磲	DIAS	石氵匚木	DIAs
璩	GHAE	王虍七豕	GHGE
瞿	HHWY	目目亻圭	HHWy
蘧	AHAp	艹虍七辶	AHGp
氍	HHWN	目目亻乙	HHWE
癯	UHHy	疒目目圭	UHHy
衢	THHH	彳目目丨	THHs
蠼	JHHC	虫目目又	JHHC
取	BCy	耳又㊀	BCy
娶	BCVf	耳又女㊀	BCVf

字	码	拆分	码
齲	HWBY	止人凵丶	HWBY
去	FCU	土厶㊀	FCU
阒	UHDi	门目犬㊀	UHDI
觑	HAOQ	广七业儿	HOMq
趣	FHBc	土止耳又	FHBc

quan

字	码	拆分	码
圈	LUDb	囗⺍大巳	LUGB
悛	NCWt	忄厶八夂	NCWt
全	WGf	人王㊀	WGf
权	SCy	木又㊀	SCy
诠	YWGg	讠人王一	YWGg
泉	RIU	白水㊀	RIu
荃	AWGF	艹人王㊀	AWGF
拳	UDRj	⺍大手⑪	UGRj
辁	LWGG	车人王㊀	LWGG
痊	UWGd	疒人王大	UWGd
铨	QWGg	钅人王㊀	QWGg
筌	TWGF	⺮人王㊀	TWGF
蜷	JUDB	虫⺍大巳	JUGB
醛	SGAG	西一艹王	SGAG
鬈	DEUb	镸彡⺍巳	DEUb
颧	AKKm	艹口口贝	AKKm
犬	DGTY	犬一丿丶	DGTY
畎	LDY	田犬㊀	LDY
绻	XUDB	纟⺍大巳	XUGB
劝	CLn	又力②	CET
券	UDVb	⺍大刀⑧	UGVr

que

字	码	拆分	码
缺	RMNw	⌐山⼐人	TFBw
炔	ONWy	火⌐人㊀	ONWy
瘸	ULKW	疒力口人	UEKW
却	FCBh	土厶卩①	FCBh
确	DQEh	石⺈用①	DQEh
阕	UWGD	门⺀一大	UWGD
鹊	AJQG	艹日勹一	AJQG
恝	FPMN	士宀心心	FPWN
雀	IWYF	小亻圭㊀	IWYF

qun

字	码	拆分	码
群	VTKd	ヨ丿口羊	VTKU

字	码	拆分	码
遨	CWTp	厶八夂辶	CWTP
裙	PUVK	礻⺀ヨ口	PUVK

ran

字	码	拆分	码
然	QDou	夕犬灬㊀	QDou
蚺	JMFg	虫冂土㊀	JMFG
髯	DEMf	镸彡冂土	DEMf
燃	OQDO	火夕犬灬	OQDo
冉	MFD	冂土㊂	MFD
苒	AMFf	艹冂土㊀	AMFf
染	IVSu	氵九木㊀	IVSu

rang

字	码	拆分	码
让	YHg	讠上㊀	YHg
禳	PYYE	礻丶⼀衣	PYYE
瓤	YKKY	⼀口口丶	YKKY
穰	TYKe	禾⼀口衣	TYKe
嚷	KYKe	口⼀口衣	KYKe
壤	FYKe	土⼀口衣	FYKe
攘	RYKe	扌⼀口衣	RYKe

rao

字	码	拆分	码
荛	AATq	艹七丿儿	AATq
饶	QNAq	⺈乙七儿	QNAq
桡	SATq	木七丿儿	SATq
娆	VATq	女七丿儿	VATq
扰	RDNn	扌ナ乙②	RDNy
绕	XATq	纟七丿儿	XATq

re

字	码	拆分	码
惹	ADKN	艹ナ口心	ADKN
热	RVYO	扌九丶灬	RVYO

ren

字	码	拆分	码
人	Wwww	人人人人	WWWW
仁	WFG	亻二㊀	WFG
壬	TFD	丿士㊂	TFD
忍	VYNU	刀丶心㊀	VYNu
荏	AWTF	艹亻丿士	AWTf
稔	TWYN	禾人丶心	TWYN
刃	VYI	刀丶㊀	VYI
认	YWy	讠人㊀	YWy
仞	WVYy	亻刀丶㊀	WVYy

任	WTFg	亻丿士㇀	WTFg
纫	XVYy	纟幺丶㇀	XVYy
妊	VTFg	女丿士㇀	VTFg
韧	LVYy	车刀丶㇀	LVYy
韧	FNHY	二乙丨丶	FNHY
衽	QNTF	夕乙丿士	QNTF
衽	PUTF	衤丨丿士	PUTF
葚	AADN	艹艹三乙	ADWN
reng			
扔	REn	扌乃㇈	RBT
仍	WEn	亻乃㇈	WBT
ri			
日	JJJJ	日日日日	JJJJ
rong			
戎	ADE	戈𠂇㇈	ADE
肜	EET	月彡㇈	EET
茸	ABF	艹耳㇀	ABF
狨	QTAD	犭丿戈𠂇	QTAD
荣	APSu	艹冖木㇀	APSu
绒	XADt	纟戈𠂇㇈	XADt
容	PWWk	宀八人口	PWWk
嵘	MAPS	山艹冖木	MAPs
溶	IPWK	氵宀八口	IPWK
蓉	APWk	艹宀八口	APWk
榕	SPWk	木宀八口	SPWk
熔	OPWk	火宀八口	OPWk
蛑	JAPS	虫艹一木	JAPs
融	GKMj	一口冂虫	GKMj
冗	PMB	冖几㇈	PWB
rou			
柔	CBTS	龴卩丿木	CNHS
揉	RCBS	扌龴卩木	RCNS
糅	OCBs	米龴卩木	OCNS
蹂	KHCS	口止龴木	KHCS
鞣	AFCS	廿革龴木	AFCS
肉	MWWi	冂人人㇀	MWWi
ru			
如	VKg	女口㇀	VKg
茹	AVKf	艹女口㇀	AVKf

锄	QVKg	钅女口㇀	QVKg
儒	WFDj	亻雨厂刂	WFDj
嚅	KFDj	口雨厂刂	KFDj
孺	BFDj	子雨厂刂	BFDj
濡	IFDj	氵雨厂刂	IFDj
薷	AFDJ	艹雨厂刂	AFDJ
襦	PUFJ	衤丨雨刂	PUFJ
蠕	JFDJ	虫雨厂刂	JFDJ
颥	FDMM	雨厂冂贝	FDMM
汝	IVG	氵女㇀	IVG
乳	EBNn	爫子乙㇈	EBNn
辱	DFEF	厂二𧘇寸	DFEF
入	TYi	丿丶㇀	TYi
洳	IVKG	氵女口㇀	IVKG
溽	IDFF	氵厂二寸	IDFF
缛	XDFF	纟厂二寸	XDFf
薅	ADFF	艹厂二寸	ADFF
褥	PUDF	衤丨厂寸	PUDF
蚋	JMWY	虫冂人㇀	JMWY
偌	WADK	亻艹𠂇口	WADK
ruan			
阮	BFQn	阝二儿㇈	BFQn
朊	EFQn	月二儿㇈	EFQn
软	LQWy	车𠂉人㇀	LQWy
rui			
蕤	AETG	艹乑丿㇀	AGEG
蕊	ANNn	艹心心心	ANNn
芮	AMWU	艹冂人㇀	AMWU
枘	SMWy	木冂人㇀	SMWy
锐	QUKq	钅丷口儿	QUKq
瑞	GMDj	王山厂刂	GMDj
睿	HPGH	⺊冖一目	HPGH
run			
闰	UGd	门王㇀	UGD
润	IUGG	氵门王㇀	IUGG
ruo			
若	ADKf	艹𠂇口㇀	ADKf
偌	WADk	亻艹𠂇口	WADk
弱	XUxu	弓冫弓㇀	XUxu

箬	TADK	⺮艹𠂇口	TADk
sa			
仨	WDG	亻三㇀	WDG
撒	RAEt	扌艹月攵	RAEt
洒	ISg	氵西㇀	ISG
卅	GKK	一川⑪	GKK
飒	UMQY	立冂乂㇀	UWRY
胂	EQSy	月乂木㇀	ERSy
萨	ABUt	艹阝立丿	ABUt
sai			
腮	ELNY	月田心㇀	ELNy
塞	PFJF	宀二刂土	PAWF
噻	KPFF	口宀二土	KPAf
鳃	QGLn	鱼一田心	QGLn
赛	PFJM	宀二刂贝	PAwm
san			
三	DGgg	三一一一	DGgg
叁	CDDf	厶大三㇀	CDDf
毵	CDEN	厶大彡乙	CDEE
伞	WUHj	人丷丨⑪	WUFj
糁	OCDe	米厶大彡	OCDe
馓	QNAT	夕乙艹攵	QNAT
散	AETy	艹月攵㇀	AETY
sang			
丧	FUEu	十丷𧘇㇀	FUEu
桑	CCCS	又又又木	CCCS
嗓	KCCS	口又又木	KCCs
搡	RCCS	扌又又木	RCCS
磉	DCCs	石又又木	DCCs
颡	CCCM	又又又贝	CCCM
sao			
搔	RCYJ	扌又丶虫	RCYJ
骚	CCYJ	马又丶虫	CGCJ
缫	XVJs	纟巛日木	XVJs
臊	EKKS	月口口木	EKKS
蟹	QGCJ	鱼一又虫	QGCJ
扫	RVg	扌㇕㇀	RVg
嫂	VVHc	女臼丨又	VEHc
埽	FVPh	土㇕冖丨	FVPh
瘙	UCYj	疒又丶虫	UCYj

se

色	QCb	勹巴⊙	QCb
涩	IVYh	氵刀丶止	IVYh
啬	FULK	十丷口口	FULK
铯	QQCN	钅勹巴⊙	QQCN
瑟	GGNt	王王心丿	GGNt
穑	TFUK	禾十丷口	TFUK

sen

森	SSSu	木木木⊙	SSSu

seng

僧	WULj	亻丷四日	WULj

sha

杀	QSU	乂木⺀	RSU
沙	IITt	氵小丿⊘	IITt
杉	SET	木彡⊘	SEt
纱	XItt	纟小丿⊘	XItt
刹	QSJh	乂木刂①	RSJh
砂	DItt	石小丿⊘	DItt
莎	AIIT	艹氵小丿	AIIT
铩	QQSy	钅乂木⊙	QRSy
痧	UIIt	疒氵小丿	UIIt
裟	IITE	氵小丿衣	IITE
鲨	IITG	氵小丿一	IITG
傻	WTLT	亻丿口夂	WTLt
唼	KUVg	口立女⊖	KUVg
啥	KWFK	口人干口	KWFK
歃	TFVw	丿十白人	TFEw
煞	QVTo	勹ヨ攵灬	QVTo
霎	FUVf	雨立女⊖	FUVf

shai

筛	TJGH	⺮刂一丨	TJGH
酾	SGGY	西一一丶	SGGY
晒	JSG	日西⊖	JSG

shan

山	MMMm	山山山山	MMMm
删	MMGJ	门门一刂	MMGJ
鳝	QGUK	鱼一丷口	QGUK
芟	AMCu	艹几又⊙	AWCU
姗	VMMg	女门门一	VMMg
衫	PUEt	衤冫彡⊘	PUEt
钐	QET	钅彡⊘	QET
埏	FTHp	土丿止廴	FTHp
珊	GMMg	王门门一	GMMg
舢	TEMH	丿舟山①	TUMH
跚	KHMG	口止门一	KHMG
煽	OYNN	火丶尸羽	OYNN
潸	ISSE	氵木木月	ISSE
膻	EYLg	月亠口一	EYLg
闪	UWi	门人③	UWi
陕	BGUw	阝一丷人	BGUd
讪	YMH	讠山①	YMH
汕	IMH	氵山①	IMH
疝	UMK	疒山⑩	UMK
苫	AHKf	艹卜口⊖	AHKF
扇	YNND	丶尸羽⊖	YNND
善	UDUK	丷手丷口	UUKF
骟	CYNN	马丶尸羽	CGYN
鄯	UDUB	丷手丷阝	UUKB
缮	XUDK	纟丷手口	XUUK
嬗	VYLG	女亠口一	VYLg
擅	RYLg	扌亠口一	RYLg
膳	EUDK	月丷手口	EUUK
赡	MQDY	贝⺈厂言	MQDY
蟮	JUDK	虫丷手口	JUUk
墠	RUJF	扌丷日十	RUJF

shang

伤	WTLn	亻丿力⊘	WTEt
殇	GQTR	一夕⺆丿	GQTR
商	UMwk	立冂八口	YUMk
觞	QETR	⺈用⺆丿	QETR
墒	FUMK	土立冂口	FYUK
熵	OUMk	火立冂口	OYUk
裳	IPKE	尚冖口衣	IPKE
垧	FTMk	土丿冂口	FTMk
晌	JTMk	日丿冂口	JTMk
赏	IPKM	尚冖口贝	IPKM
上	Hhgg	上丨一一	Hhgg
尚	IMKF	小冂口⊖	IMKf
绱	XIMk	纟小冂口	XIMk

shao

捎	RIEg	扌小月⊖	RIEg
梢	SIEg	木小月⊖	SIEg
稍	TIEg	禾小月⊖	TIEg
烧	OATq	火七丿儿	OATq
筲	TIEF	⺮小月⊖	TIEF
艄	TEIE	丿舟小月	TUIE
蛸	JIEg	虫小月⊖	JIEg
勺	QYI	勹丶③	QYI
芍	AQYu	艹勹丶⊙	AQYu
杓	SQYY	木勹丶⊙	SQYY
苕	AVKF	艹刀口⊖	AVKF
韶	UJVk	立日刀口	UJVk
少	ITr	小丿②	ITe
劭	VKLn	刀口力⊘	VKET
邵	VKBh	刀口阝①	VKBh
绍	XVKg	纟刀口⊖	XVKg
哨	KIEg	口小月⊖	KIEg
潲	ITIe	氵禾小月	ITIe

she

奢	DFTj	大土丿日	DFTj
猞	QTWK	犭丿人口	QTWK
赊	MWFi	贝人二小	MWFi
畲	WFIL	人二小田	WFIL
舌	TDD	丿古⊖	TDD
佘	WFIU	人二小⊙	WFIU
蛇	JPXn	虫宀匕⊘	JPxn
舍	WFKf	人干口⊖	WFKf
厍	DLK	厂车⑩	DLK
设	YMCy	讠几又⊙	YWCy
社	PYfg	礻丶土⊖	PYfg
射	TMDF	丿门三寸	TMDf
涉	IHIt	氵止小⊘	IHHt
赦	FOTy	土小攵丶	FOTY
慑	NBCc	忄耳又又	NBCc
摄	RBCC	扌耳又又	RBCC
滠	IBCc	氵耳又又	IBCc

麟	YNJF	广⺈刂寸	OXXF
歃	WGKW	人一口人	WGKW

shei

谁	YWYG	讠亻⺀⊖	YWYG

shen

申	JHK	日丨Ⅲ	JHK
伸	WJHh	亻日丨①	WJHh
身	TMDt	丿门三丿	TMDt
呻	KJHh	口日丨①	KJHh
绅	XJHh	纟日丨①	XJHh
诜	YTFQ	讠丿土儿	YTFQ
莘	AUJ	艹辛Ⅲ	AUJ
娠	VDFe	女厂二⺌	VDFe
砷	DJHh	石日丨丨	DJHh
深	IPWs	氵宀八木	IPWS
什	WFH	亻十①	WFh
神	PYJh	礻丶日丨	PYJh
沈	IPQn	氵宀儿⊠	IPQn
审	PJhj	宀日丨j	PJhj
哂	KSG	口西⊖	KSG
矧	TDXH	⺍大弓丨	TDXH
谂	YWYN	讠人丶心	YWYN
婶	VPJh	女宀日丨	VPJh
渖	IPJh	氵宀日丨	IPJH
肾	JCEf	ⅡⅩ又月⊖	JCEf
甚	ADWN	艹三八乙	DWNB
肿	EJHH	月日丨①	EJHH
渗	ICDe	氵厸大彡	ICDe
慎	NFHw	忄十且八	NFHw
椹	SADN	木艹三乙	SDWN
蜃	DFEJ	厂二⺌虫	DFEJ

sheng

升	TAK	丿卄Ⅲ	TAK
生	TGd	丿⺀⊖	TGD
声	FNR	士尸②	FNR
牲	TRTG	丿扌丿⺀	CTGg
胜	ETGg	月丿⺀⊖	ETGg
笙	TTGF	⺮丿⺀⊖	TTGF
甥	TGLL	丿⺀田力	TGLE

绳	XKJN	纟口日乙	XKJN
省	ITHf	小丿目⊖	ITHf
眚	TGHF	丿⺀目⊖	TGHF
圣	CFF	又土⊖	CFF
晟	JDNt	日厂乙丿	JDNb
盛	DNNL	厂乙乙皿	DNLf
剩	TUXJ	禾⼬匕刂	TUXJ
嵊	MTUx	山禾⼬匕	MTUx

shi

匙	JGHX	日一止匕	JGHX
尸	NNGT	尸乙一丿	NNGT
失	RWi	⺇人	TGI
师	JGMh	刂一门丨	JGMh
虱	NTJi	乙丿虫③	NTJi
诗	YFFy	讠土寸⊙	YFFy
施	YTBn	方亠也乙	YTBn
狮	QTJH	犭丿刂丨	QTJH
湿	IJOg	氵日业一	IJOg
著	AFTj	艹土丿日	AFTJ
鲺	QGNj	鱼一乙虫	QGNj
十	FGH	十一丨	FGh
石	DGTG	石一丿一	DGTG
时	JFy	日寸⊙	JFy
识	YKWy	讠口八⊙	YKWy
实	PUdu	宀⺀大⊙	PUdu
拾	RWGK	扌人一口	RWGK
炻	ODG	火石⊖	ODG
蚀	QNJy	⺈乙虫⊙	QNJy
食	WYVe	人丶彐⺟	WYVu
埘	FJFY	土日寸⊙	FJFY
莳	AJFU	艹日寸⊙	AJFU
鲥	QGJF	鱼一日寸	QGJF
史	KQi	口乂③	KRI
矢	TDU	⺍大	TDU
豕	EGTy	豖一丿八	GEI
使	WGKQ	亻一口乂	WGKr
始	VCKg	女厶口⊖	VCKg
驶	CKQy	马口乂⊙	CGKR
屎	NOI	尸米③	NOI

士	FGHG	士一丨一	FGHG
氏	QAv	⺁七⊠	QAv
世	ANv	廿乙⊠	ANV
仕	WFG	亻士⊖	WFG
市	YMHJ	亠门丨①	YMHJ
示	FIu	二小⊙	FIu
事	AAd	弌工⊖	AAyi
侍	GKvh	一口彐丨	GKvh
势	WFFy	亻士寸⊙	WFFY
视	RVYL	扌九丶力	RVYE
饰	PYMq	饣丶门儿	PYMq
试	YAAg	讠弋工	YAAy
饰	QNTH	⺈乙丿丨	QNTh
室	PGCf	宀一厶土	PGCf
恃	NFFy	忄土寸⊙	NFFy
拭	RAAg	扌弋工	RAAy
是	Jghu	日一止⊙	Jghu
柿	SYMH	木亠门丨	SYMh
贳	ANMu	廿乙贝⊙	ANMu
适	TDPd	丿古辶⊖	TDPd
舐	TDQA	丿古乙七	TDQa
轼	LAag	车弋工⊖	LAay
逝	RRPk	扌斤辶Ⅲ	RRPk
铈	QYMH	钅亠门丨	QYMH
弑	QSAa	乂木弋工	RSAy
谥	YUWl	讠丷八皿	YUWl
释	TOCh	丿米又丨	TOCg
嗜	KFTJ	口土丿日	KFTJ
筮	TAWW	⺮工人人	TAWW
誓	RRYF	扌斤言⊖	RRYF
噬	KTAW	口⺮工人	KTAw
螫	FOTJ	土⺊攵虫	FOTJ
峙	MFFy	山土寸⊙	MFFy

shou

收	NHTy	乙丨攵⊙	NHty
手	RTgh	手丿一丨	RTgh
守	PFu	宀寸⊙	PFu
首	UTHf	丷丿目⊖	UTHf

艏	TEUh	丿舟丷目	TUUH
寿	DTFu	三丿寸⊙	DTFu
受	EPCu	爫冖又⊙	EPCu
狩	QTPF	犭丿宀寸	QTPF
兽	ULGk	丷田一口	ULGk
售	WYKf	亻圭口㊀	WYKf
授	REPc	扌爫冖又	REPc
绶	XEPc	纟爫冖又	XEPc
瘦	UVHc	疒臼丨又	UEHc

shu

及	MCU	几又⊙	WCU
书	NNHy	乙乙丨⊙	NNHy
抒	RCBh	扌乛卩①	RCNH
纾	XCBh	纟乛卩①	XCNh
叔	HICy	上小又⊙	HIcy
枢	SAQy	木匚乂⊙	SARy
姝	VRIy	女丿小⊙	VTFY
倏	WHTd	亻丨夂犬	WHTD
殊	GQRi	一夕匚小	GQTf
梳	SYCq	木亠厶川	SYCk
淑	IHIC	氵上小又	IHIc
菽	AHIc	艹上小又	AHIc
疏	NHYq	乙止亠川	NHYk
舒	WFKB	人千口卩	WFKH
摅	RHAN	扌广七心	RHNy
毹	WGEN	人一月乙	WGEE
输	LWGj	车人一刂	LWGj
蔬	ANHq	艹乙止川	ANHk
秫	TSYy	禾木、⊙	TSYy
熟	YBVo	亠子九灬	YBVo
孰	YBVY	亠子九、	YBVY
赎	MFNd	贝十乙大	MFNd
塾	YBVF	亠子九土	YBVF
暑	JFTj	日土丿日	JFTj
属	NTKy	尸丿口丶	NTKy
黍	TWIu	禾人水⊙	TWIu
署	LFTJ	罒土丿日	LFTJ
鼠	VNUn	臼乙丶乙	ENUn
蜀	LQJU	罒勹虫⊙	LQJu

薯	ALFJ	艹罒土日	ALFJ
曙	JLFJ	日罒土日	JLFj
术	SYi	木、⊙	SYi
戍	DYNT	厂、乙丿	AWI
束	GKIi	一口小⊙	SKD
沭	ISYY	氵木、⊙	ISYY
述	SYPi	木、辶⊙	SYPi
树	SCFy	木又寸⊙	SCFy
竖	JCUf	刂又立㊀	JCUf
恕	VKNu	女口心⊙	VKNu
庶	YAOi	广廿灬⊙	OAOi
数	OVTy	米女攵⊙	OVty
腧	EWGJ	月人一刂	EWGJ
墅	JFCF	日土マ土	JFCF
漱	IGKW	氵一口人	ISKW
澍	IFKF	氵士口寸	IFKF

shua

刷	NMHj	尸冂丨刂	NMHj
耍	DMJV	厂冂丨女	DMJV

shuai

衰	YKGE	亠口一衣	YKGE
摔	RYXf	扌亠幺十	RYXf
甩	ENv	月乙⑳	ENV
帅	JMHh	刂冂丨①	JMHh
率	YXif	亠幺丷十	YXif
蟀	JYXf	虫亠幺十	JYXf

shuan

闩	UGD	门一㊂	UGD
拴	RWGg	扌人王㊀	RWGG
栓	SWGG	木人王㊀	SWGG
涮	INMj	氵尸冂刂	INMj

shuang

双	CCy	又又⊙	CCy
霜	FShf	雨木目㊀	FSHf
孀	VFSh	女雨木目	VFSH
爽	DQQq	大乂乂乂	DRRr

shui

谁	YWYG	讠亻圭㊀	YWYG
水	Iiii	水水水水	Iiii

税	TUKq	禾丷口儿	TUKq
睡	HTgf	目丿一士	HTgf

shun

吮	KCQn	口厶儿⓪	KCQn
顺	KDmy	川厂丆贝	KDmy
舜	EPQH	爫冖夕丨	EPQG
瞬	HEPh	目爫冖丨	HEPg

shuo

说	YUKq	讠丷口儿	YUKq
妁	VQYy	女勹、⊙	VQYy
烁	OQIy	火匚小⊙	OTNi
朔	UBTE	丷凵丿月	UBTE
铄	QQIy	钅匚小⊙	QTNI
硕	DDMy	石丆贝⊙	DDMy
搠	RUBe	扌丷凵月	RUBe
蒴	AUBe	艹丷凵月	AUBe
槊	UBTS	丷凵丿木	UBTS

si

厶	CNY	厶乙、	CNY
丝	XXGf	幺幺一	XXGf
司	NGKd	乙一口㊂	NGKd
私	TCY	禾厶⊙	TCY
唑	KXXG	口幺幺一	KXXG
思	LNu	田心⊙	LNu
鸶	XXGG	幺幺一一	XXGG
斯	ADWR	艹三八斤	DWRh
缌	XLNY	纟田心⊙	XLNy
蛳	JJGh	虫刂一丨	JJGh
厮	DADR	厂艹三斤	DDWr
锶	QLNy	钅田心⊙	QLNy
嘶	KADr	口艹三斤	KDWr
撕	RADr	扌艹三斤	RDWR
澌	IADr	氵艹三斤	IDWR
死	GQXb	一夕匕⑳	GQXv
巳	NNGN	己乙一乙	NNGN
四	LHng	四丨一乙	LHng
寺	FFu	土寸⊙	FFu
汜	INN	氵巳⑳	INN
伺	WNGk	亻乙一口	WNGk

兕	MMGQ	几门一儿	HNHQ
姒	VNYw	女乙、人	VNYw
祀	PYNN	礻、巳◎	PYNN
泗	ILG	氵四⊖	ILg
似	WNYw	亻乙、人	WNYw
饲	QNNK	夂乙乙口	QNNK
驷	CLG	马四⊖	CGLG
俟	WCTd	亻厶丿大	WCTd
笥	TNGk	乙一口	TNGk
耜	DINn	三小コ乙	FSNg
嗣	KMAk	口门艹口	KMAk
肆	DVfh	尸ヨ二丨	DVgh

song			
松	SWCy	木八厶⊙	SWCy
忪	NWCy	忄八厶⊙	NWCy
凇	USWc	冫木八厶	USWc
崧	MSWc	山木八厶	MSWc
淞	ISWC	氵木八厶	ISWC
菘	ASWc	艹木八厶	ASWc
嵩	MYMk	山古门口	MYMk
怂	WWNu	人人心⊙	WWNU
悚	NGKI	忄一口小	NSKG
耸	WWBf	人人耳⊖	WWBf
竦	UGKI	立一口小	USKG
讼	YWCy	讠八厶⊙	YWCy
宋	PSU	宀木◎	PSU
诵	YCEH	讠マ用①	YCEH
送	UDPi	丷大辶③	UDPi
颂	WCDm	八厶厂贝	WCDm

sou			
搜	RVHc	扌白丨又	REHC
嗖	KVHc	口白丨又	KEHc
溲	IVHc	氵白丨又	IEHc
馊	QNVC	夂乙白又	QNEC
飕	MQVC	几乂白又	WREc
锼	QVHC	钅白丨又	QEHc
艘	TEVC	丿舟白又	TUEc
螋	JVHc	虫白丨又	JEHc
叟	VHcu	白丨又◎	EHCu

嗾	KYTd	口方⊃大	KYTd
瞍	HVHc	目白丨又	HEHc
擞	ROVT	扌米女攵	ROVT
薮	AOVT	艹米女攵	AOVt
嗽	KGKW	口一口人	KSKW

su			
苏	ALWu	艹力八⊙	AEWu
酥	SGTY	西一禾⊙	SGTY
稣	QGTY	鱼一禾⊙	QGTy
俗	WWWK	亻八人口	WWWK
夙	MGQi	几一夕③	WGQI
诉	YRyy	讠斤、⊙	YRYy
肃	VIJk	ヨ小刂⑪	VHjw
涑	IGKI	氵一口小	ISKG
素	GXIu	主幺小⊙	GXIu
速	GKIP	一口小辶	SKPd
宿	PWDJ	宀亻丆日	PWDJ
粟	SOU	西米⊙	SOU
谡	YLWt	讠田八夂	YLWt
嗉	KGXI	口主幺小	KGXI
塑	UBTF	丷凵丿土⊖	UBTf
愫	NGXi	忄主幺小	NGXi
溯	IUBe	氵丷凵月	IUBe
僳	WSOy	亻西米⊙	WSOy
蔌	AGKw	艹一口人	ASKW
觫	QEGI	夕用一小	QESk
簌	TGKW	竹一口人	TSKW

suan			
算	THAj	竹目廾⑪	THAj
狻	QTCT	犭丿厶夂	QTCT
酸	SGCt	西一厶夂	SGCt
蒜	AFIi	艹二小小	AFIi

sui			
虽	KJu	口虫冫	KJu
荽	AEVf	艹爫女⊖	AEVf
眭	HFFg	目土土⊖	HFFg
睢	HWYG	目亻圭⊖	HWYG
濉	IHWy	氵目亻圭	IHWy
绥	XEVg	纟爫女⊖	XEVg

隋	BDAe	阝𠂇工月	BDAe
随	BDEp	阝𠂇月辶	BDEp
髓	MEDp	骨月𠂇辶	MEDp
岁	MQU	山夕⊙	MQU
祟	BMFi	凵山二小	BMFi
谇	YYWf	讠亠人十	YYWf
遂	UEPi	丷豕辶③	UEPi
碎	DYWf	石亠人十	DYWf
隧	BUEp	阝丷豕辶	BUEp
燧	OUEp	火丷豕辶	OUEp
穗	TGJN	禾一日心	TGJN
邃	PWUP	宀八丷辶	PWUP

sun			
孙	BIy	子小⊙	BIy
狲	QTBI	犭丿子小	QTBI
荪	ABIU	艹子小⊙	ABIU
飧	QWYE	夕人、以	QWYV
损	RKMy	扌口贝⊙	RKMy
笋	TVTr	竹ヨ丿	TVTr
隼	WYFJ	亻圭十⑪	WYFJ
榫	SWYF	木亻圭十	SWYF

suo			
缩	XPWj	纟宀亻日	XPWj
嗍	KUBe	口丷凵月	KUBe
唆	KCWt	口厶八夂	KCWt
娑	IITV	氵小丿女	IITV
桫	SIIt	木氵小丿	SIIt
梭	SCWt	木厶八夂	SCWt
睃	IITR	氵小丿手	IITR
睃	HCWt	目厶八夂	HCWt
嗦	KFPI	口十冖小	KFPI
羧	UDCT	丷𦍋厶夂	UCWT
蓑	AYKe	艹亠口衣	AYKe
所	RNrh	厂コ斤①	RNrh
唢	KIMy	口丷贝⊙	KIMy
索	FPXi	十冖幺小	FPXi
琐	GIMy	王丷贝⊙	GIMy
锁	QIMy	钅丷贝⊙	QIMy

ta			
它	PXb	宀匕⑥	PXb
他	WBn	亻也乙	WBn
她	VBN	女也乙	VBN
跥	KHEY	口止乃乀	KHBY
铊	QPXn	钅宀匕乙	QPXn
塌	FJNg	土日羽㇐	FJNg
溻	IJNg	氵日羽㇐	IJNg
塔	FAWK	土艹人口	FAWk
獭	QTGM	犭丿一贝	QTSm
鳎	QGJN	鱼一日羽	QGJN
挞	RDPy	扌大辶	RDPy
闼	UDPI	门大辶⑤	UDPI
遢	JNPd	日羽辶㇏	JNPd
榻	SJNg	木日羽㇐	SJNg
沓	IJF	水日㇀	IJF
踏	KHIJ	口止水日	KHIj
蹋	KHJN	口止日羽	KHJN
tai			
台	CKf	厶口㇀	CKf
胎	ECKg	月厶口㇀	ECKg
邰	CKBh	厶口阝①	CKBh
抬	RCKg	扌厶口㇀	RCKg
苔	ACKf	艹厶口㇀	ACKf
炱	CKOu	厶口火⑤	CKOu
跆	KHCK	口止厶口	KHCK
鲐	QGCk	鱼一厶口	QGCk
薹	AFKf	艹士口土	AFKf
太	DYi	大、⑤	DYi
汰	IDYy	氵大、⑤	IDYy
态	DYNu	大、心⑤	DYNu
肽	EDYy	月大、⑤	EDYy
钛	QDYy	钅大、⑤	QDYy
泰	DWIU	三人水⑤	DWIU
酞	SGDY	西一大、	SGDY
tan			
贪	WYNM	人、乙贝	WYNM
坍	FMYG	土门㇀㇐	FMYG
摊	RCWy	扌又亻㇀	RCWy

滩	ICWy	氵又亻㇀	ICWy
瘫	UCWY	疒又亻㇀	UCWY
坛	FFCy	土二厶⑤	FFCy
昙	JFCU	日二厶⑤	JFCU
谈	YOOy	讠火火⑤	YOOy
郯	OOBh	火火阝①	OOBh
痰	UOOi	疒火火⑤	UOOi
锬	QOOy	钅火火⑤	QOOy
谭	YSJh	讠西早①	YSJh
澹	IQDY	氵⺈厂言	IQDY
潭	ISJh	氵西早①	ISJh
檀	SYLg	木㇀囗㇐	SYLg
忐	HNU	上心⑤	HNU
坦	FJGg	土日一㇐	FJGg
袒	PUJG	衤丨日一	PUJG
钽	QJGg	钅日一㇐	QJGg
毯	TFNO	丿二乙火	EOOi
叹	KCY	口又⑤	KCY
炭	MDOu	山ナ火⑤	MDOu
探	RPWS	扌宀八木	RPWS
碳	DMDo	石山ナ火	DMDo
tang			
糖	OYVK	米广ヨ口	OOVk
汤	INRt	氵乙丿	INRt
铴	QINr	钅乙丿	QINr
羰	UDMo	ⸯ尹山火	UMDO
镗	QIPF	钅⺍宀土	QIPF
唐	YVHk	广ヨ丨口	OVHk
堂	IPKF	⺍宀口土	IPKF
棠	IPKS	⺍宀口木	IPKS
塘	FYVk	土广ヨ口	FOVk
搪	RYVk	扌广ヨ口	ROVK
溏	IYVK	氵广ヨ口	IOVk
瑭	GYVk	王广ヨ口	GOVk
樘	SIPf	木⺍宀土	SIPf
膛	EIPf	月⺍宀土	EIPf
螗	JYVK	虫广ヨ口	JOVK
螳	JIPf	虫⺍宀土	JIPf
醣	SGYK	西一广口	SGOK

帑	VCMh	女又冂丨	VCMh
倘	WIMk	亻⺌冂口	WIMk
淌	IIMk	氵⺌冂口	IIMk
傥	WIPQ	亻⺌宀儿	WIPQ
耥	DIIK	三小⺌口	FSIK
躺	TMDK	丿冂三口	TMDK
烫	INRO	氵乙丿火	INRO
趟	FHIk	土⻊⺌口	FHIk
tao			
涛	IDTf	氵三丿寸	IDTf
绦	XTSy	纟夂木⑤	XTSy
焘	DTFo	三丿寸灬	DTFO
掏	RQRm	扌勹㇆山	RQTb
滔	IEVg	氵爫臼㇐	IEEg
韬	FNHV	二丨丨臼	FNHE
饕	KGNE	口一乙𧗕	KGNV
洮	IIQn	氵⺀儿乙	IQIy
逃	IQPv	⺀儿辶⑥	QIPi
桃	SIQn	木⺀儿乙	SQIy
陶	BQRm	阝勹㇆山	BQTb
啕	KQRM	口勹㇆山	KQTb
淘	IQRm	氵勹㇆山	IQTb
萄	AQRm	艹勹㇆山	AQTb
鼗	IQFc	⺀儿士又	QIFc
讨	YFY	讠寸⑤	YFY
套	DDU	大镸⑤	DDU
te			
忑	GHNU	一卜心⑤	GHNU
忒	ANI	弋心⑤	ANYI
特	TRFf	丿扌土寸	CFFY
铽	QANY	钅弋心⑤	QANY
慝	AADN	匚艹㇀心	AADN
teng			
疼	UTUi	疒夂⼼⑤	UTUi
腾	EUDc	月䒑大马	EUGG
誊	UDYF	䒑大言㇀	UGYf
滕	EUDI	月䒑大水	EUGI
藤	AEUi	艹月䒑水	AEUi

五笔打字立体化教程（微课版）

ti

字	编码	拆分	编码
剔	JQRJ	日勹彡刂	JQRJ
梯	SUXt	木⺍弓丿	SUXt
锑	QUXt	钅⺍弓丿	QUXt
踢	KHJr	口止日丿	KHJr
绨	XUXT	纟⺍弓丿	XUXT
提	RJgh	扌日一止	RJgh
啼	KUph	口亠冖丨	KYUh
缇	XJGh	纟日一止	XJGh
鹈	UXHG	⺍弓丨一	UXHG
题	JGHM	日一止贝	JGHm
蹄	KHUH	口止亠丨	KHYH
醍	SGJH	西一日止	SGJH
体	WSGg	亻木一	WSGg
屉	NANv	尸廿乙	NANv
剃	UXHJ	⺍弓丨刂	UXHJ
倜	WMFk	亻冂土口	WMFk
悌	NUXt	忄⺍弓丿	NUXt
涕	IUXT	氵⺍弓丿	IUXT
逖	QTOP	犭丿火辶	QTOP
惕	NJQr	忄日勹彡	NJQr
替	FWFj	二人二日	GGJf
嚏	KFPH	口十冖止	KFPH

tian

字	编码	拆分	编码
天	GDi	一大	GDi
添	IGDn	氵一大小	IGDn
田	LLLl	田田田田	LLLL
恬	NTDg	忄丿古一	NTDg
畋	LTY	田攵	LTY
甜	TDAF	丿古廿二	TDFg
填	FFHw	土十且八	FFHw
阗	UFHw	门十且八	UFHW
忝	GDNu	一大小	GDNu
殄	GQWe	一夕人彡	GQWE
腆	EMAw	月冂卄八	EMAw
舔	TDGN	丿古一小	TDGN
掭	RGDN	扌一大小	RGDn

tiao

字	编码	拆分	编码
佻	WIQn	亻⺇儿	WQIY
挑	RIQn	扌⺇儿	RQIy
祧	PYIQ	礻丶⺇儿	PYIQ
条	TSu	夂木	TSu
迢	VKPd	刀口辶	VKPd
笤	TVKf	⺮刀口	TVKf
龆	HWBK	止人凵口	HWBK
蜩	JMFK	虫冂土口	JMFk
髫	DEVk	镸彡刀口	DEVK
鲦	QGTS	鱼一夂木	QGTS
宨	PWIq	宀八⺇儿	PWQi
眺	HIQn	目⺇儿	HQIy
窱	BMOu	凵山米	BMOu
跳	KHIq	口止⺇儿	KHQI

tie

字	编码	拆分	编码
帖	MHHk	冂丨⺊口	MHHK
贴	MHKG	贝⺊口一	MHKG
萜	AMHK	艹冂丨口	AMHK
铁	QRwy	钅𠂉人	QTGy
餮	GQWE	一夕人㲋	GQWV

ting

字	编码	拆分	编码
厅	DSk	厂丁	DSk
汀	ISH	氵丁	ISH
听	KRh	口斤	KRh
烃	OCag	火又工一	OCAg
廷	TFPD	丿士廴	TFPD
亭	YPSj	亠冖丁	YPSj
庭	YTFP	广丿士廴	OTfp
莛	ATFP	艹丿士廴	ATFP
停	WYPs	亻亠冖丁	WYPs
婷	VYPs	女亠冖丁	VYPs
葶	AYPs	艹亠冖丁	AYPs
蜓	JTFP	虫丿士廴	JTFP
霆	FTFp	雨丿士廴	FTFp
挺	RTFP	扌丿士廴	RTFP
梃	STFP	木丿士廴	STFP
铤	QTFP	钅丿士廴	QTFP
艇	TETp	丿舟丿廴	TUTp

tong

字	编码	拆分	编码
通	CEPk	マ用辶	CEPk
嗵	KCEp	口マ用辶	KCEp
仝	WAF	人工	WAF
同	Mgkd	冂一口	MGKd
佟	WTUY	亻夂冫	WTUy
彤	MYEt	冂一彡	MYEt
茼	AMGk	艹冂一口	AMGk
桐	SMGK	木冂一口	SMGK
砼	DWAg	石人工一	DWAg
铜	QMGK	钅冂一口	QMGK
童	UJFF	立日土	UJFF
酮	SGMK	西一冂口	SGMK
僮	WUJf	亻立日土	WUJf
潼	IUJF	氵立日土	IUJF
瞳	HUjf	目立日土	HUjf
统	XYCq	纟亠厶儿	XYCq
捅	RCEh	扌マ用丨	RCEh
桶	SCEh	木マ用丨	SCEh
筒	TMGK	⺮冂一口	TMGK
恸	NFCL	忄二厶力	NFCE
痛	UCEk	疒マ用丨	UCek

tou

字	编码	拆分	编码
偷	WWGJ	亻人一刂	WWGJ
头	UDI	丷大	UDi
投	RMCy	扌几又	RWCy
骰	MEMc	凹月几又	MEWc
钭	QUFh	钅丷十丨	QUFh
透	TEPv	禾乃辶	TBPe

tu

字	编码	拆分	编码
凸	HGMg	丨一冂一	HGHg
秃	TMB	禾几	TWB
突	PWDU	宀八犬	PWDu
图	LTUi	囗冬冫	LTUi
徒	TFHY	彳土止	TFHY
涂	IWTy	氵人禾	IWGS
荼	AWTu	艹人禾	AWGS
途	WTPi	人禾辶	WGSP
屠	NFTj	尸土丿日	NFTj

酴	SGWT	西一人禾	SGWS	沱	IPXn	氵宀匕⑫	IPXn	苑	AVYu	艹九、③	AVYu
土	FFFF	土土土土	FFFF	驼	CPxn	马宀匕⑫	CGPx	完	PFQb	宀二儿⑯	PFQb
吐	KFG	口土⊖	KFG	柁	SPXn	木宀匕⑫	SPXn	玩	GFQn	王二儿⑫	GFQn
钍	QFG	钅土⊖	QFG	砣	DPXn	石宀匕⑫	DPXn	顽	FQDm	二儿ア贝	FQDm
兔	QKQY	勹口儿丶	QKQY	鸵	QYNX	勹、乙匕	QGPx	烷	OPFq	火宀二儿	OPFq
堍	FQKy	土勹口丶	FQKY	跎	KHPX	口止宀匕	KHPX	宛	PQbb	宀夕㔾⑯	PQbb
菟	AQKY	艹勹口丶	AQKY	酡	SGPx	西一宀匕	SGPx	挽	RQKQ	扌勹口儿	RQKQ

tuan				橐	GKHS	一口丨木	GKHS	晚	JQkq	日勹口儿	JQkq
湍	IMDj	氵山ア刂	IMDj	鼍	KKLn	口口田乙	KKLn	莞	APFQ	艹宀二儿	APFQ
团	LFTe	口十丿②	LFTe	妥	EVf	爫女⊖	EVf	婉	VPQb	女宀夕㔾	VPQb
抟	RFNy	扌二乙丶	RFNy	庹	YANY	广廿乙丶	OANY	惋	NPQB	忄宀夕㔾	NPQB
疃	LUJf	田立日土	LUJf	椭	SBDe	木阝ナ月	SBDe	绾	XPNn	纟宀ココ	XPNg
彖	XEU	彑豕③	XEU	拓	RDg	扌石⊖	RDg	脘	EPFq	月宀二儿	EPFq

tui				析	SRYY	木斤丶⊙	SRYY	菀	APQB	艹宀夕㔾	APQB
推	RWYG	扌亻圭⊖	RWYG	唾	KTGf	口丿一士	KTGf	琬	GPQb	王宀夕㔾	GPQb
颓	TMDM	禾几ア贝	TWDm	箨	TRCH	𥫗扌又丨	TRCg	皖	RPFq	白宀二儿	RPFq
腿	EVEp	月彐㠯辶	EVPy	wa				畹	LPQb	田宀夕㔾	LPQb
退	VEPi	彐㠯辶③	VPi	挖	RPWN	扌宀八乙	RPWN	碗	DPQb	石宀夕㔾	DPQb
煺	OVEp	火彐㠯辶	OVPy	哇	KFFg	口土土⊖	KFFg	万	DNV	厂乙⑧	GQe
蜕	JUKq	虫丷口儿	JUKq	娃	VFFg	女土土⊖	VFFG	腕	EPQb	月宀夕㔾	EPQb
褪	PUVP	衤丨彐辶	PUVP	洼	IFFG	氵土土⊖	IFFG	wang			

tun				娲	VKMw	女口冂人	VKMw	汪	IGg	氵王⊖	IGG
吞	GDKf	一大口⊖	GDKf	蛙	JFFg	虫土土⊖	JFFg	亡	YNV	亠乙⑧	YNV
暾	JYBt	日㐅子攵	JYBt	瓦	GNYn	一乙、乙	GNNy	王	GGGg	王王王王	GGGg
屯	GBnv	一凵乙⑧	GBNv	佤	WGNn	亻一乙乙	WGNY	网	MQQi	冂㐅㐅③	MRRi
囤	LGBn	口一凵乙	LGBn	袜	PUGs	衤丶一木	PUGs	往	TYGg	彳、王⊖	TYGg
饨	QNGN	𠂉乙一乙	QNGN	膃	EJLg	月日皿⊖	EJLg	枉	SGG	木王⊖	SGG
豚	EEY	月豕⊙	EGEY	wai				罔	MUYn	冂丷一乙	MUYn
臀	NAWE	尸共八月	NAWE	歪	GIGh	一小一止	DHGh	惘	NMUn	忄冂丷乙	NMUn
余	WIU	人水③	WIU	崴	MDGT	山厂一丿	MDGV	辋	LMUn	车冂丷乙	LMUn

tuo				外	QHy	夕卜⊙	QHy	魍	RQCN	白儿厶乙	RQCN
乇	TAV	丿七⑧	TAV	wan				妄	YNVF	亠乙女⊖	YNVF
托	RTAn	扌丿七⑫	RTAn	弯	YOXb	亠小弓⑯	YOXb	忘	YNNU	亠乙心③	YNNU
拖	RTBn	扌丿也⑫	RTBn	剜	PQBJ	宀夕㔾刂	PQBJ	旺	JGG	日王⊖	JGG
脱	EUKq	月丷口儿	EUKq	湾	IYOx	氵亠小弓	IYOx	望	YNEG	亠乙月王	YNEG
驮	CDY	马大⊙	CGDY	蜿	JPQb	虫宀夕㔾	JPQb	尢	DNV	尢乙⑧	DNV
佗	WPXn	亻宀匕⑫	WPXn	豌	GKUB	一口丷㔾	GKUB	wei			
陀	BPXn	阝宀匕⑫	BPXn	丸	VYI	九、③	VYI	危	QDBb	勹厂㔾⑯	QDBb
坨	FPXN	土宀匕⑫	FPXN	纨	XVYY	纟九、⊙	XVYY				

字	编码	拆分	编码		字	编码	拆分	编码		字	编码	拆分	编码
威	DGVt	厂一女丿	DGVd		艉	TENn	丿舟尸乙	TUNe		雍	AYXY	艹亠幺圭	AYXY
偎	WLGE	亻田一以	WLGE		韪	JGHH	日一疋丨	JGHH		**wo**			
逶	TVPd	禾女辶㊣	TVPd		鲔	QGDE	鱼一ナ月	QGDE		挝	RFPy	扌寸辶⊙	RFPy
隈	BLGE	阝田一以	BLGe		卫	BGd	卩一㊀	BGd		倭	WTVg	亻禾女㊀	WTVg
葳	ADGt	艹厂一丿	ADGv		未	FII	二小㊂	FGGY		涡	IKMw	氵口冂人	IKMw
微	TMGt	彳山一攵	TMGt		位	WUG	亻立㊀	WUG		莴	AKMw	艹口冂人	AKMw
煨	OLGe	火田一以	OLGe		味	KFIy	口二小、	KFY		窝	PWKW	宀八口人	PWKw
薇	ATMt	艹彳山攵	ATMt		畏	LGEu	田一以㊁	LGEu		蜗	JKMw	虫口冂人	JKMw
巍	MTVc	山禾女厶	MTVc		胃	LEf	田月㊀	LEF		我	TRNt	丿扌乙丿	TRNy
为	YLYi	、力、㊂	YEYi		尜	GJFK	一日十口	LKF		沃	ITDY	氵丿大⊙	ITDY
韦	FNHk	二乙丨⑩	FNHk		尉	NFIf	尸二小寸	NFIF		肟	EFNn	月二乙㊁	EFNn
围	LFNH	囗二乙丨	LFNH		谓	YLFg	讠田月㊀	YLFg		卧	AHNH	匚丨一卜	AHNH
帏	MHFh	冂丨二丨	MHFh		喂	KLGE	口田一以	KLge		幄	MHNF	冂丨尸土	MHNF
沩	IYLy	氵、力、	IYEY		渭	ILEg	氵田月㊀	ILEg		握	RNGf	扌尸一土	RNGf
违	FNHP	二乙丨辶	FNHP		猬	QTLE	犭丿田月	QTLE		渥	INGf	氵尸一土	INGf
闱	UFNh	门二乙丨	UFNH		蔚	ANFf	艹尸二寸	ANFf		硪	DTRt	石丿扌丿	DTRy
桅	SQDb	木勹厂㔾	SQDb		慰	NFIn	尸二小心	NFIn		斡	FJWF	十早人十	FJWF
涠	ILFh	氵囗二丨	ILFh		魏	TVRc	禾女白厶	TVRc		龌	HWBf	止人凵土	HWBF
唯	KWYG	口亻圭㊀	KWYG		**wen**					**wu**			
帷	MHWy	冂丨亻圭	MHWY		温	IJLg	氵日皿㊀	IJLg		乌	QNGd	勹乙一㊀	TNNg
惟	NWYg	忄亻圭㊀	NWYg		瘟	UJLd	疒日皿㊂	UJLd		圬	FFNn	土二乙㊁	FFNN
维	XWYg	纟亻圭㊀	XWYg		文	YYGY	文、一八	YYGY		污	IFNn	氵二乙㊁	IFNn
鬼	MRQc	山白儿厶	MRQc		纹	XYY	纟文㊀	XYY		邬	QNGB	勹乙一阝	TNNB
潍	IXWy	氵纟亻圭	IXWy		闻	UBd	门耳㊂	UBD		呜	KQNG	口勹乙一	KTNG
伟	WFNh	亻二乙丨	WFNH		蚊	JYY	虫文㊀	JYY		巫	AWWi	工人人㊂	AWWi
伪	WYLy	亻、力、	WYEY		阌	UEPC	门四一又	UEPC		屋	NGCf	尸一厶土	NGCf
尾	NTFn	尸丿二乙	NEv		雯	FYU	雨文㊁	FYU		诬	YAWw	讠工人人	YAWw
纬	XFNH	纟二乙丨	XFNH		刎	QRJh	勹丿刂①	QRJh		钨	QQNg	钅勹乙一	QTNG
苇	AFNh	艹二乙丨	AFNh		吻	KQRt	口勹丿	KQRt		无	FQv	二儿⑧	FQv
委	TVf	禾女㊀	TVf		紊	YXIU	文幺小㊁	YXIu		毋	XDE	母ナ㊂	NNDe
炜	OFNh	火二乙丨	OFNh		稳	TQVn	禾勹彐心	TQVn		吴	KGDu	口一大㊁	KGDu
玮	GFNh	王二乙丨	GFNh		问	UKD	门口㊂	UKd		吾	GKF	五口㊀	GKF
浒	IDEG	氵ナ月㊀	IDEG		汶	IYY	氵文㊀	IYY		芜	AFQB	艹二儿⑧	AFQb
娓	VNTN	女尸丿乙	VNEn		璺	WFMy	亻二门、	EMGY		梧	SGKg	木五口㊀	SGKg
诿	YTVg	讠禾女一	YTVg		**weng**					浯	IGKG	氵五口㊀	IGKG
萎	ATVf	艹禾女㊀	ATVf		翁	WCNf	八厶羽㊀	WCNf		蜈	JKGd	虫口一大	JKGd
隗	BRQc	阝白儿厶	BRQc		嗡	KWCn	口八厶羽	KWCn		鼯	VNUK	白乙丷口	ENUK
猥	QTLE	犭丿田以	QTLe		蓊	AWCn	艹八厶羽	AWCn		五	GGhg	五一丨一	GGhg
痿	UTVd	疒禾女㊣	UTVd		瓮	WCGn	八厶一乙	WCGy		午	TFJ	丿十⑩	TFJ

字	码	拆分	码
仵	WTFH	亻二十①	WTFH
伍	WGG	亻五〇	WGG
坞	FQNG	土勹乙一	FTNG
妩	VFQn	女二儿②	VFQn
庑	YFQv	广二儿④	OFQv
忤	NTFH	忄二十①	NTFH
忷	NFQN	忄二儿②	NFQN
迕	TFPK	二十辶④	TFPK
武	GAHd	一弋止③	GAHy
侮	WTXu	亻二母②	WTXy
捂	RGKG	扌五口〇	RGKG
悟	TRGK	丿扌五口	CGKG
鹉	GAHG	一弋止一	GAHG
舞	RLGh	一灬丨	TGLg
兀	GQV	一儿④	GQV
勿	QRE	勹⑤②	QRe
务	TLb	夂力④	TEr
戊	DNYt	厂乙、丿	DGTY
阢	BGQn	阝一儿②	BGQn
杌	SGQN	木一儿②	SGQN
芴	AQRR	艹勹⑤②	AQRR
物	TRqr	丿扌勹⑤	CQrt
误	YKGd	讠口一大	YKGd
悞	NGKG	忄五口〇	NGKG
晤	JGKg	日五口〇	JGKg
焐	OGKg	火五口〇	OGKg
婺	CBTV	マ卩丿女	CNHV
痦	UGKD	疒五口〇	UGKD
骛	CBTC	マ卩丿马	CNHG
雾	FTLb	雨夂力④	FTER
寤	PNHK	宀乙丨口	PUGK
鹜	CBTG	マ卩丿一	CNHG
鋈	ITDQ	氵丿大金	ITDQ

xi			
夕	QTNY	夕丿乙、	QTNY
兮	WGNB	八一乙④	WGNB
西	SGHG	西一丨一	SGHG
汐	IQY	氵夕〇	IQY
吸	KEyy	口乃\〇	KBYy

字	码	拆分	码
希	QDMh	乂ナ门丨	RDMh
昔	AJF	艹日二	AJF
析	SRh	木斤①	SRh
矽	DQY	石夕、	DQY
穸	PWQu	宀八夕②	PWQU
郗	QDMB	乂ナ门阝	RDMB
唏	KQDh	口乂ナ丨	KRDh
奚	EXDu	爫幺大	EXDu
息	THNu	丿目心②	THNu
浠	IQDH	氵乂ナ丨	IRDH
牺	TRSg	丿扌西〇	CSg
悉	TONu	丿米心②	TONu
惜	NAJG	忄艹日〇	NAJG
欷	QDMW	乂ナ门人	RDMW
淅	ISRh	氵木斤①	ISRh
烯	OQDh	火乂ナ丨	ORDh
硒	DSG	石西〇	DSG
菥	ASRj	艹木斤①	ASRj
晰	JSRh	日木斤①	JSRh
犀	NIRh	尸水二丨	NITg
稀	TQDh	禾乂ナ丨	TRDh
粞	OSG	米西〇	OSG
翁	WGKN	人一口羽	WGKN
舾	TESG	丿舟西〇	TUSG
溪	IEXd	氵爫幺大	IEXd
裼	PUJR	衤日彡	PUJR
皙	SRRf	木斤白二	SRRF
锡	QJQr	钅日勹彡	QJQr
傒	WFKK	亻士口口	WFKK
熄	OTHN	火丿目心	OTHN
熙	AHKO	匚丨口灬	AHKO
蜥	JSRH	虫木斤①	JSRH
嘻	KFKk	口士口口	KFKk
嬉	VFKk	女士口口	VFKk
膝	ESWi	月木人水	ESWi
樨	SNIH	木尸水丨	SNIg
熹	FKUO	士口丷灬	FKUO
羲	UGTt	丷王禾丿	UGTy
蟋	JTHN	虫丿目心	JTHN

字	码	拆分	码
蟋	JTOn	虫丿米心	JTON
蹊	KHED	口止爫大	KHED
醯	SGYL	西一丶皿	SGYL
曦	JUGt	日丷王丿	JUGy
鼷	VNUD	白乙丷大	ENUD
习	NUd	乙丷③	NUd
席	YAMh	广廿门丨	OAmh
袭	DXYe	ナ匕一衣	DXYE
觋	AWWQ	工人人儿	AWWQ
媳	VTHN	女丿目心	VTHn
隰	BJXo	阝日幺灬	BJXo
檄	SRYt	木白方攵	SRYt
洗	ITFq	氵土儿	ITFq
玺	QIGy	尔小王丶	QIGy
徙	THHy	彳止止〇	THHY
铣	QTFQ	钅丿土儿	QTFQ
喜	FKUk	士口丷口	FKUk
葸	ALNU	艹田心②	ALNu
屣	NTH	尸彳止止	NTHh
蓰	ATHh	艹彳止止	ATHh
禧	PYFK	衤丶士口	PYFK
戏	CAt	又戈②	CAy
系	TXIu	丿幺小②	TXIu
饩	QNRN	夂乙二乙	QNRN
细	XLg	纟田〇	XLg
阋	UVQv	门白儿④	UEQv
舄	VQOu	白勹灬②	EQOu
隙	BIJi	阝小日小	BIJi
禊	PYDD	衤丶三大	PYDD
楬	SKGn	木口一乙	SKGn

xia			
呷	KLH	口甲①	KLH
虾	JGHY	虫一卜〇	JGHY
瞎	HPdk	目宀三口	HPdk
匣	ALK	匚甲④	ALK
侠	WGUw	亻一丷人	WGUd
狎	QTLh	犭丿甲①	QTLH
峡	MGUw	山一丷人	MGUd
柙	SLH	木甲①	SLH

狭	QTGW	犭丿一人	QTGD
硖	DGUW	石一丷人	DGUD
遐	NHFp	冂丨二辶	NHFp
暇	JNHc	日冂丨又	JNHc
瑕	GNHc	王冂丨又	GNHc
辖	LPDK	车宀三口	LPDk
霞	FNHC	雨冂丨又	FNHC
黠	LFOK	四土灬口	LFOK
下	GHi	一卜③	GHi
吓	KGHy	口一卜⊙	KGHy
夏	DHTu	丆目夂	DHTu
厦	DDHt	厂丆目夂	DDHt
罅	RMHH	⺊山缶丨	TFBF

xian

先	TFQb	丿土儿⑧	TFQb
仙	WMh	亻山①	WMh
纤	XTFh	纟丿十①	XTFh
氙	RNMj	乍乙山⑪	RMK
祆	PYGD	礻丶一大	PYGD
籼	OMH	米山①	OMH
苋	AWGI	艹人一丷	AWGG
掀	RRQw	扌斤丿人	RRQw
跹	KHTP	口止丿辶	KHTP
酰	SGTQ	西一丿儿	SGTQ
锨	QRQw	钅斤丿人	QRQw
鲜	QGUd	鱼一丷手	QGUh
暹	JWYp	日亻圭辶	JWYp
闲	USI	门木③	USI
弦	XYXy	弓一幺⊙	XYXy
贤	JCMu	Ⅱ又贝①	JCMu
咸	DGKt	厂一口丿	DGKd
涎	ITHP	氵丿止廴	ITHP
娴	VUSy	女门木⊙	VUSY
舷	TEYX	丿舟一幺	TUYX
衔	TQFh	彳钅二丨	TQGs
痫	UUSi	疒门木③	UUSi
鹇	USQg	门木勹一	USQg
嫌	VUvo	女丷彐小	VUvw
冼	UTFq	冫丿土儿	UTFq

显	JOgf	日业一⊖	JOf
险	BWGi	阝人一业	BWGG
猃	QTWI	犭丿人业	QTWG
蚬	JMQn	虫门儿②	JMQn
笕	TTFQ	竹丿土儿	TTFq
跣	KHTQ	口止丿儿	KHTQ
薛	AQGD	艹辛一手	AQGU
燹	EEOu	豕豕火②	GEGo
县	EGCu	目一厶①	EGCu
岘	MMQN	山门儿②	MMQN
觅	AMQb	艹门儿⑧	AMQb
现	GMqn	王门儿②	GMqn
线	XGt	纟线⑦	XGay
限	BVey	阝彐k	BVy
宪	PTFq	宀丿土儿	PTFq
陷	BQvg	阝勹臼⊖	BQEg
馅	QNQV	夂乙勹臼	QNQE
献	FMUD	十门丷犬	FMUd
腺	ERIy	月白水⊙	ERIy
霰	FAEt	雨艹月攵	FAEt

xiang

乡	XTE	纟丿②	XTe
芗	AXTr	艹纟丿②	AXTr
相	SHg	木目⊖	SHg
香	TJF	禾日⊖	TJF
厢	DSHd	厂木目⊖	DSHd
湘	ISHG	氵木目⊖	ISHG
缃	XShg	纟木目⊖	XSHg
葙	ASHf	艹木目⊖	ASHf
箱	TSHf	竹木目⊖	TSHf
襄	YKKe	亠口口𧘇	YKKe
骧	CYKe	马亠口𧘇	CGYE
镶	QYKe	钅亠口𧘇	QYKe
详	YUDh	讠丷手①	YUh
庠	YUDK	广丷手⑪	OUK
祥	PYUd	礻丶丷手	PYUh
翔	UDNG	丷手羽⊖	UNG
享	YBF	亠子⊖	YBf

响	KTMk	口丿门口	KTMk
饷	QNTK	夂乙丿口	QNTK
飨	XTWe	纟丿人k	XTWv
想	SHNu	木目心②	SHNu
鲞	UDQG	丷大鱼一	UGQG
向	TMkd	丿门口⊖	TMkd
巷	AWNb	艹八巳⑧	AWNb
项	ADMy	工丆贝⊙	ADMy
象	QJEu	夕口豕②	QKEu
像	WQJe	亻夕口豕	WQKe
橡	SQJe	木夕口豕	SQKe
蟓	JQJe	虫夕口豕	JQKE

xiao

消	IIEg	氵丷月⊖	IIEg
枭	QYNS	勹丶乙木	QSU
哓	KATq	口七丿儿	KATq
骁	CATQ	马七丿儿	CGAQ
宵	PIef	宀丷月⊖	PIef
绡	XIEg	纟丷月⊖	XIEg
逍	IEPd	丷月辶⊖	IEPd
萧	AVIj	艹彐小儿	AVHw
硝	DIEg	石丷月⊖	DIEg
销	QIEg	钅丷月⊖	QIEg
潇	IAVJ	氵艹彐小	IAVW
箫	TVIJ	竹彐小儿	TVHw
霄	FIEf	雨丷月⊖	FIEf
魈	RQCE	白儿厶月	RQCE
嚣	KKDK	口口丆口	KKDK
崤	MQDE	山乂ナ月	MRDe
淆	IQDe	氵乂ナ月	IRDe
小	IHty	小丨丿⊙	IHty
晓	JATq	日七丿儿	JATq
筱	TWHt	竹亻丨攵	TWHt
孝	FTBf	土丿子⊖	FTBf
肖	IEf	丷月⊖	IEf
哮	KFTb	口土丿子	KFTb
效	UQTy	六乂夂⊙	URTy
校	SUQy	木六乂⊙	SURy

笑	TTDu	⺮丿大⊙	TTDu
啸	KVIj	口ヨ小刂	KVHw

	xie		
些	HXFf	止匕二⊖	HXFf
歇	JQWw	日勹人人	JQWW
楔	SDHd	木三丨大	SDHD
蝎	JJQn	虫日勹乙	JJQn
协	FLwy	十力八⊙	FEwy
邪	AHTB	匚丨丿阝	AHTB
胁	ELWy	月力八⊙	EEWy
挟	RGUw	扌一丷人	RGUd
偕	WXXR	亻匕匕白	WXXr
斜	WTUF	人禾丶十	WGSF
谐	YXXR	讠匕匕白	YXXr
携	RWYE	扌亻主乃	RWYB
鲺	LLLN	力力力心	EEEN
撷	RFKM	扌土口贝	RFKM
缬	XFKM	纟土口贝	XFKM
鞋	AFFF	廿革土土	AFFF
写	PGNg	冖一乙一	PGNg
泄	IANN	氵世乙②	IANN
泻	IPGG	氵冖一一	IPGg
绁	XANN	纟世乙②	XANN
卸	RHBh	⺧止卩①	TGHB
屑	NIED	尸⺌月③	NIED
械	SAah	木戈廾①	SAAh
亵	YRVe	亠扌九⾐	YRVe
渫	IANS	氵世乙木	IANS
谢	YTMf	讠丿门寸	YTMf
榍	SNIe	木尸⺌月	SNIE
榭	STMf	木丿门寸	STMf
廨	YQEh	广⺈用丨	OQEG
懈	NQeh	忄⺈用丨	NQeg
獬	QTQH	犭丿⺈丨	QTQG
薤	AGQG	艹一夕一	AGQG
邂	QEVP	⺈用刀辶	QEVP
燮	OYOc	火言火又	YOOC
瀣	IHQg	氵丨⺈一	IHQg
蟹	QEVJ	⺈用刀虫	QEVJ

躞	KHOC	口止火又	KHYC
	xin		
心	NYny	心、乙⊙	NYny
忻	NRH	忄斤①	NRH
芯	ANU	艹心②	ANU
辛	UYGH	辛、一丨	UYGH
昕	JRH	日斤①	JRH
欣	RQWy	斤⺈人⊙	RQWy
锌	QUH	钅辛①	QUH
新	USRh	立木斤①	USRh
歆	UJQW	立日⺈人	UJQW
薪	AUSr	艹立木斤	AUSr
馨	FNMj	士尸几日	FNWJ
鑫	QQQF	金金金⊖	QQQF
囟	TLQI	丿口乂③	TLRi
信	WYg	亻言⊖	WYg
衅	TLUf	丿皿丷十	TLUg
	xing		
兴	IWu	⿲丷八⊙	IGWu
饧	QNNR	⺈乙乙⺇	QNNR
星	JTGf	日丿⺀⊖	JTGf
惺	NJTg	忄日丿⺀	NJTg
猩	QTJG	犭丿日⺀	QTJG
腥	EJTg	月日丿⺀	EJTg
刑	GAJH	一廾刂①	GAJH
行	TFhh	彳二丨①	TGSh
邢	GABh	一廾阝①	GABh
形	GAEt	一廾彡②	GAEt
陉	BCAg	阝ス工⊖	BCAg
型	GAJF	一廾刂土	GAJF
硎	DGAJ	石一廾刂	DGAJ
醒	SGJg	西一日⺀	SGJg
擤	RTHj	扌丿目刂	RTHJ
杏	SKF	木口⊖	SKF
姓	VTGg	女丿⺀⊖	VTGG
幸	FUFj	土丷十⑩	FUFj
性	NTGg	忄丿⺀⊖	NTGg
荇	ATFH	艹彳二丨	ATGS
悻	NFUF	忄土丷十	NFUF

	xiong		
凶	QBk	乂凵⑩	RBK
兄	KQB	口儿⑧	KQb
匈	QQBk	勹乂凵⑩	QRBk
芎	AXB	艹弓⑧	AXB
汹	IQBH	氵乂凵①	IRBh
胸	EQqb	月勹乂凵	EQrb
雄	DCWy	ナ厶亻主	DCWy
熊	CEXO	厶月匕灬	CEXO
	xiu		
休	WSy	亻木⊙	WSy
修	WHTe	亻丨夂彡	WHTe
咻	KWSy	口亻木⊙	KWSy
麻	YWSi	广亻木③	OWSi
羞	UDNf	丷⺌乙土	UNHg
鸺	WSQg	亻木⺈一	WSQg
貅	EEWs	四⺈亻木	EWSy
馐	QNUF	⺈乙丷土	QNUG
髹	DEWs	镸彡亻木	DEWs
朽	SGNN	木一乙乙	SGNN
秀	TEb	禾乃⑧	TBr
岫	MMG	山由⊖	MMG
绣	XTEN	纟禾乃②	XTBt
袖	PUMg	衤冫由⊖	PUMg
锈	QTEN	钅禾乃②	QTBT
溴	ITHD	氵丿目犬	ITHD
嗅	KTHD	口丿目犬	KTHD
	xu		
圩	FGFh	土一十①	FGFh
戌	DGNt	厂一乙丿	DGD
须	EDMy	彡厂贝⊙	EDMy
盱	HGFh	目一十①	HGFh
胥	NHEf	乙止月⊖	NHEf
顼	GDMy	王厂贝⊙	GDMy
虚	HAOg	广匕业一	HOd
嘘	KHAG	口广匕一	KHOg
需	FDMj	雨厂门刂	FDMj
墟	FHAG	土广匕一	FHOg
徐	TWTy	彳人禾⊙	TWGs

许	YTFh	讠丿十①	YTFh
诩	YNG	讠羽⊖	YNG
栩	SNG	木羽⊖	SNG
糈	ONHe	米乙疋月	ONHe
醑	SGNE	西一乙月	SGNE
旭	VJd	九日②	VJd
序	YCBk	广マ阝⑩	OCnh
叙	WTCy	人禾又⊙	WGSC
恤	NTLg	忄丿皿⊖	NTLg
洫	ITLG	氵丿皿⊖	ITLg
畜	YXLf	亠幺田	YXLf
勖	JHLn	日目力②	JHEt
绪	XFTj	纟土丿日	XFTj
续	XFNd	纟十乙大	XFNd
酗	SGQB	西一乂凵	SGRB
婿	VNHE	女乙疋月	VNHE
淑	IWTC	氵人禾又	IWGC
絮	VKXi	女口幺小	VKXi
煦	JQKO	日勹口灬	JQKO
蓄	AYXl	艹亠幺田	AYXl
蕦	APWJ	艹宀亻曰	APWJ
吁	KGFH	口一十①	KGFH
xuan			
宣	PGJg	宀一日一	PGJg
轩	LFh	车干①	LFH
谖	YEFc	讠爫二又	YEGC
喧	KPgg	口宀一一	KPgg
揎	RPGg	扌宀一一	RPGg
萱	APGG	艹宀一一	APGG
暄	JPGg	日宀一一	JPGg
煊	OPGg	火宀一一	OPGg
儇	WLGE	亻皿一衣	WLGE
玄	YXU	亠幺③	YXU
痃	UYXi	疒亠幺③	UYXi
悬	EGCN	目一厶心	EGCN
旋	YTNh	方⊢乙疋	YTNH
漩	IYTH	氵方⊢疋	IYTH
璇	GYTH	王方⊢疋	GYTH
选	TFQP	丿土儿辶	TFQP

癣	UQGd	疒鱼一手	UQGu
泫	IYXy	氵亠幺⊙	IYXy
炫	OYXy	火亠幺⊙	OYXy
绚	XQJg	纟勹日一	XQJg
眩	HYxy	目亠幺⊙	HYXy
铉	QYXy	钅亠幺⊙	QYXy
渲	IPGG	氵宀一一	IPGG
楦	SPGg	木宀一一	SPGg
碹	DPGG	石宀一一	DPGG
镟	QYTH	钅方⊢疋	QYTH
xue			
削	IEJh	屮月刂①	IEJh
靴	AFWX	廿卑亻匕	AFWX
薛	AWNU	艹亻口辛	ATNu
穴	PWU	宀八③	PWU
学	IPbf	屮宀子	IPbf
泶	IPIu	屮宀水	IPIu
踅	RRKH	扌斤口疋	RRKH
雪	FVf	雨ヨ⊖	FVf
鳕	QGFV	鱼一雨ヨ	QGFV
血	TLD	丿皿②	TLD
谑	YHAg	讠虍七一	YHAg
xun			
勋	KMLn	口贝力②	KMEt
郇	QJBh	勹日阝①	QJBh
浚	ICWT	氵厶八夂	ICWT
埙	FKMY	土口贝⊙	FKMy
熏	TGLo	丿一罒灬	TGLO
獯	QTTO	犭丿丿灬	QTTO
薰	ATGO	艹丿一灬	ATGO
曛	JTGO	日丿一灬	JTGO
醺	SGTO	西一丿灬	SGTO
寻	VFu	ヨ寸③	VFu
荨	AVFu	艹ヨ寸	AVFu
巡	VPv	巛辶⑩	VPV
旬	QJd	勹日⊜	QJd
驯	CKH	马川①	CGKh
询	YQJg	讠勹日一	YQJg
峋	MQJG	山勹日一	MQJG

徇	TQJg	彳勹日一	TQJg
洵	IQJg	氵勹日一	IQJg
浔	IVFY	氵ヨ寸⊙	IVFY
荀	AQJf	艹勹日一	AQJf
循	TRFH	彳厂十目	TRFh
鲟	QGVf	鱼一ヨ寸	QGVF
逊	BIPi	子小辶③	BIPi
训	YKh	讠川①	YKh
讯	YNFh	讠乙十①	YNFh
汛	INFh	氵乙十①	INFH
殉	GQQj	一夕勹日	GQQj
迅	NFPk	乙十辶⑩	NFPk
ya			
丫	UHK	⸜丨⑩	UHK
压	DFYi	厂土⊙③	DFYi
呀	KAht	口匚丨	KAht
押	RLh	扌甲①	RLh
鸦	AHTG	匚丨丿一	AHTG
桠	SGOG	木一一一	SGOG
鸭	LQYg	甲勹乀一	LQGg
牙	AHte	匚丨丿②	AHte
伢	WAHt	亻匚丨	WAHt
岈	MAHt	山匚丨	MAHt
芽	AAHt	艹匚丨	AAHt
琊	GAHB	王匚丨阝	GAHB
蚜	JAHt	虫匚丨	JAHt
崖	MDFF	山厂土土	MDFF
涯	IDFf	氵厂土土	IDFf
睚	HDff	目厂土土	HDff
衙	TGKh	彳五口丨	TGKS
哑	KGOg	口一业一	KGOg
痖	UGOG	疒一业一	UGOd
雅	AHTY	匚丨丿隹	AHTY
亚	GOGd	一业一⊖	GOd
讶	YAHt	讠匚丨	YAHt
迓	AHTP	匚丨丿辶	AHTP
垭	FGOg	土一业一	FGOg
娅	VGOg	女一业一	VGOg

字	编码	字根	编码
研	DAHt	石厂丨丿	DAHt
氩	RNGG	二乙一一	RGOd
握	RAJV	扌日女	RAJV
yan			
烟	OLDy	火口大⊙	OLDy
剡	OOJh	火火刂①	OOJh
阏	UYWU	门方人丶	UYWU
咽	KLDy	口口大⊙	KLDy
恹	NDDY	忄厂犬⊙	NDDY
胭	ELDy	月口大⊙	ELDy
崦	MDJn	山大日乙	MDJn
淹	IDJn	氵大日乙	IDJn
焉	GHGo	一止一灬	GHGo
菸	AYWU	艹方人丶	AYWU
阉	UDJN	门大日乙	UDJn
湮	ISFG	氵西土⊖	ISFG
腌	EDJN	月大日乙	EDJn
鄢	GHGB	一止一阝	GHGB
嫣	VGHo	女一止灬	VGHo
延	THPd	丿止廴⊖	THNP
闫	UDD	门三⊖	UDD
严	GODr	一业厂丿	GOTe
妍	VGAh	女一廾①	VGAh
芫	AFQB	艹二儿⑩	AFQB
言	YYYy	言言言言	YYYy
岩	MDF	山石⊖	MDF
沿	IMKg	氵几口⊖	IWKg
炎	OOu	火火⑤	OOu
研	DGAh	石一廾①	DGAh
盐	FHLf	土卜皿⊖	FHLf
阎	UQVD	门𠂊臼⊖	UQEd
筵	TTHP	⺮丿止廴	TTHp
蜒	JTHP	虫丿止	JTHP
颜	UTEM	立丿彡贝	UTEM
檐	SQDY	木𠂊厂言	SQDY
兖	UCQb	六厶儿⑩	UCQb
奄	DJNb	大日乙⑩	DJNb
俨	WGOd	亻一业厂	WGOt
衍	TIFh	彳氵二丨	TIGs
偃	WAJV	亻匚日女	WAJV
厣	DDLk	厂犬甲⑩	DDLk
掩	RDJN	扌大日乙	RDJn
眼	HVey	目彐㇄⊙	HVy
郾	AJVb	匚日女阝	AJVb
琰	GOOy	王火火⊙	GOOy
罨	LDJN	罒大日乙	LDJn
演	IPGW	氵宀一八	IPGW
魇	DDRc	厂犬白厶	DDRc
黡	VNUV	白乙丷女	ENUV
厌	DDI	厂犬⑤	DDI
彦	UTER	立丿彡②	UTEE
砚	DMQn	石冂儿②	DMQn
唁	KYG	口言⊖	KYg
宴	PJVf	宀日女⊖	PJVf
晏	JPVf	日宀女⊖	JPVf
艳	DHQc	三丨⺈巴	DHQc
验	CWGi	马人一⺊	CGWg
谚	YUTe	讠立丿彡	YUTe
堰	FAJV	土匚日女	FAJV
焰	OQVg	火𠂊臼⊖	OQEg
焱	OOOU	火火火⑤	OOOU
雁	DWWy	厂亻亻圭	DWWy
滟	IDHC	氵三丨巴	IDHC
酽	SGGD	西一一厂	SGGT
谳	YFMd	讠十冂犬	YFMd
餍	DDWe	厂犬人㐄	DDWV
燕	AUko	廿ㅑ口灬	AKUo
赝	DWWM	厂亻亻贝	DWWM
yang			
央	MDi	冂大⑤	MDi
泱	IMDY	氵冂大⊙	IMDY
殃	GQMd	一夕冂大	GQMd
秧	TMDY	禾冂大⊙	TMDY
鸯	MDQg	冂大勹一	MDQg
鞅	AFMD	廿串冂大	AFMD
扬	RNRt	扌乙丿②	RNRt
羊	UDJ	丷丰①	UYTh
阳	BJg	阝日⊖	BJg
杨	SNrt	木乙丿②	SNRt
炀	ONRT	火乙丿②	ONRT
佯	WUDH	亻丷丰①	WUH
疡	UNRe	疒乙丿㇏	UNRe
徉	TUDh	彳丷丰①	TUH
洋	IUdh	氵丷丰①	IUh
烊	OUDh	火丷丰①	OUH
蛘	JUDh	虫丷丰①	JUH
仰	WQBH	亻𠂊卩①	WQBh
养	UDYJ	丷尹丶丨	UGJj
氧	RNUd	二乙丷丰	RUK
痒	UUDk	疒丷丰⑩	UUK
快	NMDY	忄冂大⊙	NMDY
恙	UGNu	丷王心⑤	UGNu
样	SUdh	木丷丰①	SUh
漾	IUGI	氵丷王水	IUGI
yao			
幺	XNNY	幺乙乙⊙	XXXX
夭	TDI	丿大⑤	TDI
吆	KXY	口幺⊙	KXY
妖	VTDy	女丿大⊙	VTDy
腰	ESVg	月西女⊖	ESVg
邀	RYTP	白方攵辶	RYTp
爻	QQU	乂乂⑤	RRU
尧	ATGQ	七丿一儿	ATGQ
肴	QDEf	乂ナ月⊖	RDEf
姚	VIQn	女⺀儿②	VQIy
轺	LVKg	车刀口⊖	LVKg
珧	GIQn	王⺀儿②	GQIY
窑	PWRm	宀八⺈山	PWTB
谣	YERm	讠⺈山	YETb
徭	TERM	彳⺈山	TETb
摇	RERm	扌⺈山	RETb
遥	ERmp	䍃山辶	ETFp
瑶	GERm	王⺈山	GETb
飖	ERMI	䍃山小	ETFI
鳐	QGEM	鱼一⺈山	QGEB
杳	SJF	木日⊖	SJF
咬	KUQy	口六乂⊙	KUry

窈	PWXL	宀八幺力	PWXE
舀	EVF	爫臼㊀	EEF
嵝	MSVg	山西女㊀	MSVg
药	AXqy	艹纟丶	AXqy
要	Svf	西女㊀	SVF
鹞	ERMG	爫二山一	ETFG
曜	JNWy	日羽亻圭	JNWy
耀	IQNY	光儿羽圭	IGQY
钥	QEG	钅月㊀	QEG

ye

耶	BBH	耳阝①	BBH
椰	SBBh	木耳阝①	SBBh
噎	KFPu	口士宀丷	KFPu
爷	WQBj	八乂卩⑪	WRBj
揶	RBBh	扌耳阝①	RBBh
铘	QAHB	钅匚丨阝	QAHb
也	BNhn	也乙丨乙	BNhn
冶	UCKg	冫厶口㊀	UCKg
野	JFCb	日土マ卩	JFCh
业	OGd	业一㊂	OHhg
叶	KFh	口十①	KFh
曳	JXE	日匕㊄	JNTe
页	DMU	丆贝㊤	DMU
邺	OGBh	业一阝①	OBH
夜	YWTy	亠亻夊丶	YWTy
晔	JWXf	日亻七十	JWXf
烨	OWXf	火亻七十	OWXf
掖	RYWy	扌亠亻丶	RYWY
液	IYWy	氵亠亻丶	IYWy
谒	YJQn	讠日匂乙	YJQn
腋	EYWY	月亠亻丶	EYWY
靥	DDDL	厂犬厂口	DDDF

yi

一	Ggll	一一	Ggll
伊	WVTt	亻ヨノ⑪	WVTt
衣	YEu	亠仫㊤	YEu
医	ATDi	匚一大㊂	ATDi
依	WYEy	亻亠仫㊀	WYEy
咿	KWVT	口亻ヨ丨	KWVT

猗	QTDK	犭ノ大口	QTDK
铱	QYEy	钅亠仫㊀	QYEy
壹	FPGu	士冖一丷	FPGu
揖	RKBg	扌口耳	RKBg
漪	IQTK	氵犭ノ口	IQTK
噫	KUJN	口立日心	KUJN
黟	LFOQ	囗土灬夕	LFOQ
仪	WYQy	亻丶乂㊀	WYRy
圯	FNN	土巳㊀	FNN
夷	GXWi	一弓人㊂	GXWi
沂	IRH	氵斤①	IRH
诒	YCKg	讠厶口㊀	YCKg
宜	PEGf	宀且一	PEGf
怡	NCKg	忄厶口㊀	NCKg
迤	TBPv	ノ也辶	TBPV
饴	QNCk	饣乙厶口	QNCk
咦	KGXw	口一弓人	KGXw
姨	VGXw	女一弓人	VGXw
荑	AGXw	艹一弓人	AGXw
贻	MCKg	贝厶口㊀	MCKg
眙	HCKg	目厶口㊀	HCKg
胰	EGXw	月一弓人	EGXw
酏	SGBn	酉一也㊀	SGBn
痍	UGXW	疒一弓人	UGXw
移	TQQy	禾夕夕㊀	TQQy
遗	KHGP	口丨一辶	KHGP
颐	AHKM	匚丨口贝	AHKm
疑	XTDH	匕ノ大止	XTDh
嶷	MXTh	山匕ノ止	MXTh
彝	XGOa	彑一米廾	XGOa
乙	NNLl	乙乙口口	NNLl
已	NNNN	已已已已	NNnn
以	NYWy	乙丶人㊀	NYWY
钇	QNN	钅乙㊀	QNN
矣	CTdu	厶ノ大㊂	CTdu
苡	ANYw	艹乙丶人	ANYW
舣	TEYQ	ノ舟丶乂	TUYR
蚁	JYQy	虫丶乂㊀	JYRy
倚	WDSk	亻大丁口	WDSk

椅	SDSk	木大丁口	SDSk
旖	YTDK	方ノ大口	YTDK
义	YQi	丶乂㊂	YRi
亿	WNn	亻乙㊀	WNn
弋	AGNY	弋一乙丶	AYI
刈	QJH	乂刂①	RJH
忆	NNn	忄乙㊀	NNN
艺	ANB	艹乙⑪	ANb
议	YYQy	讠丶乂㊀	YYRy
亦	YOU	亠小㊤	YOu
屹	MTNN	山ノ乙㊀	MTNn
异	NAJ	巳廾⑪	NAj
佚	WRWy	亻仁人㊀	WTGY
呓	KANn	口艹乙㊀	KANN
役	TMCy	彳几又㊀	TWCy
抑	RQBh	扌匚卩①	RQBh
译	YCFh	讠又二丨	YCGh
邑	KCB	口巴㊦	KCB
佾	WWEg	亻八月㊀	WWEG
峄	MCFh	山又二丨	MCGh
怿	NCFH	忄又二丨	NCGh
易	JQRr	日勹彡㊉	JQRr
绎	XCFh	纟又二丨	XCGh
诣	YXJg	讠匕日㊀	YXJg
驿	CCFh	马又二丨	CGCG
奕	YODu	亠小大㊤	YODu
弈	YOAj	亠小廾⑪	YOAj
疫	UMCi	疒几又㊂	UWCi
羿	NAJ	羽廾⑪	NAJ
轶	LRWy	车仁人㊀	LTGY
悒	NKCn	忄口巴㊀	NKCn
挹	RKCn	扌口巴㊀	RKCn
益	UWLf	丷八皿㊁	UWLf
谊	YPEg	讠宀且一	YPEG
埸	FJQr	土日勹彡	FJQr
翊	UNG	立羽	UNG
翌	NUF	羽立	NUF
逸	QKQP	㇀口儿辶	QKQP
意	UJNu	立日心㊀	UJNu

字	编码	字根	编码
溢	IUWl	氵丷八皿	IUWl
缢	XUWl	纟丷八皿	XUWl
肆	XTDH	匕ノ大丨	XTDG
裔	YEMk	亠衣冂口	YEMK
瘗	UGUF	疒一丷土	UGUF
蜴	JJQR	虫日勹彡	JJQR
毅	UEMc	立豕几又	UEWc
熠	ONRG	火羽白⊖	ONRG
镒	QUWl	钅丷八皿	QUWl
剜	THLJ	ノ冃目刂	THLJ
殪	GQFU	一夕士丷	GQFU
薏	AUJN	艹立日心	AUJN
翳	ATDN	匸广大羽	ATDN
翼	NLAw	羽田共八	NLAw
臆	EUJn	月立日心	EUJn
癔	UUJn	疒立日心	UUJN
镱	QUJN	钅立日心	QUJN
懿	FPGN	士一一心	FPGN

yin

字	编码	字根	编码
因	LDi	口大⑤	LDi
窨	PWUJ	宀八立日	PWUJ
阴	BEg	阝月⊖	BEg
姻	VLDy	女口大⊙	VLdy
洇	ILDY	氵口大⊙	ILDY
茵	ALDu	艹口大⊙	ALDu
荫	ABEf	艹阝月⊖	ABEf
音	UJF	立日⊖	UJF
殷	RVNc	厂彐乙又	RVNc
氤	RNLd	乞乙口大	RLDi
铟	QLDY	钅口大⊙	QLDY
喑	KUJg	口立日⊖	KUJg
堙	FSFg	土西土⊖	FSFG
吟	KWYN	口人丶乙	KWYN
垠	FVEy	土彐𧘇⊙	FVY
狺	QTYG	犭丿言⊖	QTYG
寅	PGMw	宀一由八	PGMw
淫	IETf	氵爫丿士	IETf
银	QVEy	钅彐𧘇⊙	QVY
鄞	AKGB	廿口圭阝	AKGB

字	编码	字根	编码
夤	QPGW	夕宀一八	QPGW
龈	HWBE	止人凵匕	HWBV
霪	FIEF	雨氵爫士	FIEF
尹	VTE	彐丿②	VTE
引	XHh	弓丨①	XHh
吲	KXHh	口弓丨①	KXHh
饮	QNWw	⺈乙人	QNQw
蚓	JXHh	虫弓丨①	JXHh
隐	BQVN	阝⺈彐心	BQVn
瘾	UBQn	疒阝⺈心	UBQn
印	QGBh	⺈一卩①	QGBh
茚	AQGB	艹⺈一卩	AQGB
胤	TXEN	丿幺月乙	TXEN

ying

字	编码	字根	编码
应	YID	广⺍⊖	OIgd
英	AMDu	艹冂大⑤	AMDu
莺	APQg	艹宀勹一	APQg
婴	MMVf	贝贝女⊖	MMVf
瑛	GAMd	王艹冂大	GAMd
嘤	KMMv	口贝贝女	KMMv
撄	RMMv	扌贝贝女	RMMv
缨	XMMv	纟贝贝女	XMMv
罂	MMRm	贝贝𠂉山	MMTb
樱	SMMV	木贝贝女	SMMv
璎	GMMV	王贝贝女	GMMV
鹦	MMVG	贝贝女一	MMVG
膺	YWWE	广亻亻月	OWWE
鹰	YWWG	广亻亻一	OWWG
迎	QBPk	⺈卩辶⑩	QBPk
莹	APFF	艹宀土⊖	APFF
盈	ECLf	乃又皿	BCLf
荥	APIu	艹宀水	APIu
荧	APOu	艹宀火	APOu
莹	APGY	艹宀王丶	APGy
萤	APJu	艹宀虫	APJu
营	APKk	艹宀口口	APKk
萦	APXi	艹宀幺小	APXi
楹	SECl	木乃又皿	SBCl
滢	IAPY	氵艹宀丶	IAPY

字	编码	字根	编码
蓥	APQF	艹宀金⊖	APQF
潆	IAPI	氵艹宀小	IAPI
蝇	JKjn	虫口日乙	JKjn
赢	YNKY	亠乙口丶	YEVy
嬴	YNKY	亠乙口丶	YEMy
瀛	IYNY	氵亠乙丶	IYEy
郢	KGBH	口王阝①	KGBH
颍	XIDm	匕水厂贝	XIDm
颖	XTDm	匕禾厂贝	XTDM
影	JYIE	日亠小彡	JYie
瘿	UMMv	疒贝贝女	UMMv
映	JMDy	日冂大⊙	JMDy
硬	DGJq	石一日乂	DGJr
媵	EUDV	月丷大女	EUGV

yo

字	编码	字根	编码
哟	KXqy	口纟勹丶	KXqy
唷	KYCe	口亠厶月	KYCe

yong

字	编码	字根	编码
佣	WEH	亻用①	WEh
拥	REH	扌用①	REh
痈	UEK	疒用⑩	UEK
邕	VKCb	巛口巴⑫	VKCb
庸	YVEH	广彐月丨	OVEh
雍	YXTy	亠幺丿圭	YXTy
墉	FYVH	土广彐丨	FOVH
慵	NYVH	忄广彐丨	NOVH
壅	YXTF	亠幺丿土	YXTF
镛	QYVH	钅广彐丨	QOVh
臃	EYXy	月亠幺圭	EYXy
鳙	QGYH	鱼一广丨	QGOH
饔	YXTE	亠幺丿𧝇	YXTV
喁	KJMy	口日冂丶	KJMy
永	YNIi	丶乙八⑤	YNIi
甬	CEJ	乛用⑪	CEJ
咏	KYNi	口丶乙八	KYNi
泳	IYNI	氵丶乙八	IYNI
俑	WCEh	亻乛用①	WCEh
勇	CELb	乛用力⑫	CEEr
涌	ICEh	氵乛用①	ICEh

惠	CENu	ヲ用心⊙	CENU
蛹	JCEH	虫ヲ用①	JCEH
踊	KHCe	口止ヲ用	KHCe
用	ETnh	用丿乙丨	ETnh

you

优	WDNn	亻ナ乙⊙	WDNy
忧	NDNn	忄ナ乙⊙	NDNy
攸	WHTY	亻丨夊⊙	WHTY
呦	KXLn	口幺力⊙	KXET
幽	XXMk	幺幺山⑩	MXXi
悠	WHTN	亻丨夊心	WHTN
尤	DNV	ナ乙⑩	DNYi
由	MHng	由丨乙一	MHng
犹	QTDN	犭丿ナ乙	QTDY
邮	MBh	由阝①	MBh
油	IMG	氵由㊀	IMg
柚	SMG	木由㊀	SMG
疣	UDNV	疒ナ乙⑩	UDNy
莸	AWHt	艹亻丨夊	AWHt
莜	AQTN	艹犭丿乙	AQTY
铀	QMG	钅由㊀	QMG
蚰	JMG	虫由㊀	JMG
游	IYTB	氵方⑀子	IYTB
鱿	QGDn	鱼一ナ乙	QGDY
猷	USGD	丷西一犬	USGD
蝣	JYTB	虫方⑀子	JYTb
友	DCu	ナ又⑊	DCu
有	DEF	ナ月㊁	DEF
卣	HLNf	卜口ヨ㊁	HLNf
酉	SGD	西一㊂	SGD
莠	ATEB	艹禾乃	ATBr
锈	QDEG	钅ナ月㊀	QDEg
牖	THGY	丿丨一	THGS
黝	LFOL	田土灬力	LFOE
又	CCCc	又又又⑤	CCCc
右	DKf	ナ口㊁	DKf
幼	XLN	幺力⊙	XET
佑	WDKg	亻ナ口㊀	WDKg
侑	WDEg	亻ナ月㊀	WDEg

囿	LDEd	口ナ月㊂	LDEd
宥	PDEF	宀ナ月㊁	PDEF
诱	YTEn	讠禾乃⊙	YTBT
蚴	JXLn	虫幺力⊙	JXEt
釉	TOMg	丿米由㊀	TOMg
鼬	VNUM	臼乙⑀由	ENUM

yu

迂	GFPk	一十辶⑩	GFPk
纡	XGFh	纟一十①	XGFh
淤	IYWU	氵方人⑆	IYWU
渝	IWGJ	氵人一刂	IWGJ
瘀	UYWU	疒方人⑆	UYWU
于	GFk	一十⑩	GFk
予	CBJ	ヲ卩⑩	CNhj
余	WTU	人禾⑊	WGSu
妤	VCBH	女ヲ卩①	VCNH
欤	GNGW	一乙一人	GNGW
於	YWUy	方人⑆⊙	YWUy
盂	GFLf	一十皿㊁	GFLf
臾	VWI	臼人⑆	EWI
鱼	QGF	鱼一㊁	QGF
俞	WGEJ	人一月刂	WGEJ
禺	JMHY	日门丨丶	JMHY
竽	TGFj	⺮一十⑩	TGFj
舁	VAJ	臼廾⑩	EAJ
娱	VKGD	女口一大	VKGD
狳	QTWT	犭丿人禾	QTWS
谀	YVWY	讠臼人⊙	YEWy
馀	QNWt	勹乙人禾	QNWS
渔	IQGG	氵鱼一㊀	IQGG
萸	AVWu	艹臼人⑊	AEWU
隅	BJMy	阝日门丶	BJMy
雩	FFNB	雨二乙⑩	FFNb
嵛	MWGj	山人一刂	MWGJ
愉	NWgj	忄人一刂	NWGJ
揄	RWGJ	扌人一刂	RWGJ
腴	EVWy	月臼人⊙	EEWy
逾	WGEP	人一月辶	WGEP
愚	JMHN	日门丨心	JMHN

榆	SWGJ	木人一刂	SWGJ
瑜	GWGj	王人一刂	GWGj
虞	HAKd	虍口七大	HKGd
觎	WGEQ	人一月儿	WGEQ
窬	PWWJ	宀八人刂	PWWJ
舆	WFLw	亻二车八	ELgw
蝓	JWGJ	虫人一刂	JWGJ
与	GNgd	一乙一㊂	GNgd
伛	WAQY	亻匚乂⊙	WARy
宇	PGFj	宀一十⑩	PGFj
屿	MGNg	山一乙一	MGNg
羽	NNYg	羽乙一	NNYg
雨	FGHY	雨一丨丶	FGHY
俣	WKGd	亻口一大	WKGd
禹	TKMy	丿口门丶	TKMy
语	YGKg	讠五口㊀	YGKg
圄	LGKD	口五口大	LGKD
圉	LFUf	口土丷十	LFUf
庾	YVVi	广白人⑶	OEWi
瘐	UVWi	疒白人⑶	UEWI
窳	PWRY	宀八厂乀	PWRy
龉	HWBK	止人凵口	HWBK
玉	GYi	王丶⑶	GYi
驭	CCY	马又⊙	CGCy
吁	KGFH	口一十①	KGFH
聿	VFHK	ヨ二丨⑩	VGK
芋	AGFj	艹一十⑩	AGFj
妪	VAQy	女匚乂⊙	VARy
饫	QNTD	饣乙丿大	QNTD
育	YCEf	亠厶月㊁	YCEf
郁	DEBh	ナ月阝①	DEBh
昱	JUF	日立㊁	JUF
狱	QTYD	犭丿讠犬	QTYd
峪	MWWK	山人人口	MWWK
浴	IWWk	氵八人口	IWWk
钰	QGYY	钅王丶⊙	QGYY
预	CBDm	ヲ卩厂贝	CNHM
域	FAKG	土戈口一	FAKg
欲	WWKW	八人口人	WWKW

谕	YWGJ	讠人一刂	YWGJ
阃	UAKg	门戈口一	UAKg
喻	KWGJ	口人一刂	KWGJ
寓	PJMy	宀日冂丶	PJMy
御	TRHb	彳⺧止卩	TTGb
裕	PUWk	衤丶八口	PUWk
遇	JMhp	日冂丨辶	JMhp
愈	WGEN	人一月心	WGEn
煜	OJUg	火日立㊀	OJUg
蓣	ACBM	艹マ卩贝	ACNM
誉	IWYF	⺍八言㊀	IGWY
毓	TXGQ	𠂉母一儿	TXYk
蜮	JAKg	虫戈口一	JAKg
豫	CBQe	マ卩⺈豕	CNHE
燠	OTMd	火丿冂大	OTMd
鹆	CBTG	マ卩丿一	CNHG
蓠	XOXH	弓米弓丨	XOXH
鹬	WWKG	八人口一	WWKG

yuan			
冤	PQKy	冖⺈口丶	PQKy
鸢	AQYG	弋勹丶一	AYQg
鸳	QBQg	夕㔾勹一	QBQg
渊	ITOh	氵丿米丨	ITOH
箢	TPQb	竹宀夕㔾	TPQb
元	FQB	二儿㊀	FQB
员	KMu	口贝㊂	KMu
园	LFQv	囗二儿㊅	LFQv
沅	IFQn	氵二儿㊄	IFQn
垣	FGJG	土一日一	FGJg
爰	EFTc	⺥二丿又	EGDC
原	DRii	厂白小㊂	DRii
圆	LKMI	囗口贝	LKMi
袁	FKEu	土口⾐㊁	FKEu
援	REFc	扌⺥二又	REGc
缘	XXEy	纟彑豕丶	XXEy
鼋	FQKN	二儿口乙	FQKn
塬	FDRi	土厂白小	FDRi
源	IDRi	氵厂白小	IDRi
猿	QTFE	犭丿土⾐	QTFe

辕	LFKe	车土口⾐	LFKe
橼	SXXE	木纟彑豕	SXXE
螈	JDRi	虫厂白小	JDRi
远	FQPv	二儿辶㊅	FQPv
苑	AQBb	艹夕㔾㊅	AQBb
怨	QBNu	夕㔾心㊁	QBNu
院	BPFq	阝宀二儿	BPFq
垸	FPFq	土宀二儿	FPFq
媛	VEFC	女⺥二又	VEGC
掾	RXEy	扌彑豕丶	RXEY
瑗	GEFC	王⺥二又	GEGC
愿	DRIN	厂白小心	DRIN

yue			
曰	JHNG	日丨乙一	JHNG
约	XQyy	纟勹丶⊙	XQyy
月	EEEe	月月月月	EEEe
刖	EJH	月刂①	EJH
岳	RGMj	斤一山⑩	RMJ
悦	NUKq	忄⺷口儿	NUKq
阅	UUKq	门⺷口儿	UUKQ
跃	KHTD	口止丿大	KHTD
粤	TLOn	丿口米乙	TLOn
越	FHAt	土止厂丿	FHAn
樾	SFHT	木土止丿	SFHN
龠	WGKA	人一口艹	WGKA
瀹	IWGA	氵人一艹	IWGA

yun			
氲	RNJL	⺋乙日皿	RJLd
云	FCU	二厶㊂	FCU
匀	QUd	勹㇀㊁	QUd
纭	XFCy	纟二厶⊙	XFCy
芸	AFCU	艹二厶㊂	AFCU
昀	JQUg	日勹㇀㊀	JQUg
郧	KMBh	口贝阝①	KMBh
耘	DIFC	三小二厶	FSFC
允	CQb	厶儿㊅	CQB
狁	QTCq	犭丿厶儿	QTCQ
陨	BKMy	阝口贝⊙	BKMy
殒	GQKm	一夕口贝	GQKM

孕	EBF	乃子㊁	BBF
运	FCPi	二厶辶㊢	FCPi
郓	PLBh	冖车阝①	PLBh
恽	NPLh	忄冖车①	NPLh
晕	JPLj	日冖车⑩	JPLj
酝	SGFc	西一二厶	SGFC
愠	NJLG	忄日皿㊀	NJLG
韫	FNHL	二乙丨皿	FNHL
韵	UJQU	立日勹㇀	UJQU
熨	NFIO	尸二小火	NFIO
蕴	AXJl	艹纟日皿	AXJl

za			
匝	AMHk	匚冂丨⑩	AMHk
杂	VSu	九木㊂	VSu
咂	KAMh	口匚冂丨	KAMh
拶	RVQy	扌巛夕⊙	RVQy
砸	DAMH	石匚冂丨	DAMh
咋	KTHF	口⺊丨二	KTHF

zai			
灾	POu	宀火㊂	POu
甾	VLF	巛田㊁	VLF
哉	FAKd	十戈口㊂	FAKd
栽	FASi	十戈木㊂	FASi
宰	PUJ	宀⾟⑩	PUJ
载	FALk	十戈车⑩	FALd
崽	MLNu	山田心㊂	MLNu
再	GMFd	一冂土㊂	GMFd
在	Dhfd	ナ丨土㊂	Dhfd

zan			
糌	OTHJ	米夂⺊日	OTHJ
簪	TAQj	竹匚儿日	TAQj
咱	KTHg	口丿目㊀	KTHg
昝	THJf	夂⺊日㊁	THJf
攒	RTFM	扌丿土贝	RTFM
趱	FHTm	土止丿贝	FHTm
暂	LRJf	车斤日㊁	LRJf
赞	TFQM	丿土儿贝	TFQM
錾	LRQf	车斤金㊁	LRQf
瓒	GTFM	王丿土贝	GTFM

五笔打字立体化教程（微课版）

146

zang			
脏	MYFg	贝广土⊖	MOfg
臧	DNDt	厂乙厂丿	AUAh
驵	CEGg	马且一⊖	CGEg
奘	NHDD	乙丨广大	UFDU
脏	EYFg	月广土⊖	EOfg
葬	AGQa	艹一夕廾	AGQa
zao			
遭	GMAP	一门艹辶	GMAp
糟	OGMJ	米一门日	OGMJ
凿	OGUb	业一凵	OUFB
早	JHnh	早丨乙丨	JHNh
枣	GMIU	一门小冫	SMUU
蚤	CYJu	又丶虫	CYJu
澡	IKKs	氵口口木	IKKs
藻	AIKs	艹氵口木	AIKs
灶	OFg	火土⊖	OFG
皂	RAB	白七⑥	RAB
唣	KRAn	口白七⑥	KRAn
造	TFKP	丿土口辶	TFKP
噪	KKKS	口口口木	KKKS
燥	OKKs	火口口木	OKKs
躁	KHKS	口止口木	KHKS
ze			
则	MJh	贝刂①	MJh
择	RCFh	扌又二丨	RCGh
泽	ICFh	氵又二丨	ICGh
责	GMU	主贝⑥	GMU
啧	KGMy	口主贝⊖	KGMy
帻	MHGM	巾丨主贝	MHGM
笮	TTHf	⺮一丨二	TTHF
舴	TETF	丿舟⺈二	TUTF
箦	TGMU	⺮主贝⑥	TGMU
赜	AHKM	匚丨口贝	AHKM
仄	DWI	厂人③	DWI
昃	JDWu	日厂人	JDWU
zei			
贼	MADT	贝戈𠂇	MADT

zen			
怎	THFN	丿一二心	THFN
谮	YAQJ	讠匚儿日	YAQj
zeng			
增	FUlj	土丷罒日	FUlj
憎	NUlj	忄丷罒日	NUlj
缯	XUlj	纟丷罒日	XUlj
罾	LUlj	罒丷罒日	LUlj
锃	QKGg	钅口王	QKGg
甑	ULJN	丷罒日乙	ULJY
赠	MUlj	贝丷罒日	MUlj
zha			
扎	RNN	扌乙⑥	RNN
吒	KTAN	口丿七⑥	KTAN
猹	QTSG	犭丿木一	QTSG
哳	KRRH	口扌斤①	KRRH
喳	KSJg	口木日一	KSJg
揸	RSJg	扌木日一	RSJG
渣	ISJg	氵木日一	ISJG
楂	SSJg	木木日一	SSJG
髊	THLG	丿目田一	THLG
札	SNN	木乙⑥	SNN
轧	LNN	车乙⑥	LNN
闸	ULK	门甲⑩	ULk
铡	QMJh	钅贝刂①	QMJh
眨	HTPy	目丿之⊙	HTPy
砟	DTHF	石丿一二	DTHF
乍	THFd	丿一二㈢	THFf
诈	YTHf	讠丿一二	YTHF
咤	KPTA	口宀丿七	KPTA
栅	SMMg	木门门一	SMMG
炸	OTHf	火丿一二	OTHf
痄	UTHf	疒丿一二	UTHf
蚱	JTHF	虫丿一二	JTHf
榨	SPWf	木宀八二	SPWF
zhai			
斋	YDMj	文𠂇门刂	YDMj
摘	RUMd	扌立门古	RYUD
宅	PTAb	宀丿七⑥	PTAb

翟	NWYF	羽亻圭⊖	NWYF
窄	PWTF	宀八丿二	PWTF
债	WGMY	亻主贝⊙	WGMy
砦	HXDf	止匕石⊖	HXDf
寨	PFJS	宀二刂木	PAWS
瘵	UWFi	疒癶二小	UWFi
zhan			
沾	IHKg	氵⺊口⊖	IHKg
毡	TFNK	丿二乙口	EHKd
旃	YTMY	方𠂆冂一	YTMY
詹	QDWy	勹厂八言	QDWy
谵	YQDY	讠勹厂言	YQDY
瞻	HQDy	目勹厂言	HQDy
斩	LRh	车斤①	LRh
展	NAEi	尸艹㔾	NAEi
盏	GLF	戋皿	GALF
崭	MLrj	山车斤①	MLrj
搌	RNAE	扌尸艹㔾	RNAE
辗	LNAe	车尸艹㔾	LNAe
占	HKf	⺊口⊖	HKf
战	HKAt	⺊口戈	HKAy
栈	SGT	木戋丿	SGAY
站	UHkg	立⺊口⊖	UHKG
绽	XPGh	纟宀一止	XPGh
湛	IADn	氵艹三乙	IDWn
蘸	ASGO	艹西一灬	ASGO
zhang			
张	XTay	弓丿七乀	XTAy
章	UJJ	立早⑪	UJJ
鄣	UJBh	立早阝①	UJBh
嫜	VUJH	女立早①	VUJH
彰	UJEt	立早彡丿	UJEt
漳	IUJh	氵立早①	IUJh
獐	QTUJ	犭丿立早	QTUJ
樟	SUJh	木立早①	SUJh
璋	GUJh	王立早①	GUJh
蟑	JUJH	虫立早①	JUJH
仉	WMN	亻几⑥	WWN
涨	IXty	氵弓丿乀	IXty

掌	IPKR	⺌冖口手	IPKR
丈	DYI	ナ乀③	DYI
仗	WDYY	亻ナ乀⊙	WDYY
帐	MHTy	冂丨丿乀	MHTy
杖	SDYy	木ナ乀⊙	SDYy
胀	ETAy	月丿七乀	ETAy
账	MTAy	贝丿七乀	MTAy
障	BUJh	阝立早①	BUJh
嶂	MUJh	山立早①	MUJh
幛	MHUJ	冂丨立早	MHUJ
瘴	UUJK	疒立早Ⅲ	UUJK
zhao			
钊	QJH	钅刂①	QJH
招	RVKg	扌刀口㊀	RVKg
昭	JVKg	日刀口㊀	JVKg
啁	KMFk	口冂土口	KMFk
找	RAt	扌戈②	RAy
沼	IVKg	氵刀口㊀	IVKg
召	VKF	刀口㊁	VKF
兆	IQV	⼉儿⑧	QII
诏	YVKg	讠刀口㊀	YVKg
赵	FHQi	土龰乂③	FHRi
笊	TRHY	⺮厂丨乀	TRHY
棹	SHJh	木卜早①	SHJh
照	JVKO	日刀口灬	JVKO
罩	LHJj	罒卜早①	LHJj
肇	YNTH	丶尸攵丨	YNTG
zhe			
折	RRh	扌斤①	RRh
遮	YAOP	广廿灬辶	OAOP
蜇	RRJu	扌斤虫③	RRJu
哲	RRKf	扌斤口㊁	RRKf
辄	LBNn	车耳乙②	LBNn
蛰	RVYJ	扌九丶虫	RVYJ
谪	YUMd	讠立门古	YYUD
摺	RNRg	扌羽白㊀	RNRG
磔	DQAS	石夕⺈木	DQGS
辙	LYCt	车⼀厶攵	LYCt
者	FTJf	土丿日㊁	FTJf

锗	QFTj	钅土丿日	QFTj
赭	FOFJ	土业土日	FOFJ
褶	PUNR	衤⼂羽白	PUNR
柘	SDG	木石㊀	SDG
浙	IRRh	氵扌斤①	IRRh
蔗	AYAo	艹广廿灬	AOAo
鹧	YAOG	广廿灬一	OAOG
这	YPi	文辶③	YPI
zhen			
贞	HMu	卜贝③	HMu
针	QFH	钅十①	QFH
侦	WHMy	亻卜贝⊙	WHMy
浈	IHMy	氵卜贝⊙	IHMy
珍	GWet	王人彡②	GWet
桢	SHMy	木卜贝⊙	SHMy
真	FHWu	十且八③	FHWu
砧	DHKG	石卜口㊀	DHKG
祯	PYHM	礻丶卜贝	PYHm
斟	ADWF	艹三八十	DWNF
甄	SFGN	西土一乙	SFGY
蓁	ADWT	艹三人禾	ADWt
榛	SDWT	木三人禾	SDWT
箴	TDGT	⺮厂一丿	TDGK
臻	GCFT	一厶土禾	GCFT
诊	YWEt	讠人彡②	YWEt
枕	SPQn	木⼍儿②	SPqn
朕	EWEt	月䒑人②	EWEt
轸	LWEt	车人彡②	LWEt
畛	LWET	田人彡②	LWET
疹	UWEe	疒人彡③	UWEe
缜	XFHw	纟十且八	XFHw
稹	TFHW	禾十且八	TFHW
圳	FKH	土川①	FKH
阵	BLh	阝车①	BLh
鸩	PQQg	⼍儿勹一	PQQg
振	RDFe	扌厂二⺂	RDFE
朕	EUDY	月䒑大⊙	EUDy
赈	MDFE	贝厂二⺂	MDFE
镇	QFHW	钅十且八	QFHW

震	FDFe	雨厂二⺂	FDFe
zheng			
征	TGHg	彳一止㊀	TGHg
怔	NGHg	忄一止㊀	NGHg
争	QVhj	勹彐丨①	QVhj
峥	MQVh	山勹彐丨	MQVh
挣	RQVH	扌勹彐丨	RQVH
狰	QTQH	犭丿勹丨	QTQH
钲	QGHG	钅一止㊀	QGHG
睁	HQVh	目勹彐丨	HQVh
铮	QQVh	钅勹彐丨	QQVh
筝	TQVH	⺮勹彐丨	TQVH
蒸	ABIo	艹了水灬	ABIo
拯	RBIg	扌了水一	RBIg
整	GKIH	一口小止	SKTh
正	GHD	一止㊁	GHD
证	YGHg	讠一止㊀	YGhg
诤	YQVH	讠勹彐丨	YQVH
郑	UDBh	⯑大阝①	UDBh
帧	MHHM	冂丨卜贝	MHHm
政	GHTy	一止攵⊙	GHTy
症	UGHd	疒一止㊁	UGHd
zhi			
之	PPpp	之之之之	PPpp
支	FCu	十又③	FCu
卮	RGBV	厂一巴⑧	RGBv
汁	IFH	氵十①	IFH
芝	APu	艹之③	APu
吱	KFCy	口十又⊙	KFCy
枝	SFCy	木十又⊙	SFCy
知	TDkg	⺧大口㊀	TDkg
织	XKWy	纟口八⊙	XKWy
肢	EFCy	月十又⊙	EFCy
栀	SRGB	木厂一巴	SRGB
祇	PYQY	礻丶匚丶	PYQy
胝	EQAy	月匚七⊙	EQAy
徵	TMGT	彳山一攵	TMGT
脂	EXjg	月匕日㊀	EXjg
蜘	JTDK	虫⺧大口	JTDK

五笔打字立体化教程（微课版）

148

执	RVYy	扌九、⊙	RVYy
侄	WGCF	亻一厶土	WGCF
直	FHf	十且⊜	FHf
值	WFHG	亻十且⊖	WFHG
埴	FFHG	土十且⊖	FFHG
职	BKwy	耳口八⊙	BKwy
植	SFHG	木十且⊖	SFHG
殖	GQFh	一夕十且	GQFh
絷	RVYI	扌九、小	RVYI
跖	KHDG	口止石⊖	KHDG
摭	RYAo	扌广廿灬	ROAo
蹠	KHUB	口止丷阝	KHUB
止	HHhg	止丨丨一	HHGg
只	KWu	口八②	KWu
旨	XJf	匕日⊜	XJf
址	FHG	土止⊖	FHG
纸	XQAn	纟厂七⊘	XQAn
芷	AHF	艹止⊜	AHF
祉	PYHg	礻、止⊖	PYHG
咫	NYKw	尸丶口八	NYKw
指	RXJg	扌匕日⊖	RXjg
枳	SKWy	木口八⊙	SKWy
轵	LKWy	车口八⊙	LKWy
趾	KHHg	口止止⊖	KHHg
黹	OGUI	业一丷小	OIU
酯	SGXj	西一匕日	SGXj
至	GCFf	一厶土⊜	GCFf
志	FNu	士心⊙	FNu
忮	NFCY	忄十又⊙	NFCY
豸	EER	四⺈②	ETYt
制	RMHJ	二冂丨刂	TGMj
帙	MHRW	冂丨二人	MHTG
帜	MHKW	冂丨口八	MHKW
治	ICKg	氵厶口⊖	ICKg
炙	QOu	夕火⊙	QOu
质	RFMi	厂十贝②	RFmi
郅	GCFB	一厶土阝	GCFB
峙	MFFy	山土寸⊙	MFFy
栉	SABh	木艹卩①	SABh

陟	BHIt	阝止小丿	BHHt
挚	RVYR	扌九、手	RVYR
桎	SGCF	木一厶土	SGCF
秩	TRWy	禾仁人⊙	TTgy
致	GCFT	一厶土夊	GCFT
贽	RVYM	扌九、贝	RVYM
轾	LGCf	车一厶土	LGCf
掷	RUDB	扌丷大阝	RUDB
痔	UFFI	疒土寸②	UFFI
窒	PWGf	宀八一土	PWGF
骘	RVYG	扌九、一	RVYG
鸷	XGXx	匕一上匕	XTDX
智	TDKJ	丿大口日	TDKJ
滞	IGKh	氵一川丨	IGKh
痣	UFNI	疒士心②	UFNi
蛭	JGCf	虫一厶土	JGCf
骛	BHIC	阝止小马	BHHG
稚	TWYg	禾亻圭⊖	TWYg
置	LFHF	皿十且⊜	LFHF
雉	TDWY	丿大亻圭	TDWY
膣	EPWF	月宀八土	EPWF
觯	QEUF	夕用丷十	QEUF
蹑	KHRM	口止厂贝	KHRm

zhong

中	Khk	口丨⑩	Khk
忠	KHNu	口丨心⊙	KHNu
终	XTUy	纟夂冫⊙	XTUy
盅	KHLf	口丨皿⊜	KHLf
钟	QKHH	钅口丨①	QKHH
舯	TEKh	丿舟口丨	TUKH
衷	YKHE	亠口丨⟋	YKHE
锺	QTGF	钅丿一土	QTGF
蠡	TUJJ	夂冫虫虫	TUJJ
肿	EKhh	月口丨①	EKHh
种	TKHh	禾口丨①	TKHh
冢	PEYu	冖豕丶⊙	PGEY
踵	KHTF	口止丿土	KHTF
仲	WKHH	亻口丨①	WKHH
众	WWWu	人人人⊙	WWWu

zhou

舟	TEI	丿舟③	TUI
州	YTYH	、丿、丨	YTYH
诌	YQVG	讠⺈彐⊖	YQVg
周	MFKd	冂土口⊜	MFKd
洲	IYTh	氵、丿丨	IYTh
粥	XOXn	弓米弓⊘	XOXn
妯	VMg	女由⊖	VMg
轴	LMg	车由⊖	LMg
碡	DGXu	石⺛母⊃	DGXy
肘	EFY	月寸⊙	EFY
帚	VPMh	彐冖冂丨	VPMh
纣	XFY	纟寸⊙	XFY
咒	KKMb	口口几⑪	KKWb
宙	PMf	宀由⊜	PMf
绉	XQVg	纟⺈彐⊖	XQVg
昼	NYJg	尸丶日一	NYJg
胄	MEF	由月⊜	MEF
荮	AXFu	艹纟寸⊙	AXFu
皱	QVHC	勹彐丨又	QVBY
酎	SGFY	西一寸⊙	SGFY
骤	CBCi	马耳又水	CGBi
籀	TRQL	⺮扌匚田	TRQl

zhu

朱	RIi	仁小③	TFI
侏	WRIy	亻仁小⊙	WTFY
诛	YRIy	讠仁小⊙	YTFY
邾	RIBh	仁小阝①	TFBH
洙	IRIy	氵仁小⊙	ITFY
茱	ARIu	艹仁小⊙	ATFU
株	SRIy	木仁小⊙	STFy
珠	GRiy	王仁小⊙	GTFy
诸	YFTj	讠土丿日	YFTj
猪	QTFJ	犭丿土日	QTFJ
铢	QRIy	钅仁小⊙	QTFY
蛛	JRIy	虫仁小⊙	JTFy
槠	SYFJ	木讠土日	SYFj
潴	IQTJ	氵犭丿日	IQTJ
橥	QTFS	犭丿土木	QTFS

字	码	拆	码
竹	TTGh	竹ノ一丨	THTh
笁	TFF	⺮二⊙	TFF
烛	OJy	火虫⊙	OJy
逐	EPI	豕辶⑤	GEPi
舳	TEMG	ノ舟由丨	TUMG
瘃	UEYi	疒豕丶⑤	UGEY
躅	KHLJ	口止皿虫	KHLJ
主	Ygd	丶王㊀	Ygd
拄	RYGg	扌丶王㊀	RYGg
渚	IFTj	氵土ノ日	IFTj
煮	FTJO	土ノ日灬	FTJO
嘱	KNTy	口尸ノ丶	KNTy
麈	YNJG	广⺋王	OXXG
瞩	HNTy	目尸ノ丶	HNTy
伫	WPGg	亻宀一㊀	WPgg
住	WYGG	亻丶王㊀	WYGG
助	EGLn	日一力⑫	EGEt
杼	SCBh	木マ卩①	SCNH
注	IYgg	氵丶王㊀	IYGg
贮	MPGg	贝宀一㊀	MPGg
驻	CYgg	马丶王㊀	CGYG
柱	SYGg	木丶王㊀	SYGg
炷	OYGg	火丶王㊀	OYGG
祝	PYKq	礻丶口儿	PYKq
疰	UYGD	疒丶王㊀	UYGD
著	AFTj	艹土ノ日	AFTj
蛀	JYGg	虫丶王㊀	JYGg
筑	TAMy	⺮工几丶	TAWy
铸	QDTf	钅三ノ寸	QDTf
箸	TFTj	⺮土ノ日	TFTj
翥	FTJN	土ノ日羽	FTJN

zhua

字	码	拆	码
抓	RRHY	扌厂丨丶	RRHY
挝	RFPy	扌士辶⊙	RFPy
爪	RHYI	厂丨丶⑤	RHYI

zhuai

字	码	拆	码
拽	RJXt	扌日匕⑫	RJNt

zhuan

字	码	拆	码
专	FNYi	二乙丶⑤	FNYi

字	码	拆	码
砖	DFNY	石二乙丶	DFNy
颛	MDMM	山厂门贝	MDMm
转	LFNy	车二乙丶	LFNy
啭	KLFY	口车二丶	KLFY
赚	MUVo	贝⺸彐小	MUVw
撰	RNNW	扌巳巳八	RNNW
篆	TXEu	⺮彑豕⑤	TXEu
馔	QNNW	⺈乙巳八	QNNW

zhuang

字	码	拆	码
庄	YFD	广土㊂	OFd
妆	UVg	丬女㊀	UVg
桩	SYFg	木广土㊀	SOFg
装	UFYe	丬士⺀衣	UFYe
壮	UFG	丬士㊀	UFG
状	UDY	丬犬⊙	UDY
幢	MHUf	冂丨立土	MHUf
撞	RUJf	扌立日土	RUJf

zhui

字	码	拆	码
隹	WYG	亻圭㊀	WYG
追	WNNP	亻⺈⺈辶	TNPd
骓	CWYG	马亻圭㊀	CGWY
椎	SWYg	木亻圭⺀	SWYg
锥	QWYg	钅亻圭㊀	QWYg
坠	BWFF	阝人土㊀	BWFF
缀	XCCc	纟又又又	XCCc
惴	NMDJ	忄山厂刂	NMDJ
缒	XWNP	纟亻⺈辶	XTNP
赘	GQTM	⺷勹攵贝	GQTM

zhun

字	码	拆	码
肫	EGBn	月一凵乙	EGBn
窀	PWGN	宀八一乙	PWGN
谆	YYBG	讠亩子㊀	YYBg
准	UWYg	冫亻圭㊀	UWYG

zhuo

字	码	拆	码
拙	RBMh	扌凵山①	RBMh
焯	OHJh	火卜早①	OHJh
倬	WHJH	亻卜早①	WHJH
卓	HJJ	卜早⑪	HJJ
着	UDHf	丷尹目㊀	UHf

字	码	拆	码
捉	RKHy	扌口止⊙	RKHy
桌	HJSu	⺊日木⑤	HJSu
添	IEYY	氵⺗丶	IGEY
灼	OQYy	火勹丶	OQYy
茁	ABMj	艹凵山⑪	ABMj
斫	DRH	石斤①	DRH
浊	IJy	氵虫⊙	IJy
涿	IKHY	氵口止丶	IKHY
诼	YEYy	讠豕丶⊙	YGEY
酌	SGQy	西一勹丶	SGQy
啄	KEYY	口豕⊙	KGEy
琢	GEYy	王豕丶⑪	GGEy
禚	PYUO	礻丶丶灬	PYUO
擢	RNWY	扌羽亻圭	RNWY
濯	INWy	氵羽亻圭	INWy
镯	QLQJ	钅皿勹虫	QLQJ

zi

字	码	拆	码
孜	BTY	子攵⊙	BTY
吡	KHXN	口止匕⑫	KHXN
兹	UXXu	⺌幺幺⑤	UXXu
咨	UQWK	冫人口	UQWK
姿	UQWV	冫人女	UQWV
赀	HXMu	止匕贝⑤	HXMu
资	UQWM	冫人贝	UQWM
淄	IVLg	氵巛田㊀	IVLg
缁	XVLg	纟巛田㊀	XVLg
谘	YUQk	讠冫人口	YUQk
孳	UXXB	⺌幺幺子	UXXB
嵫	MUXx	山⺌幺幺	MUXx
滋	IUXx	氵⺌幺幺	IUXx
粢	UQWO	冫人米	UQWO
辎	LVLg	车巛田㊀	LVLg
貲	HXQe	止匕⺈用	HXQe
趑	FHUW	土止⺀人	FHUW
锱	QVLg	钅巛田㊀	QVLg
龇	HWBX	止人凵匕	HWBX
髭	DEHx	镸彡止匕	DEHx
鲻	QGVL	鱼一巛田	QGVL
子	BBbb	子子子子	BBbb

149

汉字	编码	拆分	编码
仔	WBG	亻子⊖	WBG
籽	OBg	米子⊖	OBg
姊	VTNT	女丿乙丿	VTNT
秭	TTNT	禾丿乙丿	TTNt
籽	DIBg	三小子⊖	FSBg
第	TTNT	竹丿乙丿	TTNT
梓	SUH	木辛①	SUH
紫	HXXi	止匕幺小	HXXi
滓	IPUh	氵宀辛①	IPUh
訾	HXYf	止匕言⊖	HXYf
字	PBf	宀子⊖	PBf
自	THD	丿目㠯	THD
恣	UQWN	冫夕人心	UQWN
渍	IGMy	氵二贝⊙	IGMy
眦	HHXn	目止匕⊘	HHXn
zong			
宗	PFIu	宀二小⊙	PFIu
综	XPfi	纟宀二小	XPfi
棕	SPfi	木宀二小	SPFi
腙	EPFI	月宀二小	EPFI
踪	KHPi	口止宀小	KHPi
鬃	DEPi	镸彡宀小	DEPi
总	UKNu	ⷧ口心	UKNu
偬	WQRN	亻勹夕心	WQRn
纵	XWWy	纟人人⊙	XWWy
粽	OPFI	米宀二小	OPFI
zou			
邹	QVBh	刍彐阝①	QVBh
驺	CQVg	马刍彐⊖	CGQV
诹	YBCy	讠耳又⊙	YBCy
陬	BBCy	阝耳又⊙	BBCy
鄹	BCTB	耳又丿阝	BCIB
鲰	QGBC	鱼一耳又	QGBC
走	FHU	土止①	FHU
奏	DWGd	三人一大	DWGD
揍	RDWD	扌三人大	RDWD
zu			
租	TEGg	禾目一⊖	TEGg

汉字	编码	拆分	编码
菹	AIEg	艹氵目一	AIEg
足	KHU	口止①	KHu
卒	YWWF	亠人人十	YWWf
族	YTTd	方⸏丿大	YTTd
镞	QYTD	钅方⸏大	QYTD
诅	YEGg	讠目一⊖	YEGg
阻	BEGG	阝目一⊖	BEGG
组	XEGg	纟目一⊖	XEgg
俎	WWEG	人人目一	WWEg
祖	PYEg	礻目一	PYEg
zuan			
钻	QHKg	钅卜口⊖	QHKg
躜	KHTM	口止丿贝	KHTM
缵	XTFM	纟丿土贝	XTFM
纂	THDI	竹目大小	THDI
攥	RTHI	扌竹目小	RTHI
zui			
嘴	KHXe	口止匕用	KHXe
最	JBcu	曰耳又⊙	JBcu
罪	LDJd	罒三刂三	LHDd
蕞	AJBc	艹曰耳又	AJBc
醉	SGYf	西一亠十	SGYF
zun			
尊	USGf	丷西一寸	USGf
遵	USGP	丷西一辶	USGP
樽	SUSF	木丷西寸	SUSf
鳟	QGUF	鱼一丷寸	QGUF
撙	RUSf	扌丷西寸	RUSf
zuo			
嘬	KJBc	口曰耳又	KJBc
昨	JThf	日⸏丨二	JTHf
左	DAf	ナ工⊖	DAf
佐	WDAg	亻ナ工⊖	WDAg
作	WThf	亻⸏丨二	WTHF
坐	WWFf	人人土⊖	WWFd
怍	NThf	忄⸏丨二	NTHF
柞	SThf	木⸏丨二	SThf
阼	BThf	阝⸏丨二	BThf

汉字	编码	拆分	编码
祚	PYTf	礻⸏丨二	PYTf
胙	ETHf	月⸏丨二	ETHF
唑	KWWf	口人人土	KWWf
座	YWWf	广人人土	OWWf
做	WDTy	亻古攵⊙	WDTy

附录B　五笔字型相关学习总图

B.1　86版五笔字型编码流程图

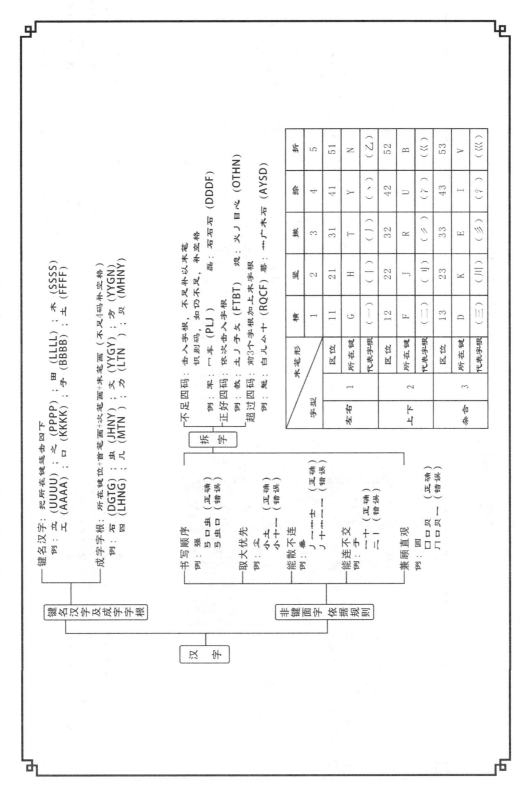

B.2 86版五笔字型字根键盘分布图

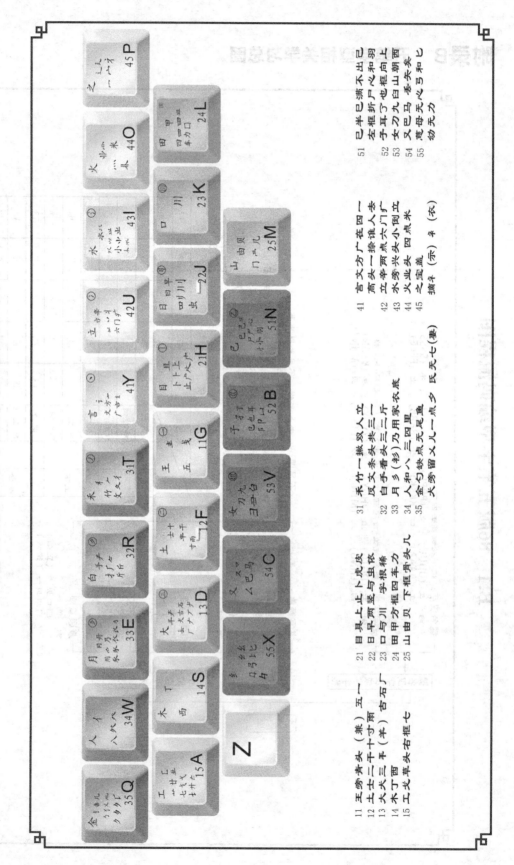

11 王旁青头（兼）五一
12 土士二干十寸雨（羊）
13 大犬三石古右厂
14 木丁西
15 工戈草头右框七

21 目具上止卜虎皮
22 日早两竖与虫依
23 口与川，字根稀
24 田甲方框四车力
25 山由贝，下框骨头几

31 禾竹一撇双人立
反文条头共三一
32 白手看头三二斤
33 月彡（衫）乃用家衣底
34 人和八，三四里
35 金勺缺点无尾鱼，犬旁留叉儿一点夕，氏无七（妻）

41 言文方广在四一
高头一捺谁人去
42 立辛两点六门疒
43 水旁兴头小倒立
44 火业头，四点米
45 之宝盖，摘礻（示）衤（衣）

51 已半巳满不出己
左框折尸心和羽
52 子耳了也框向上
53 女刀九臼山朝西
54 又巴马，丢矢矣
55 慈母无心弓和匕，幼无力

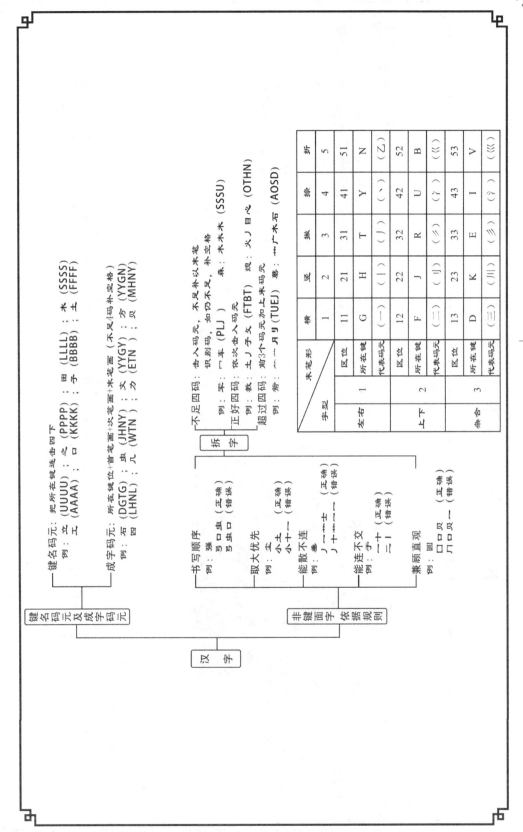

B.4 98版五笔字型码元键盘分布图

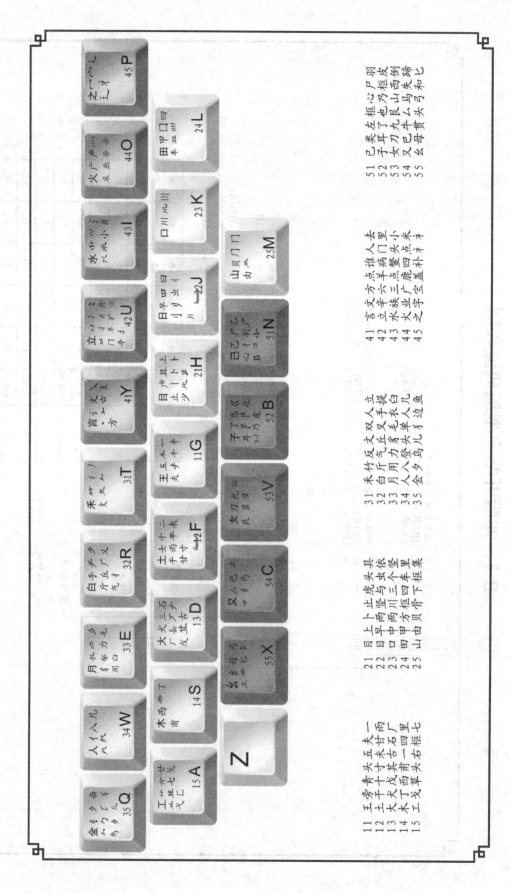